어느 인문학도의 세상 읽기

조규익 교수 캠퍼스 단상집

어느 인문학도의 **세상** 읽기

조규익

인터북스

머리말

언제부턴가 불면에 시달리는 밤들이 늘었다.
'나라걱정에 잠 못 드노라!'고 너스레를 떨지만,
사실 험악한 세상과 암울한 공동체의 앞날을 곱씹다 보면 잠은 으레
달아나기 마련이었다.

대학에도 사회처럼
양지보다 음지가 많고
적지 않은 나태와 술수 또한 그 속에서 자란다.
죽어가는 학문이 살아날 기미는 보이지 않고
우리의 마음마저 사막처럼 물기를 잃어 가면
불면의 밤은 더욱 늘어만 간다.
잠 못 드는 밤들은 어쭙잖은 원고들로 남고
쌓여 가는 원고들은 까만 밤들을 밝혀줄 불쏘시개로 요긴하다.

누군가
'내일 세상의 종말이 올지라도
한 그루 사과나무를 심겠다'고 했던가.

허우적대는 우리의 공동체를 바라보며
새삼 그 말의 뜻을 고민한다.
설익은 밥알 마냥 입 안에서 서걱대는,
고민 속의 몇 마디 말들.
한 아름 부끄러움으로 버무려
강호의 벗님들께 펴 보여도 괜찮을지?

기축년 새봄

백규 드림

차 례

제3부   내가 읽은 내 마음

제4부 훔쳐 읽은 남의 마음

제1부

대학, 교수, 교육, 그리고 인문학

대학의 꿈과 현실

중세 말엽 유럽에서 대학은 시작되었고, 대학의 이념이나 정신 또한 그 시기에 싹을 보였다. 오늘날 미국의 대학들이 경쟁의 선두에 서 있긴 하지만, 그 근본정신은 유럽에서 배워온 것이다. 자율과 자치를 바탕으로 한 보편성의 추구. 그들의 정신은 바로 여기에 있다. 완벽한 자유를 전제로 하는 자기 통제가 자율이나 자치다.

학문의 범주 안에서라면 대학에 사상이나 이념적 제약이 가해져서는 안 되고, 대학이 경제적 궁핍으로 고통 받아서는 더더욱 안 된다. 학문적 제약으로부터의 자유, 경제적 궁핍으로부터의 자유는 국가나 국민들이 대학에 베풀어야 할 최소한의 배려다.

그러나 불행히도 한국의 대학들은 권력으로부터의 자유, 경제적 궁핍으로부터의 자유를 누려본 적이 없다. 얽히고설킨 정치-경제-사회-문화의 한 복판에서 가위 눌린 채 서서히 죽어가는 대학들의 모습을 보라. 그럼에도 대학들을 멋대로 서열화 시켜놓고, 국민 모두는 그곳을 향해 레이스를 벌인다.

이런 상황에서 초-중등과정을 '좋은 대학'에 먼저 골인하기 위한 준비단계에 불과하다고 생각하는 것도 무리가 아니다. 자연히 교육여건이 좋은 지역의 집값은 하늘 높은 줄 모르고 치솟는다. 광풍처럼 일고 있는 특정 지역 부동산 투기의 주된 원인들 가운데 하나로 대학을 꼽는 사람이 있을 정도다.

지금껏 우리는 대학의 본질에 대하여 진지하게 생각해본 적이 없다. 사람들은 그저 세칭 일류대학에만 들어가면 그것으로 미래를 보장 받는 것으로 착각할 뿐이다. 대학에 도움은 주지 않으면서 대학 탓만 하는 우리의 현실은 그래서 더욱 한심하다. 대학에 몸담고 있는 필자조차 지금의 대학이 문제투성이라고 생각하는데, 밖에 있는 사람들이야 오죽할까.

얼마 전 전국경제인연합회는 대학인들을 비참하게 만드는 조사결과를 발표했다. 조사대상인 300명의 회원사 인사담당자들은 대졸 신입사원들의 지식이나 기술이 기업 요구의 26점(100점 만점) 수준에 불과하다고 답변했다. 전문지식(18점), 인성 태도(27점), 기초능력 지식(35점) 등 모든 면에서 그간 대학은 낙제인생들만 길러낸 셈이다.

***

그러나 한 번 냉철히 따져보자. 해방 이후 우리나라의 대학들이

제도 면에서는 미국식을 배워 왔지만, 한 번도 그들이 누리고 있는 풍요와 자유, 자율을 맛본 적은 없다. 대학의 이념이나 정신에 맞을 만한 학생들을 자율적으로 선발해본 적이 없고, 그들에게 제공할 커리큘럼조차 자유롭게 정해본 적이 없다. 대학이 국가의 발전을 주도하기는커녕, 사회의 발전이나 변화에 허둥지둥 따라가기 바빴다.

요즈음 간간이 콩나물장사 할머니들의 눈물어린 기부 소식이 보도되곤 하지만, 사실 그동안은 기부금 한 푼 없이 학생들의 등록금만으로 근근이 버텨온 세월이었다. 최근 들어 일부 기업들이 대학을 지원한다고 하지만, 기업주와 인연을 갖고 있거나 당장 기업에 이익을 줄만한 대학 혹은 광고효과를 볼만한 메이저급 대학들에 한정되는 경우가 대부분이다.

그 뿐인가. 세계화의 물결을 오독(誤讀)한 정권이나 정책 담당자들이 전가의 보도처럼 휘두르고 있는 신자유주의는 이 땅의 대학교육을 수렁으로 몰아넣었다. 지금도 그들은 언필칭 '수요자 중심의 교육'을 외치고 있지만, 교육의 진정한 수요자는 누구인가? 바로 국가와 국민이다. 국가와 국민이 요구하는 교육은 기업도 요구하는 바로 그것이어야 한다.

오도된 신자유주의는 대학으로 하여금 어설픈 교양인만을 양산하게 했다. '학생들을 전인(全人)으로 키울 것인가, 단순한 기능인으로 키울 것인가?' 라는 질문은 대학의 정체성을 판가름한다는 점에서 지극히 중요하다. 무한한 가능태의 인간상이 전인이라면, 대학은 전인을 키워야 한다. 최근 일부 기업들이 대학에 '맞춤형 교육'을 요구한 적이 있는데, 그야말로 대학의 정체성에 대한 놀라운 도전이다. 전인을 만들기는 어렵고 시간도 많이 들지만, 기능인은 단 기간에 얼마든지 만들어낼 수 있다. 그러나 그 일만큼은 기업들 스스로 감당해야 할 몫이다.

당장 써먹을 수 없다는 이유로 대졸 신입사원 대신 경력사원을 뽑는 일이 관행처럼 정착되고 있다. 그러나 그 경력사원들은 누구인가? 영세한 기업체들이 대졸의 젊은이들을 뽑아 기른 인재들이다. 큰 기업들은 힘 하나 안 들이고 남들이 힘들여 키운 인재들을 독식하면서도 투자에는 인색한 것이 우리나라의 현실이다.

어렵던 시절 이 땅의 대학과 기업들은 모두 낙후되었었다. 그러나 그 후 기업들은 대학들의 발목을 묶어둔 채 앞으로만 내달렸다. 그리고 지금, 그들은 뒤쳐진 대학들을 비웃고 있다. 올챙이 적 생각 못하는 개구리 격이다. 이 땅의 선진화를 위해 기업들은 과연 자신들의 책무를 다했는지 돌아볼 처지임에도 말이다.

***

해방과 함께 식민 상황을 대신한 분단 상황은 대학을 왜곡된 이념과 정치의 질곡으로 몰아넣었다. 수십 년 간 대학은 사회 변혁의 와중에서 학문 외적인 일에 몰두해 왔다. 자율과 자치에 바탕을 두고 보편성을 추구해야 할 대학들이 해묵은 이념 투쟁의 전사를 자임하며 아까운 시간만 죽인 것이다. 그 과정에서 아무 준비 없이 세계화의 물결에 휩싸여 휘청거리는 대학을 동정하고 도와주기는커녕 퇴출의 호령만 높이는 것이 이 나라의 정부요 기업이며 국민이다.

국민이 깨닫지 못하는 한 대학의 미래는 없다. 대학이 제대로 서지 못하면 국가 역시 제대로 설 수 없다. 날은 사정없이 저무는데 우리네 대학들의 갈 길은 멀고 험하기만 하다. <2005. 3. 12.>

"대학교육은 상품이 아닙니다"

'대학교육은 상품이 아닙니다!'

등록금 투쟁이 전개되고 있는 어느 대학을 가 봐도 쉽게 볼 수 있는 현수막의 문구다. 대학 교육이 결코 '시장에서 이익을 전제로 교환되는 유형·무형의 재화'가 아니라는 교육 소비자들의 절규다. 그러나 따지고 보면 대학만큼 철저한 시장 논리에 의해서 움직이는 곳도 없다. 그 원조(元祖)는 미국을 비롯한 서구에 있다지만 그들을 따라가는 국내 대학들의 행태가 심히 걱정스러울 정도다.

최근 교육계에 불어 닥친 신자유주의는 대학의 공익적 성격을 상당 부분 훼손시키고 있다. 이윤 창출에 초점을 맞추는 기업 마인드로 대학을 운영한다든가 필사적으로 기업에서 기부금을 받아내려고 하는 풍조가 일반화되고 있다.

지금 대학은 기업의 지배, 더 정확하게 말하면 돈의 지배 아래로 들어가고 있는 중이다. 더구나 부익부 빈익빈으로 대학을 양극화시키고 있는 국가의 지원금이나 기업의 기부금은 대학의 부정적 현실을 오히려 심화시킨다. 비용의 상승을 등록금에 즉각 반영할 수밖에 없는 대부분 대학들의 고민도 바로 여기에 있다.

일부 합리주의자들은 '등록금이 인상되는 만큼 서비스의 질 향상을 요구하라'는 말로 투쟁에 나선 학생들을 꾸짖는다. 그러나 그런 합리주의자들에게 '어떻게, 어떤 규모로 서비스의 질을 높일 수 있으며, 우리 대학들에 그런 일을 수행할 만한 철학은 갖추어져 있는지'를 물으면 침묵하기 일쑤다.

사실 우리의 교육 당국이나 대학 경영진에 시대의 흐름이나 현실을 읽어 달라고 하는 것은 무리한 주문일 수 있다. 미래의 대학 교육이 시행착오의 외길을 걸어온 현재와 다를 바 없을 거라고 비관하는 것도 그 때문이다. 그런 비관은 나라의 규모에 비해 지나치게 많은 대학들, 입학생들은 줄어드는데 자꾸만 늘어나는 해외 유학생들, 교육의 질에 대한 국민들의 팽창하는 욕구, 상대적으로 줄어드는 재원, 학교 규모를 줄인다거나 통·폐합 등에 과감히 착수하지 못하는 학교 이기주의, 교육을 통제하려는 중앙 정부의 욕구 등 현실적인 문제들과 상승작용을 일으키고 있다. 이것들 모두 우리의 대학을 압박하는 부정적 요인들이다.

이 와중에서 대학이 살아남기 위해 배워 온 것이 마케팅 기법이다. 몇몇 뛰어난 교수들을 고액 연봉을 내세워 영입하거나 소수의 우수 학생들이나 출세한 동문들을 활용해 학교 이름을 드날려 보려는 이른바 '스타 마케팅'이 점점 기세를 올리고 있다. 양질의 교육으로 우수한 졸업생을 배출하기보다는 점수가 뛰어난 학생들을 데려다가 고만고만한 재목으로 만든다는 비난을 들어도 대학인들은 오불관언(吾不關焉)이다. 일부 스타들이 만들어낼 환상이 이런 비난을 중화시켜 주리라 믿기 때문이다.

그런 부정적인 점에서 우리나라 대학들은 일류나 이류를 막론하고 표준화가 되어 있는 셈이다. 이 과정에서 상대적으로 소외되는 부류는 '묵묵히 진실된' 연구를 하는 교수들과 대다수의 성실한 학생들이다. 이들이 내는 등록금의 상당 부분이 이른바 스타 마케팅에 쓰이는 데도 의도에 비해 결과가 시원치 않다면, 누가 그 책임을 질 것인가.

이제 문제는 본질에 대한 성찰의 부족에서 나온다. 케케묵은 말 같지만 하루 빨리 근본으로 돌아가야 한다. 하루아침의 반짝 쇼로 달라질 수 있는 것이 교육은 아니다. 대학 교육이 20년 만에 때려 부수고 재건축을 해대는 아파트만도 못하다면 이제 우리는 대학의 간판을 내려야 할 것이다. <2007. 4. 21.>

대학평가와 메이저 대학들

언제부턴가 대교협의 평가에서 주요대학들이 빠지기 시작했다. '평가척도나 공정성에 대한 불신'을 표면적인 이유로 내세우고 있지만, 좀 떳떳치 못한 내면구조가 있는 듯하다.

그 가장 큰 것이 '결과에 대한 부담'이다. 지금까지는 세평(世評; 세상의 평판)에 의지하여 그 대학들 나름의 레벨은 유지하고 있었다. 그러나 소문 난 잔치에 먹을 것 없다던가? 막상 뚜껑을 열었을 때 기대 이하일 확률이 높은 게 사실이다. 솔직히 말하면 그러한 대학들을 실상에 비해 지나치게 고평가(高評價)해온 것이 그간의 실정이었다. 그런 점에 대하여 그들 스스로가 잘 알고 있기 때문에 평가 대상이 되는 걸 꺼릴 수밖에 없을 것이다. 아예 평가를 받지 않음으로써 그런 위험부담을 지지 않으려 한다는 것이 솔직한 내막일 것이다. "우린 아예 평가를 신청하지도 않았다. 그러니 이런 평가의 결과를 신뢰하지 말아다오!" 대충 이런 것이 이른바 'SKY'로 대표되는 메이저 대학들의 공통적인 심리라고 보아야 할 것이다.

물론 그들도 후발대학들이나 마이너 대학들이 하는 것처럼 '필사적으로' 매달리면 반드시 좋은 평가를 받을 건 분명하다. 워낙 가진 것이 많고 조건이 좋은 대학들이니 조금만 힘을 들이면 될 것이다. 그러나 그간의 행태로 미루어 학교 당국이나 학과교수들 사이에 그런 일을 밀고 나갈 리더십이 있을 턱이 없다. 표현이 좀 뭣하긴 하지만, 모두들 대가연(大家然)하고 있는 그들이, 최고의 학자로 자부하고 있는 그들이 좀스럽게 대교협의 점수기준이나 따지고 앉아있을 리가 없다. 평가를 잘 받아서 좋은 결과가 나와 봤자 '본전치기'에 불과한 것도 그런 행태를 부추기는 요인이다.

***

우스운 건 후발대학들이 아무리 성실하게 열심히 준비하고 대비하여 좋은 점수를 따놓아도 쓸모가 없다는 것이다. 비유하자면, 1부 리그 선수들이 모조리 불참한 가운데, 2, 3부 리그 선수들만 참여하여 1등 아니라 특등을 해도 어떤 반대급부가 주어진다거나 얼마간의 이득마저도 주어지지 않는다는 현실이 문제다. 그렇다고 교육부가 전가(傳家)의 보도(寶刀)처럼 휘두르는 지원금이 주어지는 것도 아니다. 메이저 대학들이 다 빠진 평가결과인데 언론매체인들 중요하게 다루어줄 이유가 없다. 이런 사실을 소상하게 알고 있는 국민들이다. 대교협의 평가결과 1등을 했다고 해서 그들이 다른 대학 내팽개치고 그 학교로 자녀들을 보낼 이유가 없다.

따지고 보면 허망한 일이다. 후발대학이나 소규모 대학들이 아무리 노력한들 무슨 보람이 있을 리 없다. 고속도로변에서 심심치 않게 만나는 대학 홍보문구가 있다. "ㅇㅇ대학, 무슨 무슨 평가에서 최우수대학으로 선정!"이라는 대문짝만한 현수막들이 펄럭이고 있지만, 대부분은 지명도가 없는 대학들이다. 국민들이나 수험생들이 그런 정도의 현수막에 감동되어 자발적으로 그런 대학들에 지원할 이유가 없으니, 비극 아닌가.

***

현재 상황에서 대교협의 평가 결과에 일희일비하거나 모든 것을 걸 필요나 이유가 없는 것도 바로 그 때문이다. 따라서 그 결과를 학교 홍보에 이용한댔자 잘못하면 웃음거리가 될 가능성만 크다. 그러니 그런 평가를 위해 오랜 기간 고생하는 요원들이나 많은 돈을 들이는 학교 당국으로서는 참으로 낭비가 아닐 수 없다. 물론 평가를 준비하면서 대학의 부족한 점이 무엇인지를 깨달을 수는 있고, 그것이 평가의 이점이라면 이점일 수는 있을 것이다. 그러나 얻는 것에 비해 잃는 것이 너무 많다는 점을 우리는 유념하지 않을 수 없다.

이제 교육부나 대교협, 그리고 각 대학들은 정체된 현 상황을 타개할 만한 지혜를 새로 짜 내어야 한다. 그러지 않고서는 FTA 체제 하에서 모두 공멸(共滅)의 길로 나갈 수밖에 없다.<2007. 4. 9.>

외국인 교수 영입의 전제

  새 학기부터 20여명의 외국인 교수에게 강의를 맡기고, 2010년까지 그 수를 100명으로 늘이겠다는 최근 서울대학교의 방침은 매우 긍정적이고 미래지향적이다. 이념과 종족의 한계를 뛰어넘어 인류적 가치나 이상의 실현을 목표로 하는 것이 학문임을 감안하면 그런 단안이 뒤늦은 감도 없지 않다. 상당수의 다른 대학들도 마음은 있으되 돈과 여건이 허락지 않아서 망설이고들 있을 뿐이다.

  그런 면에서 한국의 대학들이 수월성을 높이기 위한 방향만큼은 제대로 잡았다고 할 수 있다. 우수한 교수가 우수한 대학을 만들며, 교수의 개혁이야말로 대학의 개혁임을 알게 된 일은 무엇보다 한국의 대학들이 그간의 시행착오를 통해 얻게 된 의미 있는 수확이다.

그럼에도 불구하고 만에 하나 외국으로부터 뛰어난 교수들을 영입하고자 하는 최근의 움직임들이 스타 마케팅의 일환이거나 세계적인 석학들을 불러와 그간의 뒤쳐짐을 일거에 만회할 수 있을지도 모른다는 일종의 '복권심리' 혹은 '영웅 대망심리'의 발현이라면, 그것은 우리의 학계를 위해 매우 우려스런 시도일 수 있다.

표면상 많이 개선되었다고는 하지만, 교수 채용 시 아직도 학자의 능력이나 업적보다는 학맥과 같은 비본질적 조건이 암암리에 큰 힘을 발휘하는 현실은 엄청난 재원을 투입하여 외국인 교수들을 영입하려는 대학들의 노력과 명분을 무색하게 한다. 교수채용 때마다 어김없이 들려오는 학연에 의한 밀어주기나 세칭 낮은 서열 출신이라는 이유로 유능한 학자들을 외면하는 폐쇄성 등은 우리 지식사회의 선순환을 가로막는 장애요인이다.

사실 외국의 석학들은 우리 학생들에게 큰 가르침과 자긍심을 줄 수 있고, 그들 스스로도 이곳에서 큰 연구 성과를 올릴 수 있을 것이다. 그러나 교수의 실력과 함께 교육적 열성, 학습자들의 동기가 겸비되는 것이 바람직하고, 그런 바탕이 마련된 후에야 교육의 효과는 확실해진다.

외국인 교수들의 영입이 성공하려면 우리 자체 내에 온존하고 있는 각종 심리적 장벽들의 철폐가 우선되어야 한다. 우리가 벤치마킹하고 있는 선진국의 대학들은 이미 오래 전에 이런 장벽들을 없애는데 성공했다. 자국 내의 인재들을 능력 위주로 끌어 써왔으며, 그런 바탕 위에서 세계 각처의 인재들을 '빨아들이고' 있는 것이다. 최근 들어 상당수의 우리 토종학자들이 그들로부터 심심치 않게 스카웃 제의를 받는 것 역시 그런 맥락에서 이해될 수 있는 일이다.

***

대학사회가 우리 스스로에게 마음을 열고, 선의의 경쟁 분위기를 조성하는 것이 급선무다. 그렇게 되기 위한 첫 단추는 결코 거창한 것이 아니다. 지극히 상식적인 말이지만, 무엇보다 인재 발탁의 1차적인 조건을 능력과 업적에 두어야 한다. 그것만이 교수시장의 경직성을 해소시키는 관건이다. 교수시장의 경직성이 해소되어야 능력 있는 인재들의 이동이 활발해지고, 대학 간 교수 간 경쟁의 분위기가 살아나며, 외국 석학들의 영입이나 우리 인재들의 외국 진출 또한 자연스럽게 이루어질 수 있다.

이런 효과들을 얻기 위해서는 시간이 필요하다. 대학의 수준을 획기적으로 높인다면서 3년 혹은 5년의 프로젝트를 내세우는 일이야말로 대부분 공수표일 가능성이 크다. 학계나 대학의 발전은 한순간의 쇼가 아니라 장기간 노력의 축적을 바탕으로 할 때에만 겨우 이루어낼 수 있기 때문이다. 그간 태만해왔던 부분을 한꺼번에 메우려는 다급함으로 외국의 석학들을 대거 초빙하는 일이 자칫 '우물에서 숭늉 찾기'나 '꾀 벗고 장도칼 차는' 격이 되지 않으려면, 좀 더 장기적인 안목으로 우리 안에 똬리를 틀고 있는 편견과 장벽을 먼저 없애야 할 것이다.   <2008.08.22.>

대학의 양식, 대학인의 양심

얼마 전에 들은 일이다. 국내의 어느 대학에서 교수 공채를 했다. 그 대학은 이른바 자칭 상위권이고, 세칭 중위권이었다. 빛나는 박사학위를 소지한 제제다사(濟濟多士)들이 몰려들었다. 복잡다단한 인선과정을 거쳐 3명의 후보가 최종 선발되었다. 세칭 일류대학 출신 2명에 그 대학 출신 1명이 그들이었다. 겉으로 보기에도 그 대학 출신의 후보자는 다른 후보자들에 비해 처졌던 모양이다. 그래서 다른 대학 출신 후보자들은 '잘만 하면 될지도 모르겠다'는 실낱같은 희망을 가지게 되었단다. 마지막 단계로 총장의 면접이 있었다. 그런데 이게 웬 날벼락? 근엄하신 표정의 총장 왈 "당신들은 일류대학 출신에 연구업적도 많으니 어느 대학엔들 못 가겠소? 그러나 이 대학 출신자는 이 대학을 제외하면 갈 곳이 없소. 그러니, 어떤 결과가 나와도 승복해주길 바라겠소."

　그야말로 21세기 한국을 리드해야할 이성과 지성의 심볼인 총장의 입에서 드디어 '차마 듣지 못할', 아니 '들어서는 안 될' 반지성적이고 반문명적이며 무책임한 선언을 이들은 듣게 된 것이었다.

　그러나 차라리 이 대학의 총장이 비록 촌스럽긴 하지만 솔직하다는 면에서 다른 대학 총장들보다는 좀 낫다고 할 수 있을까? 말하자면, 현재 한국사회의 대학총장들 아니 총장 인력의 풀(pool)이라고 할 수 있는 교수사회의 마음과 입장이 똑 같은 것 아닐까?

　교수야 학문적으로 좀 모자라면 어떠리? 우선 모자라도 내 제자, 내 동문을 쓰고 보아야 두고두고 마음 편할 것 아닌가? 학문적 수월성이 무슨 귀신 씨 나락 까먹는 소리냐? 공부 열심히 하고 논문 깨나 쓴다는 놈과 그렇지 못한 놈 사이에 무슨 큰 차이가 있더란 말이냐? 학문적으로 좀 크고 나면 괜히 목에 힘이나 줄 뿐, 학교 운영에 총장 선거에 학생들 다독거림에 친목 모임에 무슨 쓸모가 있더냐? 차라리 논문 몇 편 많은 것보다 고분고분하고 어려운 일에 발 벗고 나서는 '인간성(?)'이 더 중요한 것 아닌가?

　아마 이런 생각이었을 것이다. 그렇지 않으면 동문회로부터 혹은 국가 행정 라인으로부터 모종의 압력이 있었는지도 모른다. 그 자세한 내막을 알 수는 없지만, 이 대학 총장의 선언은 그야말로 '대학의 사망선고'인 셈이다.

　대학은 무엇으로 사는가? 대학을 대학답게 만드는 것은 무엇인가? 대학과 친목단체의 차이는 무엇인가? 지난 세기 내내 별처럼 많은 석학들이 지겹게도 '대학이 나아갈 길'에 대하여 역설했건만,

새 천년의 벽두에 만나는 이 나라 대학들의 자화상은 '전혀 아니올시다'이다. 큰 이변이 없는 한 당분간 한국의 대학들, 특히 수도권이나 서울의 대학들이 재정적으로 망하는 일은 없을 것이다. 그러나 이 대학 총장의 선언으로 우리가 분명히 예견할 수 있고 말할 수 있는 것은, 한국의 대학들이 학문적으로 이미 상당부분 망해버렸으며 조만간 사망선고까지 받게 될 것이라는 점이다. BK21 등으로 천문학적인 돈을 쏟아 부은들 그 돈을 집행할 세포조직 즉 학문집단이 썩어 있는 한, 이들에게 그것은 '요긴한 비료'가 아니라 '씻어낼 수 없는 독'이 될 수밖에 없다.

대한민국은 작은 나라다. 그동안 누구의 잘못이건 나라의 크기에 비해 엄청나게 많은 대학들을 만들었고, 지금도 대학들에서는 쉬지 않고 박사들을 배출하고 있다. 서로 간에 아무런 비교도 하지 않은 채, 아니 비교해볼 공동의 장을 마련하지도 않은 채 교수들은 자신의 제자들을 박사로 키워냈다. 자신의 작품이 불량품인지는 아예 처음부터 관심 밖이다. 배출한 박사들의 질보다는 몇 명이나 배출했느냐가 성공적인 학구생활의 중요한 평가기준으로 통용되는 시장구조에서 어쩔 수 없는 일이었다고 한다면 모두가 공범인 이상 누구를 탓할 수는 없겠으나, 어쨌든 무서운 일이다.

하다못해 작은 못을 만드는 공장이라 할지라도 이 못이 건축 현장에 사용되어 과연 그 건축물을 지탱할 수 있을까에 대하여 한 번쯤 걱정이라도 하련만, 대부분의 박사 지도교수들은 아예 처음부터 그런 생각을 하지 않는다.

지금 대한민국에는 박사들이 넘쳐난다. 타이틀에 합당한 일거리를 찾지 못한 박사들로 만원이다. 그러니 이 대학 총장만 나무랄 일은 아니다. 삼사십이 넘은 박사 제자들이 목을 늘이고 있는 현실에서 아무리 학문적으로 뛰어나다 한들 어떻게 남의 대학 출신자에게 그 금쪽 같은 교수자리를 넘길 수 있겠는가? '대학의 이상' 운운할 계제가 아니다.

일부 메이저급 대학들에게 좋은 시절이 있었다. 그들 대학원만 나오면 웬만한 대학에 자리 잡기는 그리 어렵지 않았고, 심지어는 입도선매(立稻先賣)되는 경우도 없지 않았다. 그러다보니 오만해진 것일까? 교수자리만 나오면 당연히 자신들의 차지가 되는 것으로 생각하여 독식하려는 속마음을 종종 드러내게 된 것이다.

이 과정에서 학문적 수준의 고려는 거의 생각해볼 수 없는 일이었다. 메이저급 대학들 이외의 '기타 대학들'이 자기 출신들로 교수직을 채우려고 나서게 된 것도 당연한 반작용이 아닌가? 이처럼 서로 '제 닭 잡아먹기'에 혈안이 된 한국의 대학들에서 무슨 학문이며 대학의 이상을 운위할 수 있단 말인가? 앞에서 거론한 그 총장은 말하자면 이와 같이 '막가파식'으로 변해버린 한국 대학사회의 현실을 솔직하게 대변한 것이다.

과연 한국 교수시장의 경직성은 어떻게 풀어야 할 것인가. 이 문제로 고민해보지 않은 대학교수들이 과연 있을까? 그만큼 절실한 문제이면서도 오히려 그들 스스로 반대 방향으로 갈 수밖에 없는 부정적 '관성'은 어디에서 나오는가? '이상과 현실의 괴리'라는 편리한 용어가 있긴 하다. 그러나 한국의 대학인들이 운명적으로 안고 있는 '안고수비(眼高手卑)'적 생태라고 말하는 것이 훨씬 설득력 있는 진단이다.

아무리 교수 지망자가 많고 교수직이 적다해도 인선 자체가 공정해야 억울한 사람이 줄어들 것이다. 그것이 첫째 요건이다. 그렇다면 그 공정성은 어떻게 담보될 수 있는가? 우선 메이저급 대학들부터 자기 대학 출신자들만 채용하는 관행을 과감히 버려야 한다. 철저히 학문적 수월성이나 교수로서의 자질 등만을 기준으로 삼아야 한다.

물론, "학문적 수월성이나 교수로서의 자질로 보아도 그 누가 우리 대학의 인재들을 따라갈 수 있으리?"라고 그 불가피함을 역설할 수도 있을 것이다. 그러나 하다못해 열에 두셋은 그런 경우가 있지 않겠는가? 어찌 백이면 백 모두가 그렇게 뛰어나단 말인가?

누구보다 그들이 단안을 내려야 새로운 기풍은 대학가 전체로 서서히 번질 수 있다. 그러나 만에 하나 메이저급 이외의 대학들 일부에서 그런 관행을 타파하고자 해도, 그것을 긍정적으로 받아들이기보다는 오히려 자신들의 적체 인원을 해소할 절호의 기회로 생각하는 메이저급 대학들이 있다면, '도로아미타불'이다. 그럴 경우 메이저급 대학들은 자기들 자리도 먹고 남의 대학 자리도 먹는, 그야말로 '꿩 먹고 알 먹는' 경우가 되지 않겠는가? 그러니 '제 닭 잡아먹는' 어리석음의 사슬을 메이저급 대학들에서 끊어주는 것이 절실하다.

그 다음에는 박사급 인력의 활용방안을 모색해야 한다. 국가는 '밑 빠진 독에 물 붓기' 식의 각종 사업들을 과감히 정리하여 그 돈으로 분야별 국책 연구소들을 만들거나 활성화해야 한다. 그리고 각 대학들은 공동으로 모금운동을 펼쳐서라도 필요한 재원을 보탤 수 있어야 한다. 그런 다음 철저한 심사를 통하여 박사급 연구원들을 '한시적으로라도' 가급적 많이 채용해야 한다. 어려울 경우 그들에게 반드시 연구실은 주지 않아도 무방할 것이다. 그들이 최소한의 생활을 할 수 있을 정도의 연구비를 지원해주고 논문이나 저서출간의 의무를 부과함으로써 그들로 하여금 학자로서의 정체성을 갖도록 해야 한다. 그리고 기존 교수사회를 철저히 평가하고 도태시켜 이들 그룹이 공정하면서도 수월하게 교수사회로 진입할 수 있는 여건을 마련해 주어야 한다.

이제부터라도 박사인력의 배출은 철저히 통제되어야 하고, 양보다 질에 중점을 두어야 한다. 그런 점에서 박사급 지도교수의 자질은 철저히 검증되어야 한다. 박사를 배출하는 지도교수만이 긍지를 느끼게 되어있는 우리나라 교수사회의 분위기는 바뀌어야 한다. 필요하다면 스스로 박사를 배출하지 않겠다는 결심을 내린다면, 그 결단은 인격이나 윤리적 차원에서 마땅히 존중되는 분위기도 중요하다. 교수 경력 몇 년에 박사 하나 배출 못한 것이 흡사 학문적 도정에 큰 흠이라도 되는 듯이 여겨진다면, 누군들 기를 쓰고라도 무자격의 박사들을 양산하려고 하지 않겠는가?

***

문제는 양심과 양식이다. 그 양심과 양식은 한국의 대학들이 지금과 같은 관행을 되풀이해서는 안 된다는 점을 깨닫고, '대오각성' 하는 순간 생겨날 수 있다. 더 늦기 전에 우리 모두 함께 나서야 한다. <2003. 3. 10.>

병든 대학과 아마추어리즘

시대가 바뀌어 의사가 많아져도 돌팔이는 없어지지 않는다. 회생 불가능이라는 의사의 처방을 받아들고 마지막으로 매달리는 곳이 바로 돌팔이의 요설임을 생각해보면 인간의 심리에 내재된 비합리성에 혀를 내두르게 된다.

돌팔이들을 기분 좋게 말하면 아마추어들이다. 돌팔이가 병에 대해 책임을 질 수 없듯 아마추어들은 그들이 매달리는 일에 책임을 지지 않는다. 인간에게도 병이 많듯 나라나 대학에도 병은 많고, 병 때문에 사람이 죽듯 나라나 대학도 망하기 마련이다.

이 나라의 병통과 대학의 병통이 신기하게도 같은 모습을 띠고 있는 것은 나라를 좌지우지하는 집단이 대학도 좌지우지하기 때문이다. 이 나라를 병들게 하는 것은 정책 개발과 집행을 맡은 관료집단의 무책임한 아마추어리즘이다. 이렇게 해보고 안 되면 저렇게 해보고, 저렇게 해보다 안 되면 다시 돌아와 이렇게 해보는 식으로 세월만 갉아먹는다.

80년대 초 실험대학의 뼈아픈 실패사례가 지금도 우리의 가슴을 아리게 하는데, 얼마나 지났다고 또 다시 그 재판인 학부제를 들고 나와 억지를 부리더니 기어이 실패를 자인하고 마는 꼴이란!

BK21이란 전대미문의 명분 없는 돈 잔치를 통하여 대학을 세계적인 반열에 끌어 올릴 수 있다는 코미디는 도대체 누구의 머리에서 나온 발상인가. 대학의 안팎에 만연한 아마추어리즘이 이 나라의 대학들을 난파선으로 만들어버리고 말았다. 대학을 국가권력의 품 안에서 푼돈이나 집어주며 통제하고 순치시키려는 발상은 도대체 언제까지 지속될 수 있을까.

대학의 기가 살아야 인재가 배출되고, 인재가 많이 나와야 나라가 발전한다는 초보적인 사실조차 모르는 나라의 경영자들을 대체 어찌해야 한단 말인가. <2002. 9. 9.>

BK21과 대학사회

지금이야 사정이 많이 달라졌겠지만, 농촌에서 태어나고 자란 필자는 천재지변보다 오히려 농사짓는 사람의 조급증이나 어리석음 때문에 농사를 망치는 경우를 종종 볼 수 있었다.

예를 들어 이런 일이다. 모를 심어놓고 한두 달쯤 지나면 논의 토양상태에 따라 검푸른 색깔에서부터 약간 노릇노릇한 색깔까지 얼마큼씩 차이가 나기 마련이다. 그럴 때면 노릇노릇한 논의 임자는 초조해지기 시작한다. 검푸른 잎사귀들을 일렁이고 있는 옆집 논과 자신의 논이 너무 차이가 난다고 느낀 그 논의 임자는 급기야 특단의 처방을 내린다. 토질이나 벼의 품종, 물 관리 등 제반 여건을 고려하거나 그 논들의 주인이 평소에 기울인 노력은 생각해보지도 않은 채, 당장 이웃 논들과 같아지거나 앞서려는 욕심에 그만 질소비료를 듬뿍 뿌려준다.

상식적인 일이지만, 농작물을 잘 생육시키기 위해서는 우선 토양을 비옥하게 만들어야 하는데, 그 작업은 긴 시간을 두고 꾸준히 해야 하는 일이다. 더구나 비료를 사용할 경우라도 비료의 삼 요소인 질소, 인산, 칼리를 비율에 맞게 골고루 뿌려주어야 됨에도 불구하고 당장 겉으로 표가 난다는 이점 때문에 그 주인은 질소비료만을 듬뿍 뿌려준 것이다. 과연 2, 3일 후부터 그 논의 벼는 겉보기에 생육이 왕성해지고 검푸르게 변한다. 옆 논들과 비교해보며 그 논주인은 대단히 만족해하고 자랑스러워한다.

그러나 얼마 후부터 그 논의 벼들은 저항력이 약해져 도열병을 비롯한 각종 병에 걸려 시름거리다가 결국은 형편없는 몰골로 전락하고 만다. 토질이나 농작물의 뿌리, 뼈대 등을 찬찬히 보강해나갈 생각은 못하고, 겉으로나마 우선 남보다 뒤지기 싫다는 미련한 오기와 어리석음 때문에 일을 그르치고 만 것이다. 말하자면 그 농부는 질 좋은 퇴비를 이용하여 긴 안목으로 토양을 개선하거나 비료의 필수요소를 고루 사용하기보다는 우선 보기에 좋으라고 경우에 따라서는 농작물에 독이 될 수도 있는 특정 성분의 비료만을 퍼부었던 것이다. 그러니 그 결과는 참담한 실패로 돌아갈 수밖에 없었다.

***

필자는 제3세계권의 한 국가에서 대학을 마치고 최근 BK21을 독식하다시피한 대학의 한 대학원에 재학하며 어떤 교수의 연구실에서 연구조교로 일하고 있는 젊은이를 만난 적이 있다. 나는 그로부터 한국의 학문적 수준에 대한 선망과 존경의 답을 기대하며 지금 공부하고 있는 곳의 형편을 조심스레 물었다. 그런데 그의 대답 때문에 놀라고 말았다. 자신이 모시고 있는 교수들이 너무 많은 응용프로젝트들에 치중하는 까닭으로 연구실에서 그 일을 돕고 있는 자신들은 아주 바쁘다는 것이었다. 따라서 그가 배우고자 하는 기본 원리나 독창적 지식을 배울 수가 없기 때문에 이 과정이 끝나자마자 이곳을 떠날 거라는 말도 덧붙였다.

그는 '응용'이란 점잖은 말을 사용했지만, 그 말에는 '남의 연구 업적 베끼기'라는 의미와 함께 그런 명목으로 엄청난 연구비가 낭비되고 있다는 현실고발이 내포되어 있었다. 우리의 학계가 가볍게 생각하여 마지않는 제3세계권의 학생 입에서 나온 이 말을 듣고, 나는 한 동안 망연자실할 수밖에 없었다. 우리같이 가난한 인문학도에 비해 별세계에 살고 있는 듯한 이공계 교수들. 우리가 선진국에 진입하기 위해서는 이공학을 육성해야 한다며 많은 연구비를 투입해 오지 않았던가. 그와 같은 '베끼기'의 작업들에 지금까지 투입된 천문학적 자금만으로 부족하여 국민의 세금까지 투입하려고 한단 말인가. 그리고 과연 이런 행태가 그 대학 그 교수 한 사람만의 일일까?

언론에 발표된 BK21의 내용과 그 예상되는 효과를 읽으면서 나는 우려를 금할 수 없었다. 그 가운데 한 동안 내 입을 다물 수 없었던 사항은 바로 이것이다. 정확한 숫자는 기억에 없지만, 이 사업이 시행만 되면 1, 2년 내에 SCI 등재논문이 현재의 2배 이상으로 늘어나게 된다는 것이었다. 그 문헌에 등재될 만큼 '좋은 논문'을 두 배나 더 많이 생산해낼 수 있다는 말인지, 지금까지 생산은 되었으면서도 실리지 못한 '좋은 논문들'을 두 배나 더 많이 그 문헌에 실리게 할 수 있다는 말인지 알 수는 없으나 대체로 전자가 맞지 않을까 싶다.

그러나 차라리 그 돈으로 좋은 논문들을 '사다가' 그 문헌에 등재시킨다고 하는 게 좀 더 합리적인 말이 아니겠는가? 그리고 설혹 그렇게 하여 SCI 등재논문 수를 두 배로 늘린다 한들 앞에서 이야기 한 논 주인의 경우와 다를 바 없을 것이니, 무슨 의미가 있는가. 기능올림픽에서 아무리 금메달을 많이 땄다 한들 과연 우리의 전반적인 산업수준이 그에 걸맞게 올라갔던가. 여기서 침대에 맞추기 위해 사람의 발을 잡아 늘이거나 자르던 '프로크루스테스의 신화'를 떠올리지 않을 수 없다. 이공계 학자들은 모르겠으나, 필자같이 무능한 인문학도의 입장에서는 아무리 천문학적인 액수의 돈을 안겨준다 해도 지금까지 써오던 논문의 두 배를 같은 기간에 쓸 수는 없다.

***

지금 대학은 문제투성이지만, 특히 학문 부진의 원인은 학문 인프라의 부실에 있다. 가장 기본적인 문제 몇 가지만 들어보자.

현재 강의실 환경(강의당 학생수, 소음의 정도, 냉난방 시설, 각종 강의 보조시설, 접근의 용이 여부 등), 연구실 환경, 도서관 환경(장서량이나 서비스 체계), 인터넷 등 통신망 환경(속도, 제공자료 등) 등이 과연 학문적 업적의 생산이나 소비에 타당하게 되어 있는가? 무엇보다 이들 문제는 시급하면서도 꾸준히 투자해야 해결할 수 있기 때문에 우리 정부가 좋아하는 '단방식' 접근법으로는 개선될 수 없는 사항들이다. 그러나 긴 안목의 학문적 신장을 기하기 위해 반드시 해결하지 않으면 안 되는 사항들이기도 하다.

도서관을 예로 들어보자. 미국을 비롯한 상당수의 서구 국가에서는 ILL(interlibrary loan)제도가 오래전부터 시행되고 있다. 앉아서 타 대학 도서관, 더 나아가 타국 대학의 자료들까지 대부분 빌려볼 수 있는 제도이다. 사실 우리나라의 대학도서관들이 소장하고 있는 도서나 자료의 양은 참으로 공개할 수 없을 만큼 부끄러운 수준이다. 그나마 국민의 세금으로 확충되는 국립대학들에 비해 사립대학들의 경우는 더욱 심하다. 그러니 ILL같은 제도를 도입하려고 해도 손해 본다고 생각하는 대학들이 응하지 않을 것은 뻔한 일이다. 다른 대학으로부터 빌릴 일은 별로 없고, 내 장서나 자료들을 빌려줄 일만 많게 될 경우 누가 응하겠는가?

학점 교환 같은 제도 또한 마찬가지일 것이다. 대등한 차원에서 교류를 하고자 해도 우리 학생들이 상대방 학교로 갈 일은 적고, 상대방 학교의 학생들이 이곳으로 오기만 할 경우 누가 손해라고 생각할지는 뻔한 일 아닌가? 그러니 대학들마다 모두 울타리만 높게 올려치고, 남들과 협동하려는 생각을 안 하는 것이다. 그 속에서 만들어지는 학문적 성과의 빈약성이야 말할 필요조차 없다. 만약 우리가 ILL같은 제도만 성공적으로 도입한다면, 빈약한 장서와 자료들을 소장하고 있는 우리나라의 대학들에게는 획기적인 사건으로 기록될 수 있을 것이다. 아마 지금까지의 학문적 생산성보다 두 세배의 능률을 올릴 수 있으리라 본다.

그러나 문제는 대학 간의 격차를 어떻게 해소시킬 수 있는가에 있다. 이 점이 바로 **BK21**과 상충되는 사항이기도 하다. 특정 대학 하나만 육성하고 나머지는 내팽개친다면, 국가적으로 득 될 것이 하나도 없다. 한정된 재원이지만, 학문적 인프라의 구축에 '골고루, 긴 안목으로' 투자한다면 결국 대학사회의 균형적 발전이 이룩될 수 있을 것이며, 이 가운데서 두드러진 대학들도 나올 수 있는 것이다.

지금 국가적으로 자금을 투입해야 하는 대상은 바로 학문적 인프라의 강화와 내실화에 있다. 그것은 농사를 짓되 긴 안목을 가지고 토양을 비옥하게 하는 일과 마찬가지의 일이다. 농작물의 잎사귀가 무성하지 않다고 당장 비료를 퍼붓는다면, 그 농작물은 허약해져서 금방 병충해의 공격을 감당치 못하는 것과 같은 일이다. 학문적 업적이란 하루아침에 급신장할 수 있는 일이 아니다. 우리의 일천한 대학사를 감안한다면, 지금 이 정도라도 향상되고 있는 것은 대견한 일이다. 한두 해 대학을 운영하고 말 것이라면, **BK21**과 같은 사업도 괜찮다. 그러나 이 민족의 역사와 함께 학문과 대학은 영속되어야 한다. 그러기 위해서는 장기적 안목을 가지고 학문적 인프라의 구축과 강화에 나서야 할 것이다. <2002. 8. 8.>

우리 지식사회의 천박성

　　최근 K대 경영대의 이미지광고로 이른바 '도토리 키 재기 담론'이 촉발되었고, 광고에서 상대로 지목된 S대나 아예 거론도 되지 않은 Y대의 당사자들이 소극적으로나마 반응하면서 우리 지식사회의 천박성은 표면화 되고 있다.

　　왜 이 시기에 이런 문제가 거론되었을까. 그리고 그것은 우리나라 지식인들의 의식과 어떤 연관성을 갖고 있을까.

　　생물이 존재하는 곳에서 경쟁은 생존의 필수적인 방식이고, 경쟁이 배제된 집단이나 경쟁에서 밀려난 집단은 도태되는 것이 자연의 법칙이다. 인간사회의 어느 분야보다 심한 경쟁의 복판에 놓여있는 것이 대학사회다.

　　인간이나 동물은 생존에 충분한 자원이 확보된 공간에서만 평화롭게 살아갈 수 있다. 충분한 자원이 확보된 경우에는 경쟁보다 공존의 원리가 더 크게 작용한다. 그러나 자원이 고갈되어 같은 것을 추구하는 무리들이 공존할 수 없을 경우 경쟁이 심화되고, 결국 힘이 약한 존재들은 도태될 수밖에 없다.

인구 증가의 둔화로 취학아동들이 줄어들고, 그에 따라 대학 진학인구 또한 급감하고 있는 것이 최근의 추세다. 대학 진학인구가 줄어든다는 것은 그 집단 속의 우수자원도 같은 비례로 줄어든다는 것을 의미하고, 지금까지 우수자원들을 독점 혹은 균점해오던 세칭 일류대학들은 피나는 경쟁을 피할 수 없게 된다. 경쟁이 심화될 경우 페어플레이보다는 좀 더 자극적인 방법이 동원되기 마련이다.

문제는 기성의 사회 통념을 넘어서는 데서 그 자극성이 기능을 발휘한다는 점이다. 말하자면 이번의 K대 경영대 광고는 점잖음을 바탕으로 하던 기존 지식사회의 통념을 깼다고 할 수 있는데, 자원 고갈의 상황에서 필연적으로 등장하게 되어있는 생존방식의 새로운 단초쯤으로 보아야 한다.

먹이가 줄어들면서 이빨을 드러내고 싸움을 벌이는 사바나의 동물세계나 경기후퇴로 시장이 줄어들면서 경쟁을 벌일 수밖에 없는 경제의 영역과는 달라야 하는 것이 지식사회다. 지식의 생산과 응용에 종사하는 지식노동자가 권력을 갖게 되는 것이 지식사회라면, 거기에 속한 구성원들은 지식의 세련성에 상응하는 도덕성과 질서의식으로 무장되어 있어야 한다. 고등교육으로 만들어지는 것이 지식인들이고, 인성의 도야는 고등교육의 상당부분을 차지하고 있기 때문이다.

프랑스의 철학자 사르트르가 주장한 바와 같이, 지배계급에 의해 주어진 자본으로서의 지식을 민중문화의 고양에 사용할 것, 지식인 고유의 목적인 보편성이나 사상의 자유와 진리 등으로 인간의 미래를 전망할 것, 모든 권력에 대항하여 대중이 추구하는 역사적 목표의 수호자가 될 것 등은 이 시대 지식인들의 책무다.

좋은 지식의 교육을 통해 인간사회에 기여할만한 인재를 키워내는 일이야말로 지식사회를 대표하는 대학들의 사명이다. 지식의 보편성 및 사상적 자유와 진리는 지식인 최고의 무기이고, 그것만이 인간의 긍정적인 미래를 담보할 수 있다. 인간의 본질을 압살하는, 잘못된 권력에 대항하여 인간사회를 수호할 수 있는 것도 지식의 힘에서 나오기 때문이다. 그런 정신으로 무장되어 있느냐에 대한 평가는 제3자가 하는 것이고, 그 평가에 따라 인재들이 모여드는 집단이 제대로 된 대학이다.

고만고만한 집단들 속에서 '너보다 내가 잘 났다'는 광고문구 하나로 인재들의 눈과 귀를 호릴 작정이었다면, 그 주체들은 이미 지식사회의 일원이길 포기해야 한다. <2008. 12. 26.>

학문적 담론의 시대를 지향하며

　　대학가에, 그것도 인문학자들의 공동체에 대화가 없다
는 것은 지극히 우려스런 일이다. 우리는 입만 열면 인문학의 쇠락
과 고사(枯死)를 언급하지만, 정작 왜 그런가에 대하여 진지하게 탐
구하려는 의지는 찾아볼 수 없다. 학자들 사이에 만연되어 있는 '고
립주의·이기주의·나태·무기력'이 그렇게 만들었다고 본다. 사실 인문
학을 비롯한 모든 학문의 탐구·전수·발전에는 대화가 필수적이다.

　　학문에서만 대화가 필요한 것은 아니다. 대화는 삶의 근본적인
방식이다. 우리는 끊임없는 대화 속에서 산다. 지금 우리가 살고 있
는 것도 우리의 삶을 가능하게 하는 것도 우리 조상들과의 끊임없
는 대화를 통해서다. 지금보다 좀 더 나은 삶을 영위하기 위해서는
우리보다 나은 삶을 살고 있는 나라나 사람들과 끊임없이 대화해야

한다.

일방적인 발화(發話)는 대화가 아니다. 나는 교수가 학생을 가르치는 강의실에서도 최우선적으로 대화가 이루어져야 한다고 본다. 교수의 말은 절대적 진리가 아니다. 다만 학생들로 하여금 참고로 삼도록 주어지는 하나의 견해일 뿐이다. 그 견해에 대하여 학생들은 자신들의 생각을 말할 수 있어야 하고, 그런 말들을 통하여 새로운 의미를 깨달을 수 있어야 한다. 교수는 열심히 말하고 학생들은 열심히 받아 적는 것을 대학 강의라고 할 수는 없다. 그런 게 대학 강의라면, 비싼 등록금 지불하며 대학교육을 받을 이유가 전혀 없다. 그러나 그것을 대학교육 혹은 대학 강의라고 생각하는 교수와 학생이 아주 많다는 현실을 부정할 수 없다.

책이나 논문을 읽는 것도 마찬가지다. 비판정신이나 대화정신으로 무장하지 않고 책을 대할 경우, 대개 그 논저자의 생각에 매몰되기 십상이다. 논저자의 주장에 매몰되어 무비판적인 추종자가 되는 경우, 거기서 우리는 대화를 발견할 수 없다. 비판을 통해서 논저자와 구별되는 생각을 안출해내는 일이야말로 대화의 생산적 결실이며, 모든 글의 본질적인 역할이라고 할 수 있다. 사실 어렵긴 하지만, 자기 자신까지도 비판할 수 있는 일이야말로 생산적 비판의 진수라고 본다.

그런데 비판은 대화 없이 이루어지지 않는다. 대화를 가능하게 하는 것은 열린 마음이다. 내게도 얼마든지 잘못이 있을 수 있다는 점, 그런 잘못을 지적해주는 일이야말로 나를 해하려는 것이 아니라 나를 적극적으로 도와주는 것이라는 점을 깨달아야 비로소 남의 비판을 수용할 만큼의 여유가 생긴다.

지금 이 사회의 식자층들에 의해 자주 거론되고 있는 공자(孔子)도 "허물이 있거든 고치는 것을 꺼리지 말라(過則勿憚改)"고 했다. 고치려 해도 허물이 무엇인지 알아야 할 것이 아닌가? 허물을 알기 위해서라도 그 허물을 지적해주는 사람의 말을 경청해야 한다. 허물을 지적해주는 사람의 말을 고맙게 받아들여 자신의 행동이 수정된다면, 그 자체가 바람직한 대화의 결실인 것이다.

우리 사회에 대화가 없다는 것은 모든 교수들이나 학생들이 마찬가지로 공감하는 문제다. 그러면서도 그것을 적극적으로 고칠 생각을 하지 않는다. 타성적인 분위기 때문이다. 말하는 자와 듣는 자 사이의 '일직선적인 오고 감'만으로는 진정한 대화가 이루어질 수 없다. 모든 방향에서 누구나 참여할 수 있는 열린 상태의 대화만이 진정한 대화일 수 있다. 그런 점에서 오늘날 한국의 대학사회는 본질적인 의미에서의 대화가 부재한 공간이다.

아무리 대 석학을 모셔다가 고명하신 말씀을 듣는다 해도 일방적인 강의로만 그친다면 그걸 대화라 할 수는 없다. 총장이나 교수가 만능일 수 없으며, 오히려 지적인 순발력을 요하는 일들에서는 학생을 따라잡을 수 없는 경우도 많다. 물론 학생들 사이에도 대화보다는 일방적 성향과 독단적 성향이 자리 잡고 있음을 자주 느낀다. 특히 특정 이념이나 경직된 학생활동을 통해서 엿보게 되는 그들의 일방성은 기성세대 뺨칠 정도다. 그들 역시 대학사회의 부정적 성향에 물들고 있다는 증거일 것이다.

1990년대 이후 대학사회 내의 대화부재현상은 더욱 심화되어가고 있음을 느낀다. 민감한 현실적 이해(利害)에 관계되는 일에는 대부분 장시간 적극 나서서 열들을 올린다. 그러나 그럴 경우도 자기 주장 일색이므로, 그것을 대화라고 할 수는 없다. 그런 자리에서 심심찮게 육두문자들까지 등장하는 것을 보면 대학사회나 시장판이 다를 바가 하나도 없다.

안타깝게도, 그런 일에는 수업을 제껴 가면서까지 잘들 모이면서 조금이라도 학술적 성격을 띤 모임들에는 그야말로 '인영(人影)이 불견(不見)'이다. 사정사정해야 마지못해 얼굴만 슬쩍 들이밀어 눈도장만 찍고 돌아가는 것이 고작이다. 대학인들이 스스로의 위상을 깎아내리는 행태는 여러 구석에서 찾아볼 수 있지만, 그들이 즐겨 참석하는 모임의 성격을 보면 우리나라의 대학이나 학문적 수준을 짐작하기에 어렵지 않다. 이런 문제점들은 잘못 되어가고 있는 대학의 분위기나 대화의 분위기를 바로잡기 위해서라도 자꾸 제기되고 이야기되어야 한다.

필자 자신을 포함하여 현재 대학의 구성원들이 바람직한 문화 창조에 큰 기여를 못하고 있다는 것은 사실이다. 그래서 시도해본 것이 집담회(集談會)란 행사였다. 보기에 따라 필자를 포함한 몇몇 사람들의 출판기념회를 곁들인 것은 옥의 티로 생각될 수도 있었겠지만, '이야기 거리'를 고안하는 일이 쉽지 않다는 현실 때문에 그 점은 불가피했다.

필자가 집담회 이야기를 꺼내니 이인성 교수는 대뜸 콜로퀴엄 colloquium아니냐고 물었다. 사실 콜로퀴엄을 염두에 두고 있었으면서도 명칭 때문에 골머리를 앓다가 궁색하나마 '집담회'란 조어를 사용할 수밖에 없었던 나였다. 그 모임에 참석해주신 소재영 선생께서는 일본의 대학가에도 집담회라는 모임이 자주 있다고 귀띔해주셨다. 그곳에서는 책을 출판하기 위해 원고가 완성되면 집담회를 통해서 그 타당성을 토론하고, 책이 만들어진 후에도 똑 같이 검토하여 처음의 모임에서 지적된 사항들이 수정되었는지를 확인한다고 한다. 그런 연유로 그곳에서는 집담회를 통할 때마다 새롭게 수정된 내용들이 덧붙기 때문에 이 모임은 학자들의 사회에서 아주 중시된다고 했다. '말 만들기 좋아하는 그들 역시 나와 생각이 같았구나.'라고 생각은 하면서도 본의 아니게 그들의 아이디어를 도용한 것으로 비치지는 않을까 약간 걱정스런 일면도 없지는 않았다. 그런 까닭에 처음부터 이 명칭에 대한 지적 소유권을 갖고 싶었던 내 얄팍한(?) 계산은 어긋나버린 셈이었다.

그렇다면 이 모임의 의미와 본질은 무엇인가. 우선 이 모임과 비슷한 서양의 모임으로 앞에 말한 콜로퀴엄이 있다. 메리엄 웹스터 사전(Merriam Webster's Collegiate Dictionary, 10th Edition)에는 이 용어가 "전문가들이 하나의 화제(話題) 혹은 관련 화제들에 대하여 발표하고 그에 관한 질문들에 대답하는 학술적 모임"으로 설명되어 있다. 반하트(Robert K. Barnhart)의 어원사전(The Barnhart Concise Dictionary of Etymology)에는 라틴어인 이 말이 '함께 이야기하기(speak together)'로부터 나온 학술회의, 대화 등을 의미한다고 설명되어 있다. 말하자면 공통된 화제를 두고 함께 생각하고 이야기한다는 것이 이 말의 본래적인 의미라는 것이다.

사실, 처음 생각으로는 대화 분위기 자체가 중구난방이어도 좋다고 생각했다. 집담회의 '집(集)' 앞에 '의(衤)'를 부수로 붙이면 '잡(褋=雜)'이 된다. 말하자면 집담회 아닌 잡담회(褋談會=雜談會)가 될 수도 있는 것이다. 그러나 격식 없는 대화의 자리일 경우 잡담회면 어떻고 집담회면 어떤가? 학문적 내용을 중심으로 서로의 견해를 존중하는 가운데 구성원들이 동참하기만 하면 되는 것이다. 이번과 같이 졸속의 상황에서 각기 다른 몇 개의 주제가 아니라 구체적이고도 단일한 주제만 마련된다면, 멋진 집담회가 될 수 있을 거라는 확신을 어렴풋이나마 갖게 되었다. 잘만 되면 이 모임의 명맥은 이어질 수 있으리라 본다.

***

대학의 생명은 끊임없는 대화에 있다. 선학들과의 대화, 동료들과의 대화, 책이나 논문을 통한 논저자들과의 대화, 교수와 학생간의 대화, 사회인들과의 대화, 심지어 자기 자신과의 끊임없는 대화 등 온갖 대화 속에서 대학은 존속된다. 그러나 대화의 부재 속에서 진정한 대화의 개념마저 모호해져 버린 것이 한국 대학들의 현실이다. 말은 넘치되 진정한 대화는 말라버린 사막, 오아시스 없는 사막이 바로 한국의 대학들이다.

대화의 장, 담론의 장을 대학 안에 많이 만들어야 한다. 많이 가진 자가 조금 가진 자에게 나누어 주는 일방적인 연설의 장이나 강연의 장이 아니라 서로가 주고받고, 참견하고 참견 받는 그런 다양한 대화의 장터를 마련해야 한다. 이제 우리 모두 황폐화된 담론의 장을 재건하는 데 나서야 할 때가 되었다. <2000. 11. 30.>

인문학의 현실과 지향

대학의 개혁을 외치면서도 방향을 제대로 알지 못해 우왕좌왕하고 있는 현실. 만연된 탈(脫)학문화의 역작용이 대학을 경박한 아마추어리즘의 향연장으로 만들어버린 현실. 세계와 시대의 변화에 대한 오독(誤讀)의 결과나 착각을 신념으로 위장하면서 한 시대를 잘못 이끌어가고 있는, 이른바 학계의 기득권 세력이 판치는 현실.

이런 현실 속에서 한국의 인문학은 고사되어가고 있다. 대학의 불변적 이념은 보편적 가치에 대한 신뢰와 추구다. 인간의 본질, 인간과 사회의 관계, 삶의 방법 등을 추구하는 분야가 인문학이라는 점에서 대학의 이념이나 정신은 인문학의 본질과 직결된다. 그런 점에서 현재 진행되고 있는 대학의 파괴는 인문학의 파괴 그 자체다.

그렇다면 인문학이 파괴되어가고 있는, 아니 대학이 파괴되어가고 있는 징후는 무엇인가? 인간을 무한한 가능태로 만들려 하지 않고, 1회용 도구로 양산해내려는 얄팍한 상업주의가 교육의 탈을 뒤집어쓴 채 대학을 지배하고 있는 현실이 바로 그 징후다. 공동체의 해체나 이미 진행 중인 교실붕괴 현상도 알고 보면 인문학의 파괴에 큰 원인이 있다.

내가 누구이고 우리가 누구인지 애써 알려고 하지 않는 오늘날의 비극 역시 인문학의 파괴에 그 원인이 있다. 인간을 도구로 대하고 내 이익만을 추구하는 반 휴머니즘이 시대정신으로 정착되어가고 있는 근저에 인문학의 파괴라는 절망적 현실이 놓여있는 것이다.

***

21세기를 맞이하는 우리에겐 민족통일과 진정한 세계화의 실현이라는 두 가지 절체절명의 과제들이 주어져 있다. 학문, 특히 인문학만이 그것들을 가능케 하는 유일한 수단일 수는 없다. 그러나 진정한 인문학적 본질의 체득 없이 그런 일을 해낼 수는 없다.

도구로서의 기술과 기능은 인간의 보편적 가치 위에서 비로소 그 가치를 발휘할 수 있다. 보편적 가치에 대한 신뢰가 없는 상태에서 주어진 물리적 도구가 필연적으로 공동체의 파괴로 연결된다는 점은 역사가 이미 입증한 바 있다.

동물과 구별되는 인간으로서의 정체성을 확립시켜주는 정신체계가 바로 인문학이다. 21세기의 한국 대학은 자유와 조화 위에서 보편적 가치가 꽃피는 현장이어야 한다. 본질학과 도구학이 조화를 이루어야 한다는 말이다. 도구적 사고가 극성할 경우 시대를 이끄는 원천적 힘으로서의 정신은 빛을 발할 수 없다. 이 시대를 지배하는 천박한 이기주의와 상업주의는 정신문화의 퇴조를 불러올 것이고, 궁극적으로 그 담당계층은 역사적 비판으로부터 자유로울 수 없을 것이다.

고전 강의실을 가득 메우는 서양 대학들의 이공학도들을 보라. 서양을 추수(追隨)하려거든, 그 문명권의 본질을 꿰뚫어 보라. 이 시대의 반인문주의자들이여, 그대들은 이 땅에 무슨 파라다이스를 건설하고자 그토록 무모하게 애들을 쓰고 있는가?

인문학은 인간을 폭 넓은 가능태로 만드는 학문이다. 처음부터 직업교육만을 받을 경우, 그 효용가치가 다하는 날 인간도 폐기될 수 있다. 그러나 가능태의 인간은 창조적인 인간으로서, 자기 쇄신과 수련 여하에 따라 얼마든지 자신의 몸값을 높여나갈 수 있다. 대학이 폭 넓은 인간을 길러야 하는 것도 그 때문이다. 그러기 위해서라도 인문학의 고유 영역은 인정되어야 하고 제도적으로 뒷받침되어야 한다. 어느 분야의 학문이든 인문학을 바탕으로 할 때 비로소 제 빛을 발할 수 있다는 사실을 직시해야 한다. 우리 사회가 직면한 시대적 위기를 벗어나기 위해서라도 바야흐로 죽어가는 인문학을 되살려야 한다.

***

피와 갈등으로 점철된 20세기는 상극(相剋)의 시대였다. 그 시기에 가장 쇠퇴한 분야가 바로 인문학이다. 21세기는 상생(相生)의 시대가 되어야 한다. 상생의 인문학이 활짝 피어나야 한다. 인간과 인간, 인간과 자연환경, 문명과 문명이 서로를 살리고 공존하는 시대가 되어야 한다. 정계, 실업계, 교육계, 학계의 기득권자들은 더 이상 인문학을 말살의 대상으로 생각지 말아야 한다. 현재의 인문학도들에게는 무슨 기발한 아이디어를 떠올릴 겨를이 없다. 우선은 처참하게 깨어진 인문학의 파편들을 주워 모아 복원해야할 일이 급하기 때문이다. <2002. 8. 8.>

우리말과 글로 학문하기

최근 일부 철학자들이 힘을 합쳐 '우리말 철학사전'을 펴낸 일이나, 상당수 물리학자들이 함께 모여 물리학 용어를 우리말로 만들고 있다는 소식은 우리 학계의 과거와 현재를 반성하게 한다는 점에서 하나의 신선한 도발로 꼽힐만하다.

근대 학문이 시작된 지 1세기에 가까운 시간이 흘렀지만, 학계는 아직 식민 시절의 의식으로부터 크게 벗어나지 못하고 있다. 뿐만 아니라 이 땅에서 본질적인 의미의 근대화는 실험되거나 이루어진 적이 없었으며, 애당초 그런 일을 추진할만한 세력이나 의식마저 없었던 점 또한 부정하기 어렵다. 적어도 말이나 글과 관련하여 우리나라의 학계는 그 나름의 투철한 의식을 보여준 적이 없다.

과연 현재와 같은 정체성의 상실을 어설픈 세계화의 미망으로 덮어버릴 수 있을까? 표면상으로는 식민 상황을 벗어났으되 정신적으로는 그 상황을 한 발짝도 벗어나지 못한 현실이 그래서 안타까운 것이다.

***

말은 생각을 표출하는 1차적 수단이고, 글은 생각과 말을 가시화시키는 하나의 기호다. 그리고 이러한 말이나 글은 다른 사람들에게 받아들여져 새로운 생각을 촉발시킨다.

자신의 생각을 자신의 말과 글로 표현하고, 이것이 새로운 생각의 재료로 쓰일 때 우리는 '생각-말-글'의 선순환적 구조를 발견하게 된다. 물론 내 생각을 남의 말이나 글로 표현하여 남들이 수용할 경우에도 또 다른 파급 효과를 기대할 수는 있다. 그러나 내 생각을 다른 사람들이 만든 용어나 개념을 빌어 표현한 말과 글이 다시 우리에게 수용되어 새로운 생각의 재료로 쓰이는 경우라면 어떨까? 우리의 의식은 다른 사람들의 그것으로 쉽게 변질될 수 있고 그로부터 파생되는 악순환의 고리를 쉽게 벗어날 수 없다.

대체로 조선조 말기 이후 지금까지 우리 민족은 왜곡된 역사를 살아왔다. 그 요인을 두 가지로 요약하면 '외래문물의 일방적 수입'과 '식민 상황'이다. 양자는 동전의 양면과 같은 관계이면서 인과관계로 연결되기도 한다. 지금 정치 사회적으로도 식민 상황은 완전히 청산되지 않았고, 우리의 내면세계는 더욱더 그러하다. 그것은 바로 전자의 이유 때문이다.

역사상 우리의 문화를 수출해본 경험은 많지 않다. 대부분 일방적인 수입국이었고, 지금도 그 상황은 변하지 않았다. 그 주된 수입상들이 바로 학자들이다. 이미 강대국의 지위를 누리고 있는 일본이 근대화에 성공할 수 있었던 요인 가운데 하나는 외국 문물의 철저한 '자기화'에 있었다. 우리는 일본인들을 모방의 귀재라고 폄하하지만, 그래도 그들은 모방을 통한 자기화에 성공한 것이다. 그 성공이 바로 그들의 현재를 이룬 원동력이다.

그들 역시 역사적으로 외래문물의 일방적 수입국이었으나 그것만으로 만족하지 않았다는 점에서 우리와 다르다. 지금까지 모방이나 수입에만 열을 올리며 자기반성과 검증을 도외시해온 우리나라 학계의 처지에서 결코 그들을 비웃을 수는 없다. 일본인들이 명치 시대에 번역해놓은 서양의 용어들이 지금 우리 학문 용어의 상당 부분을 차지한다는 사실은 이 땅의 학자로서 자존심 상하는 일이다.

지금 이 땅의 학자들은 마음 놓고 말을 할 수도, 글을 쓸 수도 없다. 일본인들이 수입 번역해놓은 수많은 용어들을 피해가기가 쉽지 않기 때문이다. 일본인들이 서양의 문화나 학문, 혹은 그 용어들을 그럴 듯하게 번역한 저변에는 서양의 그것들에 대한 일본인들의 철저한 이해와 인식이 깔려 있다. 그러나 우리는 그런 고민이나 고통 없이 그들이 만들어 놓은 용어들을 일방적으로 빌어다 쓰기만 했다. 그 뿐인가. 최근까지 일부 인사들은 서양의 고전들을 번역한다고 하면서 기껏 일본의 번역서들을 갖다가 베끼기 일쑤였다. 흔히 중역(重譯)이라 부르지만, 사실은 서양의 고전들에 대한 일본식 해석을 그대로 옮겨놓는 작업에 불과했다. 그러니 우리로서는 한 번도 우리의 주체적인 자각과 노력을 통하여 외국문물을 받아들인 적이 없었던 셈이다.

표면적으로나마 식민 상황이 해소된 이후에도 베끼기의 행각은 다른 차원으로 전개되고 있다. 일본이라는 중개상만을 통하다가 이 젠 선진국의 생산자들과 직거래하는 통로를 하나 더 개척하게 된 것이다. 대략 60년대부터 우리나라 학계에는 다양한 서구의 학설들이 한꺼번에 들어와 횡행하게 되었다. 인문과학 사회과학 이학 공학 예술학 등등 무수한 학문의 분야들에서 뒤질세라 서양의 학문을 수입하기에 바쁘고, 부지런한 수입상들은 이 땅의 학계를 주름잡으며 기득권을 행사하기에 바쁘다.

***

한동안 세계화만이 우리의 미래를 보장할 듯 떠들던 적이 있었다. 세계화의 기본 개념조차 모르는 정치인들의 구호로부터 시작된 이 소동은 이 땅의 혼돈을 집약하여 보여준 해프닝이었다. 그들은 국적이나 자아 정체성의 포기가 바로 세계화라는 잘못된 생각을 갖고 있었던 것이다.

세계화란 무엇인가? 남에게 나를 열고 남을 받아들이는 것, 즉 나와 남 사이에 엄존하는 비생산적인 울타리를 없애는 것이다. 나와 남의 호혜적 공존이 바로 그것이다. 그런데 우선 내가 누구고 남이 누구인지 알아야 열든지 닫든지 할 것 아닌가? 이 땅에서 영어를 공용어로 만들겠다는 발상이나 대학에서 전공강의를 영어로 하라는 최근의 발상은 속된 말로 '오줌 똥 못 가리는' 자들의 세계화 논리가 필연적으로 귀착되는 함정이다. 제 나라 말로 목이 터져라 소리쳐도 못 알아듣는 전공 강의를 영어로 하라니, 지금 제 정신들을 가지고 있는지 모를 일이다.

바야흐로 때 묻지 않은 몇몇 소장학자들 사이에 미미하나마 일고 있는 '우리말로 학문하기'의 움직임은 그래서 소중하다. '우리말로 학문하기'를 좀 더 쉽게 풀자면 '우리말과 글로 만들어진 용어로 학문하기'가 될 것이다. 동 서양을 막론하고 근대화가 자아 각성으로 부터 일어난 정신 운동이라면, 21세기에 이르러서야 비로소 이 땅의 근대화는 싹 트기 시작한 것이다. 문제는 이 땅의 깨어있는 학자들이 극소수라는 점이다. 당연히 그들의 말은 흔히 대다수 '그렇고 그런' 군상들의 웅성거림에 묻히고 말 우려가 크다. 학계의 기득권을 나누어 줄 리 만무하기 때문이다.

말은 그렇다 쳐도, 우리의 글자는 만든 주체와 역사가 분명하고 효율적이라는 점에서 세계가 인정하는 자랑스러운 문화유산이다. 단순히 공휴일로 지정하는 데 그칠 일이 아니다. 한국인이라면 오히려 어떻게든 그것을 세계화시킬 방안 마련에 부심해야 하는 것이 올바른 길이다. 그럼에도 그나마 공휴일에서마저 제외시킨 사례는 이 나라의 학계와 정계가 보여준 몰지각의 극치다. 주체적 자각 없는 공직자들이나 학자들이 이 나라를 잘못 이끌어가고 있는 것이다. 무턱 댄 한글 전용론자들도 한심하긴 마찬가지다. 일본식 용어이든 미국식 용어이든 한글로만 쓰면 된다는 듯한 논리를 빨리 벗어나야 하는데, 쉽지 않아 보인다. 아직 우리는 '감히' 우리말로 우리 학문의 용어를 만들어 쓸 생각조차 못하고 있다. 언제까지 이 땅의 학자들은 어쭙잖은 수입상 역할이나 지속할 것인가.

말과 글은 생각의 표현 수단이되 다시 그것은 사람들의 생각을 일정한 방향으로 몰아간다는 점에서 '우리말로 학문하기'는 우리의 정체성 회복을 위한 선결 조건이다. 아직 중세기적 질곡에서 벗어나지 못한 이 땅의 학자들이 과연 언제쯤이나 근대화의 기치를 들 수 있을 것인가. 그리고 우리는 언제쯤이나 우리가 만든 '우리말 용어'로 학문을 하게 될 것인가. <2002. 9. 9.>

논문대필과 교육개방

요즈음 두 가지 사건이 가뜩이나 취약한 우리나라 대학 사회의 근간을 흔들고 있다. 하나는 학위논문 대필 사건. 편당 50~500만원에 각종 학위논문을 대신 써주는 업체들과 당사자들이 적발되었다. 그러나 그들은 재수 없어 걸려든 것일 뿐 이런 부조리가 이미 만연되어 있는 것이 우리의 현실이다.

세계무역기구 양허안 제출 시한이 닥친 교육시장 개방 논란이 또 하나의 사건이다. 최근 국무회의 석상에서 교육부총리와 경제부총리 간에 이 문제로 언쟁을 벌였다고 한다. 교육과 경제의 두 접근법으로 교육을 바라보는, 우리 사회의 상이한 관점들을 상징적으로 보여준 사건이다.

학위논문 대필과 교육 개방은 표면적으로 상관없는 일들일 수 있다. 그러나 내면을 들여다 보면 결코 그렇지 않다. 누가 주도하고 있건, 개방은 더 이상 거부할 수 없는 시대의 흐름이다. 교육도 경쟁력만 갖춘다면 전 세계의 인재와 부를 끌어 모을 수 있다는 사실이 입증되고 있는 현실에서 교육시장만 개방의 표적으로부터 자유로울 수는 없다. 그러나 우리가 고등교육시장, 특히 대학을 섣불리 개방할 수 없는 이유는 많다. 그 가장 큰 이유는 우리가 아직은 그 기본을 갖추지 못했기 때문이다.

기본을 세우기 위해서는 개혁을 해야 한다. 개방은 개혁을 대전제로 한다. 개혁을 하지 않은 채 문을 열면 망할 수밖에 없다. 상당 기간 우리의 화두는 대학의 개혁이었다. 그러나 지금 그 개혁은 내실을 외면한 껍질뿐이었음이 드러나고 있다. 제도의 개혁보다 더 중요한 것이 인적 구성원들의 개혁이다. 제대로 된 평가척도를 적용하여 출척(黜陟)의 정확함과 매서움을 엄정하게 시행하는 데서 개혁은 가능하다.

대학의 구성원들은 교육의 주체이며, 국가나 국민은 그 교육의 수요자들이다. 국가나 국민은 젊은이들을 대학에 위탁할 줄만 알지 그 주체들의 질 관리가 중요하다는 점을 알지 못한다. 현재 구성원들, 특히 교수에 대한 평가척도는 논문의 양이 절대적이다. 아직도 우리나라에는 연구물의 질을 평가할만한 제도나 의지를 갖춘 대학이 없다. 질보다 양이 현실적 이익을 보장하는 체제에서 '논문 제조'는 당연한 관행이다.

학생들 또한 그런 관행을 쉽게 익힌다. 논문작성법에 대한 강의는 하지만, 학문 하는 일이나 글 쓰는 일이 고도의 양심적·윤리적

행위임을 가르치는 학교는 거의 없다. 대학가에는 논문 대필 장사가 인터넷으로 내려 받은 논문들을 적절히 짜기워 1주일 만에 만든 논문을 걸러 낼만한 장치가 아예 없고, 있다 해도 기능이 정지된 지 오래다. 이런 환경에서 익숙하게 살아온 교수가 어찌 '짜기운 글'을 논문으로 알고 있는 제자들을 닦달할 수 있을 것이며, 학위논문을 '기워 만들어' 장사하는 상혼이 자신들의 행위가 악덕임을 어찌 알겠는가.

개혁을 논하면서 본의 아니게 우리가 지향해온 것은 대학의 양적 팽창이었다. 학문의 전당인 대학을 멍들게 한 논문 표절 문제 역시 양을 중시해온 관행의 결과였으며, 근간 표면화된 학위논문 대필사건은 그런 표절이 진일보, 확대된 현상에 불과하다. 그리고 그런 사건들을 겪으면서 대학의 신뢰도는 철저히 붕괴되었다.

뿐만 아니라 그간 대학들이 지향해온 개혁의 허구성 또한 단적으로 드러났다. 대학의 기본을 갖추지 못한 상황에서 개방은 필패의 우책(愚策)일 수밖에 없다. 이런 실정을 조금이라도 안다면 대학이나 고등교육시장의 개방은 쉽게 말할 수 없다. 시장경제 하에서의 개방은 경쟁을 전제로 한다. 그러나 경쟁은 공정해야 한다. 그러려면 경쟁의 당사자들은 최소한의 기본조건을 갖추고 있어야 한다. 느리지만 내실을 기하면서 체질을 개선하는 쪽, 온정주의를 청산하고 엄정한 평가척도를 예외 없이 들이대는 쪽이 개혁의 새로운 방향이어야 한다. 대학의 개방을 운운하는 당국자들의 인식이 한심하게 느껴지는 지금, 그것이 나만의 기우는 아닐 것이다. <2003. 3. 26.>

학술출판과 정보 공유

최근 A교수는 얼마 전 모 신문에 발표한 칼럼과 관련하여 생면부지의 B교수로부터 항의성 전화를 받았다. 내용인즉 B자신도 그보다 몇 달 앞서 비슷한 내용의 책을 낸 바 있는데, 혹시 그 책에서 참고한 게 아니냐는 의혹 비슷한 질문을 제기하는 것이었다.

이유야 어떻든 그 책을 미리 보지 못한 것은 A의 불찰이었다. 그 순간 A에게도 똑 같은 의문이 떠올라서 B에게 마찬가지의 질문을 던졌다. 그 칼럼의 근원이 된 A의 연구는 이미 오래 전부터 진행되어 온 것이고, 그 대부분은 B의 책이 발간되기 한 해 전에 역시 몇 편의 논문과 함께 독립된 책으로까지 발간한 바 있었다. 그런데 B 역시 A의 논문이나 책의 발간 사실을 까맣게 모르고 있었다. 소규모 출판사에서 펴냈기 때문인지 알 수는 없으나, 출판 사실 자체가 제대로 알려져 있지 않았던 것이었다.

남의 논저들을 읽다보면 참으로 기가 막히게 이미 발표한 내 논저의 상당 부분과 닮아있는 내용들을 많이 발견하게 된다. 문구만 약간 다를 뿐 발상이나 결론조차 '거의 같은' 경우들을 만나는 일도 드물지 않다. 그럴 때마다 꿍꿍 앓다가 마는 것은 그것들이 내 것들을 표절한 것이라는 확증을 잡을 수 없고, 나 또한 본의 아니게 그런 일을 범할지도 모르며, 대부분의 학자들이 남의 연구업적에 관심이 없고 설사 관심이 있다 해도 그것들 모두를 확인할 수 있는 시대가 아니라는 점을 잘 알기 때문이다.

2001년도만 해도 공식적 통계에 잡힌 신간도서만 3만 4천여 종에 이른다. 그 뿐인가. 책으로 묶여 나오지 못한 논문까지 치면 그 수는 헤아릴 수 없을 정도다. 대부분의 일간신문들은 신간도서 관련 전문 섹션을 운영하고 출판만 다루는 전문잡지만 해도 여러 개에 이르며, 대형 서점에서는 독자적으로 출판물을 소개하는 간행물까지 발간한다. 뿐만 아니라 최근 인터넷 상에 학술정보 검색사이트들이 여러 개 등장함으로써 학술 정보의 제공은 표면상 제법 완벽해진 듯하지만, 이면을 드려다 보면 쉽지 않은 문제들이 내재되어 있다.

그것들이 간행물 모두를 다루지 못할 뿐 아니라, 설사 다룬다 해도 무수히 나와 있는 그것들을 모두 훑어보고 종합할 여유가 연구자들에게 있지 않다는 데 문제의 본질이 있다. 그러니 본의 아닌 표절의 오해를 무릅쓰면서도 선행 연구업적의 검색을 소홀히 하거나 심한 경우 포기하는 사례 또한 없지 않은 게 사실이다.

요즈음 학부생들이 제출하는 리포트들은 거의 모두가 인터넷에 기대어 '짜깁기'를 해오는 것들이며, 심지어는 전문 학회에 투고되는 논문들까지 정밀한 심사를 거쳐야 할 정도로 표절이 일상화된 시대에 살고 있다. 그러나 그런 현상의 반대쪽에는 섬처럼 고립된 채 자기만의 독단에 빠져서 남의 연구결과를 외면하다가 남들이 이미 찾아낸 결과를 자신만의 독창적인 것으로 착각하고 발표하는 저작자들도 있다. 두 현상은 극과 극이로되 전자는 의도적이고 후자는 본의가 아니었다는 차이만 있을 뿐, '결과적으로 표절'이라는 점에서는 마찬가지다.

고도의 지식정보화 사회에 이미 진입한 만큼, 모든 저작자들이 본의 아닌 실수를 면할 수 있도록 하는 장치가 선결되어야 한다. 학술출판의 경우 이젠 유명무실해진 납본 제도를 새로운 모습으로 부활시키는 것도 한 방법일 것이다. 즉 학술진흥재단 등에서 각 출판사나 학회를 통해 출간되는 도서와 논문의 요약문이나 출판사항을 인터넷 상으로 제출받고 데이터베이스로 가공하여 누구나 열람할 수 있도록 하는 제도가 그것이다.

국가가 나서서 대학별, 학회별, 연구소별로 모아진 정보들을 하나로 통합하여 제공함으로써 의도적이거나 본의 아닌 표절을 예방하고 결과적으로 연구의 질을 한 차원 높일 수 있게 될 것이다. '표절 중에서 아이디어의 표절이 가장 악랄하다'는 노학자의 질타가 70년대에 있었는데, 세기가 바뀌었어도 이 문제가 해결되기는커녕 점점 우리 사회 모두가 표절의 진흙탕으로 빠져드는 느낌이다. <2002. 5. 1.>

지식사회의 한탕주의

아무나 쉽게 얻을 수 없는 정신적 자산, 그 가운데 핵심
은 지식이다. 인터넷 만능시대인 요즈음은 흔히 지식 대신 정보라는
말을 즐겨 쓴다. 그러나 도덕성이 전제되어야 한다는 점에서 지식과
정보는 다르다. 이 둘을 혼동하는, 무늬만의 지식인들이 거침없이
활보하는 요즈음이다. 그것은 우리 사회의 해체나 몰락을 가속화 시
키는 원인일 수 있다. 그래서 앎의 윤리성에 대한 몰각만큼 심각한
문제도 없다.

공자는 "아는 것을 안다고 하고 모르는 것을 모른다고 하는 것,
이것이 아는 것"이라고 했다. 진실과 양심만이 앎의 본질임을 깨우
치고자 한 것이 공자의 본의였다. 이 선언이야말로 허위의식 속에
매몰되어 있으면서도 그 사실을 깨닫지 못하는 오늘날의 지식인들

이 뼈아프게 새겨야 할 금언이다. 지식인의 정직성에 중점을 둔 공자의 생각으로부터 오늘날 자행되는 표절의 비윤리성에 대한 논의를 시작할 수 있다고 보는 것도 그 때문이다.

***

사회가 복잡해지면서 지식의 양 또한 폭발적으로 늘었고, 그것은 사회를 다원화·세분화시켰다. 그에 따라 전문가를 자처하는 지식인 그룹이 화려하게 등장하는 요즈음이다. 인쇄나 방송 등 각종 매체가 범람하고, 그런 매체들을 기반으로 지식인들은 자신들의 존재를 부각시키기에 여념이 없다. 대중의 기호나 매체의 활용 여하에 따라 지식인의 시장가치가 결정되기에 이른 것이다. 시장가치의 고하에 따라 사회적 대우가 달라지고, 그것이 금전으로 직결되는 현실이다. 상품의 질보다는 광고술이 판매량을 좌우하는 시대에 지식인들 또한 자신을 실물보다 더 낫게 치장하여 시장에 내보이려는 욕구의 포로가 되고 있다.

대중은 지식인의 내면적 가치나 덕성을 찬찬히 살피는 수고를 더이상 하지 않으려 한다. 대신 좀 더 그럴 듯하게 포장된 지식인을 찾아 자신의 '코드를 맞추고', 그의 말과 글을 아낌없이 사들인다. 대중의 코드에 영합하기 위해 끊임없이 그들의 호기심을 자극하고, 앎에 대한 욕구를 충족시켜야 한다는 강박관념으로 지식인은 고민한다. 안 걸리게 잘 치고 빠짐으로써 자신의 시장가치를 높이거나 최소한 유지시킬 수 있는 길을 찾아내려고 한다. 이 지점에서 손쉽게 빠져드는 것이 표절의 유혹이다. 이른바 지식인의 '한탕주의'가 표절이란 행위로 구체화되는 순간이다.

한 두 번의 표절이 쉽사리 발각되지 않는 것은 자신들이 사들이는 지식의 원산지나 생산자를 꼼꼼히 챙겨보지 않는 대중의 문제적 성향 탓이다. 이런 이유로 표절은 반복되고, 반복되다보면 결국 발각될 수밖에 없다. 구멍가게에서 담배 한 갑을 훔쳐도 절도죄라는 살벌한 죄명으로 벌을 받는 현실이다. 단순히 돈으로만 따져도 표절은 일반 절도죄와는 비교할 수 없을 만큼 질 나쁜 절도행위인데, 표절범들이 거리낌 없이 이 사회를 활보하는 것은 어째서인가. 사실 우리 모두 표절에 관한한 공범들일 수 있기 때문이다. 표절범이나 우리가 '오십 보 백 보'의 공범들이라면, 새삼 누가 누굴 징치(懲治)할 수 있겠는가.

***

작년 언젠가 일본 후지TV가 프로그램 표절 의혹 건으로 국내의 어느 방송사에게 항의한 사실과 국제적으로 문제가 된 우리나라 젊은 과학도의 논문 표절사건을 상기해 보라. 지난 시절 국내 방송사들이 일본 방송 프로그램들을 베껴온 사실은 왕왕 거론되어 왔지만, 지식정보화 시대인 21세기에 이르도록 그런 '잘못된 관행'을 청산하지 못했다니! 사실이든 아니든 과거 '베껴먹기의 원조' 일본으로부터 받은 항의이고 보면 참으로 낯을 들고 다닐 수가 없다. 세계 유수의 학술지에 80여 편의 논문을 실은 젊은 과학도의 표절행위 또한 우리 학계의 후진성을 적나라하게 보여준 국제적 범죄다.

자고나면 불거지는 가수들의 표절, 이름 있는 학자들의 표절, 공모전 입상자의 표절 등 우리는 표절들의 홍수 속에 살고 있다. 사실 표절 아닌 것을 찾아내는 일이 쉬울 정도로 표절이 일상화 되고, 그것이 관행처럼 여겨지는 세상이다. 인터넷을 뒤져 남의 글을 듬뿍듬뿍 퍼다가 '짜깁기'한 것을 논문이나 리포트로 제출하고 좋은 학점을 요구하는 세상이다.

강의 시간 중에 제출하는 리포트의 표절의혹을 가리는 일은 포기한 지 이미 오래고, 이젠 각종 학위논문의 표절의혹을 규명하기 위해 참고문헌들과 논문의 본문을 일일이 대조해야 할 지경에까지 이르렀다. 주제나 논지의 타당성, 문장의 정확성 등은 이제 더 이상 1차적 심사의 대상이 아니다. 문장이 눈에 띄게 미끈하면 '이거 어디서 베껴온 것이나 아닌가'를 의심해야 하는 실정이다. 서툰 문장, 어설픈 논지가 오히려 반갑게 생각되는 것은 그것들과 참고문헌들을 일일이 대조해야 하는 수고가 필요 없기 때문이다. 그렇다면 그들이 표절의 원본으로 삼고 있는 인터넷 속의 텍스트는 과연 온전한가. 그것들 역시 상당 부분은 표절의 수법으로 이루어진 것들이다. 그러니, 어느 텍스트를 원본으로 인정해야할지 난감한 시대가 바로 지금이다.

***

그렇다면, 무엇이 이렇게 우리를 표절 불감증으로 몰아넣었을까. 바로 사회에 만연한 '결과 지상주의' 때문이다. 과정의 정당성 여부보다는 결과물의 수량만이 유일한 평가의 척도로 적용되는 것이 현실이다. 논문의 편수가 금전적 보상이나 승진의 절대적 조건인 상황에서 문장을 따오든 아이디어를 베끼든 표절의 유혹을 느끼지 않을 수 없을 것이다. 시청률만으로 성패를 가름하는 상황에서 일본의 TV라도 표절하고 싶은 유혹을 느끼지 않을 수 없을 것이다. 미끈한 문장과 번지르르한 장정만을 보고 학점을 주는 상황에서 인터넷 속의 글을 짜깁기하여 리포트로 제출하려는 유혹을 느끼지 않을 수 없으리라.

그러나 무엇보다도 심한 것은 표절행위가 입증된 경우에도 그 뒤처리가 유야무야된다는 점이다. '그저 운이 나빠 걸렸을 뿐'이라는 판단은 우리 사회에 표절행위가 만연되어 있음을 반증하는 생각이다. 모두 표절의 혐의를 나누어 갖고 있다는, 공범의식의 결과가 아닌가. 이런 상황에서 비록 표절을 당한 사람이라 한들 그 사실을 선뜻 공개할 수 없다. 모두 베껴먹고 사는 사회에서 그런 사실을 공개하는 일이야말로 좀스럽고 치사하지 않으냐는 비아냥이 돌아올 것이기 때문이다.

***

우리가 이 단계에서 주저앉느냐 한 단계 도약하느냐는 국민들의 창조적 역량에 달려 있다. 국민들의 창조적 역량을 높이기 위해서는 그들의 창조적 작업이나 결실이 철저히 보호되어야 한다. 새로운 아이디어나 상품을 내놓기가 무섭게 표절된다면, 누가 영혼을 불사르는 창조적 작업에 나설 것인가. 국민들의 창조적 열기가 식어버리면 산업이나 과학의 발전은 그 순간에 멈추어 버린다. 정부가 국민소득 2만 불 시대를 고창하고 있지만, 표절문제에 미온적인 한 1만 불대의 현 수준을 벗어나기 어렵다.

표절을 중죄로 다스리기 위해 법을 보완하고, 감시 기구의 기능을 강화시켜야 한다. 그러나 무엇보다도 선행되어야 하는 것은 범국민적인 양심 회복 운동이다. 법이나 제도가 아무리 완벽하다해도 국민 각자가 마음을 바로 먹지 않는 한 표절은 언제든 일어날 수 있고, 한 번 빠져버린 표절의 함정을 벗어나기란 쉽지 않기 때문이다. 그래서 표절은 금단의 열매인 것이다. <2004. 3. 1.>

표절에 흔들리는 지식 사회

　　국내 유명대학들의 세 교수가 공동으로 제출한 논문이 표절로 판정되어 해당 국제학회로부터 항의를 받는 망신을 당했다. 대학인의 일원으로서 낯 뜨거워 얼굴을 들고 다닐 수 없다. 갈 데까지 간 우리나라 지식인들의 지적 천박성을 만천하에 드러낸 이 사건은 오늘도 미련하게(?) 연구실을 지키며 고뇌하는 대부분의 학자들을 절망시켰다는 점에서, 학계를 향한 '더러운' 테러이기도 하다.

　이 논문이 그 가운데 한 사람의 박사논문을 발췌한 것이라는 사실은 더더욱 한심하다. 해당 학자들만의 문제가 아닌 이 사건은 우리나라 학자들의 도덕적 해이와 나태가 위험수위에 이르렀음을 상징적으로 보여준다. 지도교수와 제3자가 공동필자로 제자의 박사논문을 학회지에 투고한 행위를 평범한 상식으로는 이해할 수도 없거니와, 더욱 해괴한 것은 그 논문이 만들어진 과정이다. 학교와 분야에 따라 차이는 있겠지만, 박사논문의 경우 주제의 선정으로부터 심사를 통과하기까지 대체로 4~5단계의 검증을 거친다. 더구나 마지막 단계에는 그 분야의 권위 있는 교수들 5인이 3~5회의 정밀한 심사까지 실시한다.

이와 같이 제도적으로 여러 겹의 '거름장치들'을 두고 있음에도 표절논문이 무사히 통과된 데에는 두 가지 가능성이 거론될 수 있다. 반드시 거치게 되어있는 각종 공개발표와 심사가 대충 이루어졌거나 생략되었으리라는 가능성과 심사위원들이 무능하고 무책임했었으리라는 또 하나의 가능성이다. 외국 저명학자의 글을 표절한 논문이 그대로 통과되었다면, 공개 세미나에 참여한 다른 연구자들이나 심사위원들은 모두 허수아비들이었단 말인가?

이 땅에 대학이 팽창하던 시절 어느 원로학자 한 분은 늘 학계에 횡행하는 표절의 심각성을 개탄스러워 했다. 그로부터 20년이 지나는 동안 더욱더 지능적이면서도 과감하게 자행되는 표절의 현장을 필자는 수없이 목격할 수 있었다. 영혼을 불태우는 정신적 고뇌의 산물을 약탈하는 표절이 범죄행위인지조차 깨닫지 못하는 게 현실이다. 이처럼 표절에 대하여 대범하다못해 무감각하기까지 한 것은 우리 모두 표절이 일상화된 시대에 살고 있기 때문이다. 그러니 우리는 본의 아니게 표절행위의 방조자들인 셈이다.

대학사회에서 표절이 표면화된 것은 결코 어제 오늘의 일이 아니다. 원로급 교수들이 관련된 표절 시비가 아직도 미제(未濟)로 남아 있으며 그 문제를 제기한 사람들만 우습게 되어버리는 이 땅의 상황은 지식인 사회에 만연된 도덕적 불감증의 극치라고 할 수 있다. 학부 신입생들을 위한 강의 중 다른 사람의 문장 하나를 출처 없이 인용했다가 지적을 받고 사임한 보스턴대학의 존 슐츠 교수. 그와 같이 서슬 퍼런 자기관리의 사례를 우리나라 학계에서는 발견할 수 없다.

박사논문 한 편을, 저서 한 권을 표절하고서도 늠름하게 활보하는 교수들이 대학의 중심에 있는 한 우리 학계의 도덕성 회복은 불가능하다. 이들의 그늘에서 표절을 '있을 수 있는 문화행태의 하나'로 인식하는 대학생들이 자란다. 이런 대학생들이 나중에 학자가 되고 문화인이 된다. 따라서 이들이 만들어낸 문화에 열광하는 우리 모두는 양심의 질타로부터 자유로울 수 없다.

이 땅에 만연된 학문적 천박성이나 문화적 경박성은 표절에 대한 우리 사회의 너그러움과 무관하지 않다. 다량의 학술적 저작만을 요구하는 대학당국들에게도 그 책임은 있을 것이고, 늘 새로운 것만 강요하는 방송매체들에게도 그 책임은 있을 것이다. 그러나 그 저변에는 뜸들 때까지 기다리지 못하는 우리 모두의 조급함이 도사리고 있다. 그러니 누가 그들에게 돌을 던질 수 있는가? <2001. 11. 21.>

'가짜박사' 부추기는 사회

최근 며칠째 가짜박사들이 모습을 드러내고 있다. 이 사건은 곪을 대로 곪은 우리 지식사회의 아름답지 못한 이면을 만천하에 노출시킨, 일종의 폭력이다. 피터 드러커의 설명처럼 지식 노동자가 권력을 갖는 사회가 지식사회라면 이 땅의 총체적 부패는 지식인들로부터 연유한다고 해도 과언이 아니다.

그 추악한 테러의 무대가 미국, 일본 등 선진국을 넘어 러시아와 필리핀까지 번졌으니 다시 어느 나라가 이 행각의 새로운 현장으로 연루될지 자못 불안하기만 하다. 한국판 지식 범죄의 국제화라고나 할까. 얼마 전 국제적으로 망신을 당했던 우리 학자들의 표절 사건, 온 국민을 망연자실하게 만든 '황우석 사건' 등과 함께 이번의 가짜박사 사건으로 우리의 지식사회는 결정적인 카운터펀치를 맞은 셈이다. 우리나라의 국제 경쟁력이 하락 국면으로 접어든 것도 국가 발전을 선도해야 할 지식사회의 휘청거림과 무관치 않다.

지금 우리는 가짜박사 학위를 남발한 외국의 대학들을 나무랄 처지가 아니다. 그런 대학들에서 사온 가짜 학위로 학술진흥재단에 학위등록을 하고, 어엿한 대학의 교수직에까지 올랐으니 문제의 근원을 우리에게서 찾는 것이 옳다. 가짜박사를 교수로 채용할 정도로 진짜와 가짜도 걸러내지 못한 수준이 우리 대학들의 한심한 실태다. 이런 현상은 지식사회의 마비된 양식, 국가의 학문정책 부재, 대학 개혁의 실패 등이 어우러진 결과다.

지금 우리나라 대학들은 개혁의 열풍에 휩싸여 있다. 그러나 하드웨어의 치장에만 주력할 뿐 정작 개혁해야 할 본질적 대상은 초점으로부터 멀리 벗어나 있는 것이 현실이다. 개혁의 목적은 대학정신의 정립에 두어야 하고, 그에 걸맞은 제도의 신설이나 보완이 그 구체적인 방향이어야 한다.

***

세계에서 우리나라는 박사학위 보유자 비율로 선두권에 서 있다. 그럼에도 제대로 된 검증 시스템이 없거나 부실한 것이 우리의 실정이다. 우리나라 대학들이 필연적으로 저질박사들의 온상 혹은 가짜박사들의 은신처가 되기에 딱 알맞은 곳임을 보여주는 점이다. 인터넷의 발달로 손쉽게 입수할 수 있는 지식정보가 널려 있고 표절행위 또한 여전한데, 오히려 논문의 심사단계는 전보다 간소화되고 있다. 적으면 한두 번, 많아야 서너 번의 심사가 박사논문 검증의 전부다. 박사 학위의 양산체제에 온정주의까지 가세하여, 저질논문을 걸러내기란 더욱 어렵다.

지금 기업들은 대학의 박사학위를 그다지 신뢰하지 않는다. 그럼에도 대학을 비롯한 대부분의 기관들은 반드시 박사학위를 요구한다. 아무리 실력이 출중하고 연구업적이 뛰어나도 박사학위가 없으면 아예 서류조차 낼 수 없다. 그러나 정작 채용 과정에서는 가짜박사를 걸러내지 못한다.

구태의연한 검증 시스템과 지식사회의 낮은 윤리의식, 실력보다 학위를 중시하는 인력 수요자들의 무감각이 지속되는 한 가짜박사는 사라지지 않는다. 가짜박사들은 죽은 지식사회에 기생하기 마련이다. 지식사회의 핵심인 교수들에게 보다 높은 수준의 윤리의식과 성실한 노력을 요구하고 있다는 점에서 최근 발표된 서울대의 교수 윤리헌장은 늦었지만 적절하다. 지식사회가 살아야 나라가 산다는 것은 예나 지금이나 마찬가지로 진리다. <2006. 3. 27.>

지식인들의 선진국 콤플렉스

총리서리의 청문회를 보면서 지금껏 이 땅의 지식인들이 천형(天刑)처럼 지고 있는 대국 콤플렉스를 다시금 확인하게 되었다. 전통적으로 우리나라에서 식자층은 지배층이나 기득권층에 속하는 계층이었다. 말하자면 어두운 시절, 글자로 가공되어 있는 한정된 정보를 독점할 수 있었던 계층이 바로 그들이었기 때문이다.

그런데 그들은 자신들의 정보나 힘의 원천을 시종일관 이른바 대국에 기대 왔다. 궁극적으로 독립적 지위를 확립하는 것이 문화나 기술을 배우는 입장에서 바람직한 방향임에도 불구하고 독립보다는 예속 그 자체를 통해 자신들의 기득권을 고착시키려 했다는 데 문제의 심각성이 있다. 또한 그들은 대대로 독점적 지위를 전승해왔기 때문에 일반 백성들의 입장에서는 그들이 음습한 가운데 어떤 행위를 저지르는지 알 수가 없었다. 전통적인 의미에서의 식자층과 오늘날 우리가 알고 있는 지식인을 같은 의미로 볼 수는 없을 것이다. 적어도 지식인이라면 한 시대의 정신을 리드하는 도덕성과 철학을 갖춘 계층이어야 한다는 기대를 우리 모두는 갖고 있기 때문이다.

불행히 역사적으로 보아 이 땅의 지식인들이 붙들려 있는 대국 컴플렉스, 혹은 선진국 콤플렉스는 심각할 정도다. 중국에 매여 지내던 시절, 이 땅의 지식인들은 '해바라기가 해만 쳐다보듯' 중화문물을 이 세상에 다시없는 이상으로 여겼다. 그러다가 일본의 지배를 받으면서부터는 일본에 대한 정치·경제·문화적 예속을 당연한 것으로 여겼고, 겉으로는 일본을 배척하면서도 은연중 그 쪽으로 경도되는 모습을 보이게 되었다. 해방 후 지금까지 우리 사회는 미국으로 대표되는 서양문물의 포로가 되어 왔고, 그 결과 지식인 그룹으로 대표되는 교수사회의 미국 학문에 대한 편향성은 '눈 뜨고 못 보아줄' 정도다.

보도에 의하면 "미국 내에서의 취학교육과 생활기반을 위하여..." 라는 것이 장 총리서리의 부군이 썼다는, 자식의 한국 국적포기 이유다. 그 표현 자체도 어법상 정확한지는 알 수 없지만 자식으로 하여금 선진국의 문화와 생활을 향유할 수 있도록 하기 위해 자식의 국적을 바꾸겠다는 그 생각 자체가 지식인들이 가지고 있는 대국 콤플렉스, 선진국 콤플렉스를 극명하게 보여주는 것은 부인할 수 없다.

하기야 자유민주주의 사회에서 여건만 허락된다면 국적 선택이나 이주는 지극히 합법적이다. 그리고 그런 여건만 주어진다면 그렇게 하고픈 유혹에서 자유로울 사람이 몇 사람이나 되겠느냐고 항변할 경우, 대답이 궁해지는 것도 사실이다. 그렇다 해도 법에 보장된 자유와 함께 도덕성을 요구받는 지식인의 입장이라면 합법 여부 이전에 도덕적 판단을 선행시키는 것이 옳다.

해방된 지 반세기가 훨씬 지난 지금, 표면적으로는 독립을 얻었으나 정신적으로는 대책 없는 콤플렉스의 구속으로부터 한 발짝도 나아가지 못하고 있다. 심리학자 슐츠(Schultz)는 콤플렉스란 의식의 통제를 벗어나 마음의 영역에서 독특한 존재를 영위하고 있는 심적 에너지이므로, 이것은 정신적인 작업을 저해하거나 촉진시킬 수 있다고 보았다. 즉 콤플렉스란 부정적인 측면과 긍정적인 측면을 모두 갖고 있다는 견해다. 우리 사회는 지금 수많은 콤플렉스에 사로잡혀 있다. 바야흐로 난무하는 화장술이나 각종 성형의술, 사람들을 현혹시키는 각종 어학 강좌, 효능이 입증되지 않는 전통 보신의 약품 등은 콤플렉스를 역으로 활용하는 산업인 셈이다. 콤플렉스도 긍정적으로 발산되기만 하면 역동적인 자기 혁신의 계기로 전환될 수 있다.

이제 우리 사회는 대외적 콤플렉스에 의한 일방적 문화 수입국의 처지를 벗어날 때가 되었다. 특히 지식인 집단은 그런 인식의 전환 작업에서 주도적으로 앞장 서야 한다. 장 총리서리가 자신의 아들에게 미국 국적을 안겨준 것이 20여 년 전의 일이다. 그러나 장 총리서리로 대표되는 이 땅의 지식인 그룹이 과연 그 20년 동안 정신적인 독립을 쟁취했다고 볼 수 없는 것은 아직도 지식인 사회가 선진국 콤플렉스로부터 자유롭지 못하고 그 때의 그 화두 주변을 맴돌고 있기 때문이다. <2002. 8. 6.>

지식인들에게 교양교육을…

　　21세기에 접어든 지금 새삼스럽게 지식인 논쟁이 가열되고 있다. 그간 지식인 집단이 사회의 핵심세력으로 존재하여 왔음에도, 정작 시대와 사회의 변화 앞에서는 그들 본연의 임무를 수행하지 못하고 있다는 비판적 시각이 힘을 얻고 있는 것이다. 이런 논쟁은 우리 사회에 과연 전통적 의미의 지식인이 필요한가에 대한 근본적인 의문을 제기하게 될 것이고, 결국 지식인 집단의 존립근거까지 뒤흔들 가능성 또한 크다. 특히 현 정부에 의해 '신지식인'이라는 생소한 용어가 만들어짐으로써 이런 상황은 더욱 가속화되는 느낌마저 없지 않다. 특정한 분야의 전문가들에게 붙여주는 기능적 개념으로서의 신지식인을 요구하는 사회적 분위기는 인정하나, 지식인의 보편적인 모습은 예나 지금이나 제너럴리스트(generalist)의 범주를 벗어나지 않는다.

전통시대의 지식인이었던 선비들 역시 그랬다. 부모에게 효도하고 어른을 공경하며 주경야독(晝耕夜讀)하고 분노를 참으며 욕심을 막고 음식을 절제하고 말을 삼가야 하는 것이 그들의 기본적인 생활 수칙이었다. 뿐만 아니라 임금의 노여움을 무릅쓰고 직간(直諫)·극언(極言)하여 올바로 인도하는 것 또한 그들의 의무였다. 이처럼 개인적인 욕구충족이나 영리의 도모에 종사할 수 없는 것이 선비 본연의 모습이었으며, 유교적 교양서 내지는 수신서를 읽으며 독선기신(獨善其身)·겸선천하(兼善天下)하는 것이 그들 공부의 전부였다. 말하자면 그 시대 지식인들의 이상형이 바로 실천적 교양인이었던 것이다.

시대가 급격히 변하여 옛날에 독점적 지위를 누리던 이념이나 고정관념이 사라지면서 이른바 다원화된 사회가 도래하였다. 개성과 다양성이 중시되고 탈 규범의 변화를 바탕으로 하는 포스트모던적 기풍이 모든 분야에 휘몰아치고 있음에도 불구하고 지식인에 대한 사람들의 기대만큼은 크게 변하지 않았다. 구지식인이든 신지식인이든 모든 것이 변화된 시대에도 '변함없이' 사람들의 기대를 받고 있다는 점은 이 시대의 지식인들을 또 다른 차원에서 압박한다.

특히 어려운 일은 지금의 지식인들이 옛날의 선비들과 같은 교양인이 될 수 없다는 점이다. 사실, 지식인이란 1차적으로 상식적인 교양인의 범주를 벗어나지 않는 인간상이다. 다시 말하면 제너럴리스트로서의 사물지(事物知)나 사실지(事實知)를 투철하게 갖추고 있으면서도 도덕적·양심적 가치 혹은 인문학적 소양을 바탕으로 하는 교양인이어야 한다는 것이다.

근래 들어 인문학적 소양을 중심으로 하는 교양인이나 교양교육에 대하여 우리처럼 인색한 나라는 없을 것이다. 얼마 전 미국의 한 유명 대학에 체류할 때, 교양교육의 현장이 궁금하여 '그리스·로마 고전' 강좌에 참여해 본 적이 있는데, 강의실을 가득 메운 학생들의 열기가 대단했다. 호기심이 일어 주변에 있던 10여명의 학생들에게 그들의 전공을 물으니, 대부분 이공계 학생들이었다. 이공계 학생들이 교양으로서의 고전 공부에 몰두하는 그러한 풍경이 후진국 인문학자인 내게는 신선한 충격으로 다가왔다.

그간 우리는 OECD에 가입만 하면 선진국이 되는 줄 알았다. 그러나 그 기구에 가입한지 몇 년이 지났어도 우리가 선진국이 되기는커녕 지금의 자리에서 자꾸만 주춤거릴 뿐이다. 이 시점에서 자꾸만 나라가 이상하게 꼬여가는 모습을 조금만 눈여겨보면, 교양 부재의 현실에도 그 원인의 일단이 있음을 쉽게 깨달을 수 있다. 그동안 의식주의 어려움을 해결하느라 교양에 신경 쓸 여유가 없었던 것도 사실이지만, 그렇다고 교양교육 부실이 면책되는 것은 아니다. 현재 대학교육의 상당 부분을 차지하는 교양교육의 부실은 심각하다. 교양인의 육성이라는 명제를 교육의 이념으로 내세운 대학들도 있긴하나, 현재 우리나라의 교양교육은 거의 없어도 그만인 장식품에 지나지 않는다.

대학권력의 상당부분을 점유하고 있는 실용주의자들의 눈에 교양교육이란 전공학점만 갉아먹는 귀찮은 존재일 뿐이다. 지금도 상당수의 대학에서는 스포츠나 영어회화, 심지어 기초과학 과목들까지 교양과정 속에 넣어 운영하고 있다. 말하자면 소속이 불분명하거나 딱히 어느 곳에 소속시키기 귀찮은 분야를 교양이란 범주 안으로 몰아넣고 있는 셈이니 교양에 대한 몰이해 치고는 지나치다. 교육정책당국과 대학사회는 오도된 신자유주의에 사로잡혀 교양의 참뜻을 이해하지 못했고 중견 국민들을 교양인으로 만드는 데 실패했을 뿐더러 궁극적으로는 나라의 중추인 지식인들마저 '무교양'의 극치로 만들어가고 있다.

교양을 의미하는 영어 '컬춰(culture)'의 원래 뜻이 '경작(耕作)'인 점에서 보듯, 교양이란 인간의 정신을 계발하여 완성된 인격을 지향하는 자양분이다. 또한 그것은 구체적인 지식들을 바탕으로 통합적 사고를 가능케 하는 인문학적 소양이며, 인간을 무한한 가능태로 만드는 요체이기도 하다. 교양을 결여한 전문가나 지식인은 기능인의 차원에 머물 수밖에 없다. 단순한 기능의 한계를 넘어설 수 있는 힘은 자아성찰의 토대를 제공하는 교양으로부터 나오기 때문이다.

유교적 전통을 버리고 근대교육이 시작된 이래 우리는 진정한 의미에서의 교양교육을 시켜본 적이 없다. 자연스럽게 전통사회의 교양인이자 지식인이었던 선비의 전통 또한 끊어진지 오래다. 사실 현재와 미래의 지식인들을 옛날의 선비로 되돌릴 수는 없고, 그럴 필요도 없다. 시대의 변화에 능동적으로 대처하여 지도력을 발휘할 수 있는, 건전한 교양인이자 상식인이면 지식인이 될 기본 자격으로는 충분하다고 본다. 지식인들에게 무조건적인 희생을 강요하거나 무거운 덕목을 강요할 수 있는 시대는 지났다. 이제부터라도 건전한 교양교육을 통하여 시대에 맞는 지식인을 길러내는 방향으로 우리 모두 마음을 모아야 할 것이다. <2002. 4. 1.>

대학교수와 국민의식

한참이나 지난 이야기라서 기억이 가물가물하지만, SBS TV에서 내보낸 특집프로 '세계의 명문대학'은 대개 그러리라 짐작만 하고 있던 국민들에게 큰 충격을 준 바 있다.

사실 "죽도록 공부하기"나 "출판하라, 그렇지 않으면 사라져라(나가라)" 등 다소 거친 표어들의 속뜻을 언뜻 알아차릴 사람들도 그리 많지 않은 것이 우리의 현실이다. 한동안 유행된 속어 '먹구대학'에 익숙한 우리들의 입장에서야 그런 말들이 대학생이나 대학교수에게 해당한다고 꿈에선들 생각할까? 그저 이 땅에서 얼굴에 '공부한다'고 표를 붙이고 다니는 부류래야 기껏 고3 수험생들이나 고시생들이 유일할 뿐이니 말이다. 그럭저럭 대학에서 20년 넘게 봉직하고 있는 필자로서는 아직도 이해할 수 없는 점이 하나 있다.

대학에 대한 우리 국민들의 수수방관과 무지다.

사실 나는 게으름을 부리다가 종종 글 빚에 몰려 휴일이나 방학에도 연구실에 틀어박혀 지내게 되는 경우가 있다. 그럴라치면 나를 아는 사람들은 이구동성으로 "대학교수가 무엇 때문에 그리 열심이냐? 대학교수란 대충 놀면서 지내도 되는 거 아니냐?"고 자못 측은해 하는 질문들을 던지곤 한다. 그 뿐인가? 연구실에 틀어박혀 연구에 몰두하는 교수들을 보면서 "오죽 못났으면 이곳저곳에 불려 다니거나 그럴듯한 보직 한 자리도 맡지 못한단 말인가?" 하면서 혀를 차기도 한다.

그러나 교수들에 대한 이런 몰이해는 그런대로 참을 만하다. 아이들을 고3때까지 닦달하던 학부모들도 막상 그들이 대학에 들어가고 나면 나 몰라라 하는 이유를 도통 알 수 없다. 4년 내내 무슨 공부를 어떻게 하는지, 과제물은 제 때 제출하는지, 교수들은 제대로 가르치는지, 학교는 교육 서비스를 제대로 제공하는지에 대해서는 아예 관심이 없다. 그저 자식을 대학이라는 기관에 맡겨 놓기만 하면 그 대학의 '이름값'에 따라 '물건'이 되어 나올 거라고 믿는 듯하다. 그런 점에서 대학에 대한 우리 국민들의 믿음이란 참으로 가상하다. 최근에 들어와 대학에 대한 이런 '무조건적 믿음'에 약간의 변화가 생긴 건 참으로 놀랄만하다. 등록금에 대한 의문을 갖기 시작한 것이다.

대개 대학의 운영자들은 선진국의 대학들에 비하여 지금의 등록금이 비싸지 않다고 보는 데 반하여, 상당수의 학생들이나 학부모들은 등록금이 과다하다고 생각한다. 우리나라의 대학들이 선진국 수준을 따라잡기 위해서는 엄청난 투자재원이 요청되기 때문에 현재의 등록금으로는 현상유지하기도 힘들다고 보는 것이 전자의 입장이고, 선진국들에 비해 열악한 교육서비스를 받고 있기 때문에 현재의 등록금이 비싸다고 보는 것은 후자의 입장이다.

등록금 인상을 저지하려는 학생들은 "허리가 휘도록 등록금 마련에 고생하시는 부모님" 운운하면서 학생들의 정서에 호소하는 것이 고작이다. 심지어는 등록금 인상을 저지하기 위해 고유의 권리인 수업을 거부하려는 움직임까지 보이는 경우도 있다. 등록금 몇 푼 아끼는 것보다 교육의 질 향상을 요구하는 것이 훨씬 이익이라는 점을 아직 모르는 현실이 안타깝다. 자식이 대학 공부하는 모습을 한 달만 감시(?)해보면 우리나라 대학들의 문제가 어디에 있는지 알 수 있는데도, 우리나라 학부모들은 그런 일을 하지 않으려 한다. 자식에게 약간의 변화만 감지되어도 부리나케 교무실을 찾아가던 학부모들의 열의가 대학에는 통하지 않음을 아는 것일까?

대학교육의 품질은 대학교수와 대학당국의 교육서비스에 달려 있다. 대학교수와 대학당국이 달라지려면 학부모들 스스로가 깨어 있어야 한다. 국민들의 관심과 애정, 채찍이야말로 아직도 잠자고 있는 이 나라의 대학을 깨울 수 있는 유일한 약이다. <2002. 9. 18.>

교수임용비리와 우리 사회의 연줄문화

　　최근 언론에 보도된 일부 국립대학들의 교수임용 비리 사건은 우리나라 지식인 사회의 위선적 현실을 압축적으로 보여준다. 그것은 아무리 시대가 바뀌었어도 정실과 '연줄(학연·혈연·지연)'에 의한 패거리 문화로부터 자유로울 수 없는 우리 사회의 한계이기도 하다.

　　우리나라의 대학교수 시장처럼 좁고 경직된 경우도 드물다. 너나 없이 힘써 인재들을 배출하긴 하나 그들이 교수로서 설 자리는 절대적으로 부족하고 현직교수들에게도 대학 이동의 기회는 거의 닫혀 있다. 혹 무슨 문제로 한 대학에서 밀려나면 그것으로 그의 학문 인생은 끝장이다. 교수들에게 엄정한 평가의 잣대를 들이밀기 어려운 것은 그 때문이다. 대학 바깥의 사람들이 교수들을 '철 밥통'으로 비아냥거리는 것도 피해가기 어려운 우리 사회의 온정주의와 무관하지 않다.

신임교수를 채용할 경우 지원자의 객관적 조건과 함께 연줄을 무시할 수 없는 것 또한 간접적으로는 이런 현실과 관련이 있다. 그러나 그런 온정주의나 연줄 문화에 갇혀 있는 한 우리 사회는 한 발짝도 앞으로 나아갈 수 없다. '제 살을 도려내는' 결단이 지식인 사회에 요구되는 시점이다.

요즈음 들어 엄정하고 객관적인 평가 기준의 마련과 예외 없는 적용을 모든 대학들은 표방하고 있다. 학문적 수월성(秀越性)만이 우리의 대학을 세계적인 경쟁의 무대에 올릴 수 있는 유일한 길임을 이론적으로나마 알고 있기 때문이다.

그러나 눈을 안으로 돌리면 그런 잣대만으로 새 사람을 뽑는 일이 쉽지만은 않다. 당장 내 제자, 내 후배, 내 자식이 코를 빼고 있는 마당에 무작정 객관적인 잣대를 들이밀 수는 없다는 것이다. 그런 상황에서 지원자와 가까운 관계에 있는 인사를 심사위원으로 위촉한다거나 심사위원 자신들의 출신대학 후배에게만 최고 점수를 주는 등 몰상식한 일들도 일어날 수 있는 것이다.

특정 대학(들)의 교수시장 독점욕이나 후배에 대한 맹목적 밀어주기 등 밝혀진 일부 원인들은 어제 오늘의 일이 아니다. 그간 공고하게 구축되어온 교수 시장의 기득권을 놓치지 않으려 애쓰는 것이 그런 대학들의 행태다. 그런 대열에 끼지 못한 대학돌 또한 자기 대학에 확보된 자리나마 뺏기지 않으려고 애쓰는 것은 당연한 일 아닌가.

그래서 뜻 있는 이들은 심사위원으로 들어간 교수들보다는 그들의 뒤에 도사리고 있는 그들의 출신대학이나 학과에 의심의 눈초리를 보낸다. 보다 훌륭한 사람을 뽑아야 한다는 인재 등용의 참뜻은 실종되고, '자기 사람을 심어야 한다'는 이기적 논리에 의해 대학들 간의 경쟁만 치열해진 셈이다.

꽤 오래전부터 대학사회는 개혁의 명분 아래 스스로의 체질 개선을 표방하기 시작했다. 그러나 대학들의 상황은 갈수록 나빠져 왔고, 심지어 미궁에 빠져드는 느낌이다. '나귀를 타고 나귀를 찾듯' 개혁의 주문을 외면서도 개혁이 무엇인지 알 수 없는 상태에 빠진 것이다. 실종된 개혁의 시대에 허둥대는 일부 대학이나 교수들이야말로 코드화된 패거리 의식을 개혁의 이념으로 착각하는 집권세력과 다를 바 없다. 오늘날처럼 대학이 어려워진 것은 오도된 신자유주의의 열풍이나 학생 자원의 고갈 등 외적인 요인들 때문이기도 하겠으나, 문제의 본질은 오히려 시대의 변화를 자각하지 못하는 대학들 내부에 있다.

학생을 가르치고, 이를 행정적으로 뒷받침하는 것이 대학 기능의 핵심이다. 그 가운데 교육이야말로 대학 존립 이유의 핵심이며, 그 가운데 중심은 교수다. 대학 개혁 자체가 교수 개혁이라고 보는 이유도 여기에 있다. 말만 무성하게 오고가는 지식인 사회의 담론이 실천되어야 할 최전선이 바로 교수 임용의 현장임을 웅변으로 보여주는 요즈음이다. <2003. 7. 23.>

교수와 조교

70년대 중반, 지방의 어느 국립대학에 근무했던 모교수로부터 들은 이야기 한 토막. 어느 날 밤 그 교수는 길을 가다가 술에 취해 골목이 떠나가도록 온갖 욕설을 퍼부어대며 지나가는 자기 과의 조교를 발견하곤 슬그머니 옆 골목으로 피하게 되었다. 처자를 거느린 40대의 조교로서 교수들의 잔심부름은 물론이려니와 그들 집안의 각종 경조사에 약방의 감초 격으로 10년 가까이 뛰어다니며 헌신해 온 그였다.

그 과정에 교수들로부터 화풀이의 대상이 된 적은 어찌 없었을 것이며 실수했다고 꾸중 들은 일 또한 어찌 없었겠는가. 여러 번 좌절하긴 하였으나 언젠가는 교수가 되어 보겠노라 절치부심하고 있던 그였기에 그런 수모를 달게 받았을 것이다. 조교로 발만 들여 놓으면 비교적 순탄하게 교수가 될 수 있던 호시절부터 시작하여 조교에서 교수로의 발탁이 거의 불가능해진 시절까지 그는 조교노릇을 지겹도록 해온 셈이었다. 결국 거반 늙어버린 40대 중반에 교수로 채용되긴 하였지만, 이 조교의 고생담 속에는 지난날 이 땅의 조교들이 겪어야 했던 힘든 역사가 압축되어 있다.

지금 교수들 가운데 대학원 시절 적어도 한 두 학기 조교로 근무해 보지 않은 사람은 거의 없을 것이다. 대부분 교수연구실 한 구석의 작은 책상에서 묵묵히 책을 보다가 가끔 교수의 잔심부름 정도해 드리던 경험들을 가지고 있으리라. 그렇게 교수의 숨결을 느끼면서 지낸 짧은 기간이 후일 자신의 연구생활에 큰 보탬이 된 점도 부인할 수 없을 것이다. 그리고 소수의 경우였겠지만, 심부름의 강도와 빈도가 지나칠 경우 마음 가득 불만스러움을 느낀 적도 있으리라.

대부분의 사립대학 인사규정에 조교는 교원 직위의 하나로 분류되어 있다. 어느 대학의 인사규정을 예로 들면, 조교의 업무는 "해당 대학장 및 해당 학과장의 지시에 따라 교수의 연구와 강의를 보조하거나 그 준비를 위한 사무를 보조한다"고 되어 있다. 연구와 강의를 보조한다는 것은 무엇일까. 통념상 교수가 논문을 쓰는 데 필요한 문헌 및 자료의 수집·정리, 강의에 관한 사무연락·출석점검 정도의 일일 것이다.

물론 배고프면 연구도 강의도 할 수 없을 테니 그러한 교수를 위하여 라면이나 커피를 끓이는 일도 넓게 보면 연구와 강의를 보조하는 일이며 교수를 대신하여 은행이나 구청에 가는 것도 교수로

하여금 연구할 시간을 벌어주는 것이니 조교의 임무라고 강변할 수는 있다. 그러나 그런 일들이 조교 임무의 본령이 될 수는 없다. 더구나 돈머릿수가 달라진 요즈음 대부분 한 학기 등록금 면제의 혜택이 고작일 조교의 급여로, 과중하다고 생각되는 업무에 대하여 어떤 조교인들 불평 안 할 것인가.

대개 조교라는 직책이 교수직에 연결되는 것으로 인식되어 있던 70년대 중반까지 조교에게 '몸종'이라는 닉네임이 붙어 다니게 된 것도 교수에게 충성을 바쳐야 했던 당시의 사정 때문이었다. 필자를 포함한 요즈음 대부분의 교수들은 자신의 연구실에 조교를 두지 않는다. 진득하게 앉아 있는 학생도 드물거니와 교수 자신도 사생활을 침해당하고 싶지 않기 때문일 것이다. 대부분 과사무실을 따로 두고 필요할 경우 전화로 호출하는 것이 관행으로 정착되어 있다.

그 업무 역시 연구나 강의의 보조와 같은 정신적 작업이기보다는 대개 '발품을 팔아야 되는' 노역(勞役)일 경우가 많다. 그러니 어느 기회에 교수의 연구 태도와 방법을 익힐 것이며, 등록금을 면제해 주어 대학원생들로 하여금 연구에 정진할 수 있게 한 조교제도의 취지는 어떻게 구현할 것인가. 사실 나는 특정 연구에 조교를 실질적으로 참여시켜 볼까 하는 생각을 여러 번 한 적이 있다. 그러나 착수 직전의 단계에서 그만두곤 하였다. 이유는 간단하다. 부담감 때문이었다. 그들의 수고를 무엇으로 보상할 것인가.

심부름센터에 하찮은 부탁 한 건만 하려 해도 수 만 원이 들어가는 요즈음이다. 중고등학생 몇 명만 가르쳐도 몇 십 만 원의 수입을 올리는 현실이나 모든 수고를 물질로 보상받으려는 요즘 학생들의 타산적 사고방식은 더욱더 큰 부담으로 작용한다. 돈이 풍족한 것도 아니요, 하다못해 강의 몇 시간 떼어줄 수 있는 형편도 못되며 더더욱 대학에 이력서를 냈을 때 도와 줄 길이 없는 나 같은 처지로는 그저 조교제도가 없는 것으로나 생각하고 살아갈 수밖에 없다.

대학에서 학문적 전통을 단절시키지 않으려면 교수와 조교가 제자리를 찾아야 하고 양자 간의 관계가 새롭고 발전적인 모습으로 정립되어야 한다. 교수가 조교에게 제공해야 하는 것은 학문에 대한 교수의 신념과 축적된 노하우다. 교수가 조교에게 요구해야 할 것은 진지한 배움의 자세. 아무리 바쁘고 각박한 세상이긴 하지만 조교들도 불만을 갖기보다는 긴 안목을 갖추어야 한다.

왜 학문의 길에 들어섰는가. 이왕 들어선 길이라면 철저한 프로의식을 갖고 덤벼들어 승부를 겨루어 볼 투지는 없는가. 눈앞의 이해를 따지기보다는 학문 탐구의 먼 길을 가는 데 필수적인 장비를 확실히 갖추어 두는 것이 오히려 현명하지 않겠는가. 그러자면 스스로를 채찍질 하라. 자발적으로 참여하여 배우고자 하는 열의와 자세는 굳게 닫힌 교수 연구실의 문을 활짝 열 수도 있을 것이다. <2001. 10. 11.>

대학교수와 선비정신

대학교수 노릇하기가 쉽지 않은 시절이다.

겉으로 보기에는 교수집단이 그런대로 괜찮아 보이겠지만, 기실 내면으로는 비참하기 그지없다. 학생들에게 아부하여 그들이 등록금 싸들고 내 학교에 찾아오게 하기 위한 고육지책이 바로 '수요자 중심의 교육'이란 못된 슬로건이다. 도대체 대학교육의 수요자란 누구란 말인가? 판단력이 전혀 서 있지 못한 학생들이 수요자란 말인가? 아니다. 교육의 수요자란 국가와 사회, 그리고 학부모다. 이들이 공급자인 대학에 대하여 양질의 교육을 요구하면 대학은 학생들의 입장을 고려하면서 잘 가르쳐 주는 것, 이것이 바로 수요자 중심의 교육이 갖는 진정한 의미다.

대학 당국은 교수들이 외부로부터 되도록 많은 연구비를 따오기만 기대한다. 최근 이공계 교수들은 수억대 혹은 수십억대의 연구비들을 심심치 않게 따온다. 그러나 인문대를 필두로 한 기초학문 분야의 교수들은 기껏 기백만원대의 연구비를 따오기에도 힘이 벅차다. 그러니 이공계 교수 한 명의 연구비로부터 학교가 받는 오버헤드차지만 가지고도 인문대 교수들 여러 명의 연구비를 지급할 수 있게 되었다.

사정이 이러하니, 같은 교수들이지만 이공계 교수들과 인문계 교수들의 차이란 하늘과 땅일 수밖에 없다. 자연스럽게 이들을 바라보는 관리자의 눈이나 잣대가 같을 리 없다. 알게 모르게 차별이 생기는 것은 당연하지 않겠는가? 그렇다고 국가나 대학이 기초학문이나 인문학 분야를 크게 배려해주는 것도 아니다. 이 나라의 교육정책 당국이나 대학 관리자들이 기초학문이나 인문학이 무엇인지를 알고 있을 리 없으니 애당초 그런 배려까지는 기대할 필요조차 없는 일인지도 모른다. 그러나 외부연구비를 많이 따와서 관리자들의 사랑을 받는 이공계 교수들이라 하여 마냥 행복한 것 같지는 않다. 연구결과가 어찌 마음먹은 대로 나와 주는 것이며, 또 관리자들의 관심이나 사랑이 한결같을 수 있으리오? 그들의 관심 또한 돈의 액수에 따라 달라지는 것이니 많이 따오는 사람은 많이 따오는 대로, 적게 따오는 사람은 적게 따오는 대로 기분 상하기는 마찬가지일 것이다. 그리고 언제나 많이 따올 수는 없는 일 아닌가?

이런 까닭에 대학교수들이 자존심을 세우기란 애당초 글러먹은 시대에 접어든 것이다. 이 시대에 교수, 특히 인문학이나 기초학문 분야의 교수가 되어서 돈에 목표를 두었다면, 그는 분명 길을 잘못

잡은 것이다. 대개 그런 사람들일수록 돈으로 환산되는 시장가치의 고하에 민감한 반응을 보이기 마련이며 그에 따른 콤플렉스를 심하게 느끼는 사람들이다.

***

최근 모 대학으로부터 흥미로운 헤프닝 하나가 터져 나왔다. 대학본부측이 올해 교직원수첩을 제작, 배포하면서 지금까지 수첩에 기록돼온 대학과 학과 순서를 바꿔 놓은 데서 빚어진 사건인 듯하다. 즉 예년에는 당연히 인문대-사회대-자연대 순이었고, 이 점은 다른 대학들도 크게 다르지 않다. 그런데 올해 들어 수록 순서를 대학이나 학과명의 '가나다' 순으로 바꾸어 놓은 모양이다. 이에 대하여 인문학 분야의 교수들이 크게 반발하고 나서, 이미 제작과 배포가 끝난 수첩을 반납했다는 소식이다.

참으로 어이없는 일이다. 대학당국이 학과 수록을 '가나다' 순으로 한 것이 어이없는 게 아니고, 그에 대한 해당 분야 교수들의 반발이 어이없다는 것이다. 학과명을 '가나다' 순으로 하면 어떻고, '다나가' 순으로 하면 어떠리? 그게 무슨 대수란 말인가? '가나다' 순에 따라 가정학과가 국문학과보다 앞에 나왔다 하여 특별히 가정학과를 우대하는 것도 아닐 테고 국문학과를 홀대하는 것도 아닐 텐데 말이다. 언제는 정책당국이나 학교당국으로부터 특별히 우대받고 살아 왔던가? 국립대학의 수첩이라면 국민의 혈세로 찍어낸 것일 텐데, 수록 순서가 바뀌었다고 폐기해서야 쓰겠는가? 이게 바로 요즘 대학교수들의 수준이고, 그들이 갖고 있는 시대적 콤플렉스의 실상이다. 그런 것쯤이야 대범하게 웃어넘길 수 있는 아량과 여유가 오늘날의 대학교수들에게는 대체로 결여되어 있다.

선비의 표본이어야할 대학교수들이 선비정신을 버린 지는 이미 오래 되었다. 누구 탓인지 알 수는 없으되, 결국 그에 관한 욕은 자신들에게 돌아올 수밖에 없다. 그러니 비록 지금 약간 배가 고프다 해도 냉수 마시고 이빨 쑤실 정도의 오기와 패기는 잃어버리지 말아야 할 것 같다. 세상이 잘못 되면 어디까지 가겠는가? 세상이 변했다 하여 사람들까지 불신할 수는 없다. 개중에는 잘못된 것을 광정(匡正)하려는 지사들도 있는 법이니 세상이 제 궤도로 돌아오기를 기다리는 것이 순리다. 겨울이 길면 봄이 더욱 찬란한 법이며, 밤이 길면 아침의 태양은 더욱 빛나는 법이다. 음이 성하면 양이 쇠하기 마련이고 양이 성하면 음이 쇠하기 마련이다. 세상 이치란 그처럼 항상 돌고 돌게 마련이다.

인문학 분야의 교수님들이여! 수첩 하나에 민감한 반응을 보일 필요는 없겠지요. 약간만 참고 기다리소서. 세상의 질서는 내 마음 하나로부터 시작되는 것이오. 숱한 모리배들이 무슨 수작을 부린다 해도 내 마음 하나 바로 갖고 바로 쓰면 되는 법. 조만간 좋은 시절이 돌아오리다. 그 때까지 은인자중하시고 선비정신까지 내팽개치지는 맙시다. 국민들이 두 눈에 불을 켜고 여러분들의 일거수일투족을 바라보고 있다는 사실, 부디 잊지 마시오. <2002. 9. 9.>

교수의 고통

교육개혁이 대학의 개혁과 동의어로 정착되면서 교수들에 대한 시선이 분명 예전 같지 않다. 그러나 다른 건 몰라도 제자들의 취업 때문에 대부분의 교수들이 바늘방석에 앉아 안절부절못하고 있다는 현실만큼은 인정되었으면 한다.

대부분 기초학문 분야에 국한되는 문제이겠으나, 전공강의시간에 교수 눈치 보아가며 취직 공부하는 제자를 발견할 때, 학생들이 당당한 태도로 전과(轉科) 신청서에 도장을 받으러 왔을 때, 대학을 졸업하고도 빈둥거리며 밥벌이를 못하는 제자를 만날 때, 교수들은 가장 곤혹스럽다고 한다.

최근 보도에 의하면 서울대 졸업생의 작년도 취업률이 전국 평균인 56%에 약간 못 미치는 55.6%라 한다. 서울대를 우상처럼 떠받

드는 상당수 국민들의 입장에서는 믿고 싶지 않은 결과이겠으나 사실은 사실인 모양이다. 그만큼 세상이 변하고 있다는 증거라고나 할까.

그런데 미주에서 발간되던 「신한민보」 1931년 7월 2일자에도 이와 관련되는 흥미로운 기사가 실려 있다. 졸업 후 2개월이 넘도록 취직의 길을 찾지 못한 당시 경성제대 제3회 법문학부 조선인 졸업생 19명이 조선인과 일본인의 차별을 항의하는 진정서를 학부장에게 제출한 사건이 바로 그것이다. 말하자면 조선인에 대한 차별 때문에 취직이 되지 못하고 있으니 대학이 나서라는 항의성 진정서였다.

조선학생들에 대한 차별 때문에 그렇게 되었을 개연성은 충분히 인정하면서도 그 때나 지금이나 일류대학을 나오고도 번듯한 직장 잡기가 어려운 세태만은 크게 달라지지 않았음을 절감하게 된다. 이렇게 어려운 상황에도 불구하고 상당수의 대학들은 높은 취업률을 보여주는데, 그 비결은 어디에 있을까 매우 궁금해지는 요즈음이다.
<2002. 9. 9.>

메이저 대학들부터 스스로 문을 열라

　　국내 대학시장 개방의 문제를 놓고 논란이 분분하다. 교육의 현실에 대한 자성이 생겨나면서 우리는 '교육개혁'이란 화두를 한 시도 놓아본 적이 없다. 정권이 바뀔 때마다 교육개혁은 가난한 집 밥상의 짠지처럼 단골메뉴로 오르내렸지만, 모두 실패로 끝나고 말았다. 주변적인 문제에 매달려 허송세월해온 정책 당국자들이 과연 그 본질을 몰라서 그랬을까?

　　우리나라 교육개혁의 핵심은 대학의 개혁이다. 대학만 개혁되면 초·중등학교의 교육은 줄줄이 정상화된다. 대학 개혁의 핵심은 교수개혁이다. 교수사회의 문제점은 교수시장이 지나치게 경직되어 있다는 점이다. 교수들에 대한 평가가 아예 없거나 부실하다는 점과 평가에 의한 수평이동이 사실상 불가능하다는 현실이 교수시장을 경직시켜온 주범이다.

얼마 전부터 이른바 일류대학들은 수십 명에서 수백 명에 이르는 외국인 교수를 영입하겠다는 청사진들을 서로 질세라 발표했다. 그게 진심으로부터 나온 발표였다면 그 대학들은 참으로 놀라운 변신(?)을 한 셈이다.

터놓고 말해보자. 세칭 일류대학들은 70~90%, 심지어는 거의 100%라고 할 수 있는 자기 대학 출신의 교수집단을 가지고 있다. 'ㅇㅇ대학도 못나온 사람들을 ㅇㅇ대학의 교수로 쓸 수 없다'는 생각이 바탕에 깔려 있겠지만, 학부졸업장이 호적초본처럼 따라다니는 이 나라의 풍토를 적나라하게 드러내는 표본이다.

그런데 기이한 일은 이들 대학이 다른 대학들에 교수 자리가 나면 물불을 가리지 않고 자기 대학 출신을 심기 위해 혈안이 된다는 것이다. 속된 말로 '내 것은 내 것이요, 네 것 또한 내 것'인 셈이다. 그러니 일류대학의 범주에서 제외된 대부분의 대학들까지 얼마 전부터 '자리를 빼앗기지 않기 위해서라도' 자기 출신들을 교수로 쓰게 된 것은 당연하다. 잘못하다간 내 집안의 아랫목까지 남에게 내어줄지 모른다는 우려 때문이다. 결국 일류대학들은 자기들 욕심만 채우다가 역으로 순조롭게 진출할 수 있었던 교수시장마저 막아버린 꼴이니, '소경 제 닭 잡아먹은' 격일 수밖에.

모든 분야가 그런 건 아니겠지만, 그간 우리나라 대학사회는 진정으로 실력 있는 인재들을 발탁하여 교수로 초빙하기보다는 어떻게 하면 무리 없이 '내 사람'을 심을 수 있는가에 몰두해왔다 해도 과언은 아니다. 대학의 사제와 선후배로 뭉쳐 있는 교수집단에 토론이나 경쟁의 원리가 통용될 리 없다. 교수사회를 경쟁이나 토론 없는 적막강산으로 만들어 놓고 '세계적인 대학' 운운하는 것보다 더 심한 코미디는 있을 수 없다. 더구나 제 나라에 있는 인재들마저 애써 눈 가리고 외면하는 터에 외국의 인재들을 발탁해다 쓰겠다는 발상은 삼척동자가 들어도 웃을 일이다. 개방과 공존의 시대정신을 부정하려는 게 아니다. 우리의 내부는 철저하게 폐쇄시켜놓고 바깥으로만 외쳐대는 개방과 공존의 구호는 공허하기 짝이 없다.

모든 일에는 순서가 있다. 일이 잘 안될 때 스스로 그 원인을 진단하고 처방하기보다는 무조건 외부의 힘에 의존하려는 발상은 대단히 사려 깊지 못하다. 지금 우리에겐 능력이 있음에도 인정받지 못하고 몇 푼의 강사료에 다리품을 팔며 갈 곳 몰라 하는 교수 지망생들이 그득하다. 우선 출신학교를 묻지 말고 그들의 능력부터 평가하여 쓸 만한 사람은 써야 한다. 그렇게 하고서도 필요할 경우 외국인들을 불러오는 거야 누가 말릴 것인가.

대학이 경쟁 체제로 전환되어 교수들의 퇴출과 수평이동이 원활해지고 나서야 대학생들에 대한 강의와 평가가 엄정해질 수 있고, 그런 바탕 위에 비로소 대학이란 적당히 공부해도 졸업할 수 있는 곳이라는 그릇된 인식이 불식될 수 있다. 대학의 이름보다는 전공과 교수들의 학문적 수준을 중시하는 방향으로 바뀐다면, 대학에 대한 국민들의 의식이 전환되고 자연스럽게 젊은 인재들의 배분 또한 적절하게 이루어질 것이다.

교육개혁에는 왕도가 없는 법이니 절대로 조급하거나 무리하지 말아야 한다. 대학과 교수사회가 근본적으로 달라지기 위해서는 최소한 한 세대의 시간이 필요하다. 대학시장을 공산품 시장으로 착각하는 사람들이 많을수록 우리의 미래는 암울하다. 대학 밖의 사람들이 대학의 질서를 더 이상 교란하기 전에 일류대학들부터 스스로 문을 열어야 한다. 어느 나라 어느 대학이 세계화를 지향한다면서 90% 이상의 자기대학 출신 교수진을 보유하고 있단 말인가.<2001. 12. 27.>

대학사회와 혈통의식

지금은 어떤지 모르지만 얼마 전까지 일부 대학이나 학과들에서는 교수를 채용할 때 전공의 일치를 가장 중요한 요건들 가운데 하나로 꼽았다. 즉 '학부-석사-박사'의 전공이 일치해야 한다는 것이다. 예를 들어 국문학과에서 현대문학이나 국어학으로 석사학위를 받은 사람이 그 뒤 고전문학으로 박사학위를 받았을 경우 그것이 감점사유가 될 정도라면, 학부에서 영문학이나 사학 혹은 공학을 공부한 사람이 대학원 석사-박사과정을 국문학과로 진학하여 아무리 좋은 논문들을 썼다한들 제대로 받아들여졌을 리가 없다.

학리적(學理的)으로 그럴 듯한 이유가 있는지 그 배경을 소상히 알 수는 없지만, 시대착오적인 편견이나 행태의 하나였음에는 틀림 없다. 이런 풍조는 현재 활발하게 이루어지고 있는 학부생 편입학의 현장에도 그대로 재현되고 있다. 즉 대부분의 대학들에서 편입하려고 하는 학과와 일치하는 학과 출신자들에게는 큰 점수를 주고, 그 학과로부터 멀어질수록 점수가 낮아져서 전혀 관계없는 학과 출신자의 경우는 아예 점수를 받을 수 없게 되어 있다.

사실 대학 진학 시에 전공을 잘못 선택했거나 자신의 적성을 새롭게 발견했을 경우, 그에 맞는 방향으로 전환하는 일은 자연스럽고 그것을 도와주는 것이 교육기관의 중요한 책무다. 더구나 개방화라는 시대정신을 생각한다면 더욱더 그렇다. 물론 편입학을 하려는 의도가 전공을 바꾸지 않더라도 자신이 속한 대학의 레벨을 높이려는 데 있을 수도 있다. 그러나 편입학의 제도가 소중한 것은 젊은이들이 한 순간의 오판으로 잘못 선택한 전공을 바로잡을 수 있도록 하는 데에 오히려 큰 의미가 있는 것이다.

그렇다면 적어도 편입학의 과정에서 전공은 묻지 않아야 한다. 복수 전공제도를 비롯하여 전공간의 벽을 허물려는 것이 현재의 추세라면 더욱더 그렇다. 이런 시기에 같은 전공에 덤으로 큰 점수를 부여하는 것은 대학사회의 왜곡된 기득권 수호주의와 연결되는 행태로서 시대정신에 역행되는 것은 말할 필요도 없다.

편입학 본래의 취지를 시대정신에 맞게 살리려면, 전공의 울타리를 없애야 한다. 대학 1, 2학년에서 공부한 전공과목들이라고 해보아야 무어 그리 엄청나겠는가. 얼마든지 3, 4학년에 만회하고도 남는 수준이라면, 전공의 일치 여부를 평가의 큰 부분으로 고려하는 현재의 관행은 즉시 타파되어야 한다.

그와 함께 놀랄만한 일은 우리 대학사회의 순수혈통주의, 특히 출신대학(학부)에 대한 집착이다. 특히 메이저급 대학들의 학과에서 교수 채용 시에 적용한다는 결정적 조건들 중의 하나도 바로 이것이라고 한다. 이른바 'KS마크'니, 'SKY 출신들의 프리미엄'이니 하는 구시대의 망국적(?) 사고가 여전히 기승을 부리는 가운데 이젠 여타 대학의 교수들마저 자기 울타리 내에서만이라도 자기 제자들의 자리를 확보해야 한다는 명분 아래 메이저급 대학들의 관행을 본받아가고 있는 것이 현실이다.

메이저급 대학들 간에도 실력보다 오직 '자기 학부-자기 대학원 출신'이라는 혈통의 순수성을 강조하고 특정 선생을 중심으로 이루어지는 사승관계만이 해당학과 교수후보의 기본 자격요건으로 인식되는 경우 또한 없지 않다는데, 이런 점은 선진국 대학들에서는 찾아보기 힘든 현상이다.

그러니 학생들의 입장에서 전공을 바꾸기는 고사하고 학교를 바꾸는 일은 더더욱 어렵다. 우리나라의 대학들이 전공간의 이동이나 학교간의 수평이동 자체가 거의 불가능한 폐쇄 체제를 고수하고 있는 점은 이미 많은 사람들에 의해 지적되어왔다. 대학들에게 학부제니 복수전공제 등을 강권하다시피 하는 것을 보면 교육정책당국이 이제서야 그 폐단을 인식하긴 한 듯하다.

그러나 그 정도의 대책으로 이런 문제들이 해결될 수 있을까? 자신이 공부하고 있는 분야의 탁월한 교수가 어느 대학에 있을 경우, 그 대학원으로 선뜻 옮기거나 진학할 수 없는 것은 순수 혈통만을 고수하려는 우리나라 교수시장의 경직성과 폐쇄성 때문이다. 공부를 마친 뒤 교수로 진출하려는 것을 포기한 경우라면 모를까 감히 그곳에 가서 자신의 학문적 야망을 실현할 엄두도 낼 수 없게 되어 있는 것이 우리의 현실이다.

이런 현실을 바꾸기 위해서는 교수사회와 국민들의 의식변화가 선행되어야 한다. 특히 교수사회의 구조나 의식의 변화는 대학개혁의 필수요건이다. 메이저급 대학이라 하여 모든 교수들이 우수한 것은 아니며, 세칭 일류대학이 아니라 해도 모든 교수들이 그들 대학보다 못한 것은 아닐 텐데, 대다수의 국민들은 자신들이 알고 있는 대학들의 서열에 따라 교수들의 자질 또한 그와 마찬가지일 것이라고 판단해버린다. 학문적 차원에서 대학들 간의 교류나 이동을 원천적으로 막는, 주된 요인이 바로 여기에 있다. 그러니 일부 메이저급 대학들을 제외하면, 한국의 대학들에서 긍지를 가지고 자신의 분야를 연구하거나 학생들을 가르칠 수 있는 교수의 비율이란 미미할 수밖에 없다.

세계 몇 백위권에 속한다는 우리나라의 어떤 초 메이저급 대학은 자기 학교 출신 교수비율이 100%에 육박한다고 한다. 전 교육부 장관은 이 비율을 50%로 내리겠다고 했다가 그 대학교수들로부터 격렬한 저항을 받은 바 있다. '그 대학도 못 나온 사람들이 어떻게 그 대학 학생들을 가르칠 수 있으리?' 라는 것이 그들의 저항 속에 잠재된 이유들 가운데 하나였다. 처음 그 장관의 이야기를 전해들은 당시 나는 웃을 수밖에 없었다. "장관께서 그 비율을 50%는 고사하고 80%로만 끌어내릴 수 있어도 이 나라 대학교육의 개혁은 그 순간에 완성의 길로 들어설 것이오." 이것이 당시에 남 몰래 중얼거린 내 말이었다.

대학교육이 세계 최고의 경쟁력을 갖춘 나라로 흔히 미국을 꼽는다. 미국에서 전공을 바꾸는 것, 학교를 바꾸어가며 교육을 받는 것은 일상적인 광경이다. 당연한 결과라고 보지만, 모교에서 교편을 잡는 교수들의 비율 또한 덩달아 미미할 수밖에 없다. 뿐만 아니라 대부분의 대학들에서 모교출신 교수채용을 엄격히 제한하고 있다.

자연스럽게 학부나 석사과정을 마친 학생이 더 좋은 교수를 찾아 다른 대학의 상위 과정으로 진학하는 일은 다반사다. 학부과정 자체도 선택의 폭이 넓지만, 대학원 과정에서 새롭게 선택하는 전공의 폭 또한 아주 넓고 자유롭다. 그러한 이동 자체가 그들의 진로에 도움이 되면 되었지 절대로 우리나라의 교수시장에서처럼 불리한 조건은 아니라는 점이 내게는 경이로운 사실이었다. 그러한 분위기 속에서 미국 대학들의 경쟁력은 세계 최고로 치솟을 수 있었다.

우리나라에는 지금 커가고 있는 인재들이 많다. 학구의 과정에서 그들 스스로 교수와 학교를 선택하여 이동할 수 있는 기회와 자유가 보장되어야 한다. 그리고 그와 같은 다양하고 자유로운 선택들이 '정체된' 우리 학계에 도움은 될지언정 전혀 문제되지 않는다는 '진실'을 그들에게 인식시켜야 한다.

***

메이저급 대학의 고명한 교수님들께 촉구하건대, 우리나라의 대학들도 이젠 그 쩨쩨하기 그지없고, 통탄할만한 혈통주의에서 벗어나야 한다. 능력 없으면 제 자식이라도 도태시킬 수 있는 대국적 결단과 용기로 교수사회를 다양화·고급화시켜야 한다. 이제 우리에게 남은 건 그 길 밖에 없다. <2002. 6. 10.>

죽은 선비의 사회

90년대 이후 고도 정보화 사회로 진입한 우리사회가 안고 있는 최대의 난제는 가치관의 혼란이다. 인터넷이 새로운 삶의 공간으로 도입되면서 전통을 유지하는 일은 사실상 불가능하게 되었다. 아울러 인종과 지역, 언어와 문화 등의 차이 때문에 생겨난 울타리들도 이젠 의미가 없어졌다. 지금까지 고수해오던 이념이나 울타리를 헐어버리고 모두가 공존할 수 있는 삶의 원리를 찾아야 할 때가 온 것이다.

과연 이런 상황에서 선비를 거론하는 것이 가당한 일일까? 혹 시대착오적이라는 눈 흘김을 받지나 않을까? 혼돈의 시대에 전통을 논하는 사람들이 가질 만한 걱정이다. 그러나 세계가 동일한 삶의 터전으로 바뀌는 '천지개벽'이 일어난다 해도 가치 있는 전통이라면 지켜야 한다. 세계가 거미줄처럼 연결되어 있고, 개인은 파편화되어 공동체의 윤리 자체가 실종된 요즈음이지만, 그래도 선비와 선비정신은 부활되어야 한다. 이 민족이 멸망하지 않고 나름의 정체성을 유지하기 위해서라도 시대정신에 맞는 선비 상은 되살려져야 한다.

***

선비란 무엇인가. 전통시대의 문헌들에 나오는 사(士)와 유(儒)는 모두 '선비'로 번역되는 한자어들이다. 전자가 학문을 통하여 벼슬에 나아가는 선비를 뜻한다면, 후자는 유도(儒道)를 지키고 학문을 전공하는 선비를 뜻한다는 점에서 다르다면 다를 수 있다. 그러나 벼슬에 나아가든 산림에 숨어 학문을 연마하든 인간이 나아갈 길을 제시하고 충군보국(忠君輔國)하는 방책을 찾아내어 실천하는 인간상이라는 점에서는 양자가 다를 바 없다.

국가의 이익보다는 개인의 이익과 행복을 우선시 하는 것이 현대 사회의 특징이라 해도, 그런 개인들을 결집시켜 공동체의 에너지를 증폭시킬 수 있는 지도적 인격은 반드시 있어야 한다. 시대가 변하고 산천이 바뀌어도 늘 변함없이 옳은 길, 즉 상도(常道)는 있는 법이다. 그걸 지키려면 개인의 욕망을 억제해야 한다. 개인의 욕망을 자제하는 일이야말로 희생정신이 있어야 가능하다.

천하에 떳떳한 길을 가는 것은 나를 버리고 공동체를 위하는 일이다. 그러기에 그런 일은 아무나 할 수 있는 것이 아니다. 그래서 선비는 창조적 소수일 수밖에 없다. 그런 선비들이 많으면 좋겠지만, 우리가 바라는 대로 선비는 많을 수 없다. 선비의 길이 워낙 험하기 때문에 인간이라면 본능적으로 그런 길을 피할 것이기 때문이다.

***

　나라에 선비가 많을 수는 없겠지만, 그러나 최소한 몇 명은 있어야 한다. 그래야 그나마 나라가 유지될 수 있다. 지금 정치가 혼란스럽고 백성들이 항심(恒心)을 가질 수 없는 것은 국가의 핵심부에서 멸사봉공할 선비가 없기 때문이다. 이대로 가면 나라가 망하게 되어있다. 모두가 그런 것은 아니겠지만, 전통시대에 선비들이 차지하고 있던 자리를 지금은 상당수의 도적들이 차고 앉아 있는 형국이다.

　사리(私利)를 추구하는 데에도 법도는 있어야 한다. 입으로는 백성들을 편안케 하겠노라 호언하면서 실제로는 나라의 재물과 국민의 혼을 송두리째 앗아가는 무리들이 판을 치고 있다. 그런데도 누구하나 나서서 바른 말을 할 줄 모른다. 이처럼 선비가 죽어버린 나라, 가짜 선비들이 판치는 나라가 바로 우리나라다.

　"선비란 하늘이 내린 지위이므로, 천자(天子)라 할지라도 그의 몸은 죽일 수 있지만 그의 뜻만은 빼앗을 수 없다." 한말의 꼿꼿했던 선비 유중교(柳重敎)의 말이다. 선비정신이 방부제 역할을 해준 덕분에 조선왕조는 그럭저럭 500여년을 유지할 수 있었다. 학문과 인격을 함께 갖춘, 창조적 소수들이 바로 진정한 선비들이다. 임금이 어리석음과 탐욕의 길로 들어설 때 목숨을 걸고 충간하던 그들. 임금 주변에 몇 사람의 선비는 늘 있어 어려워지는 사직을 지탱해나갈 수 있었다. 그래서 선비에겐 언제나 명예와 죽음이 함께 붙어 다녔다. 선비를 나라의 원기(元氣)라 한 까닭도 여기에 있다.

　인간으로서 지켜야 할 도리, 나라의 만년대계, 백성들의 행복한 삶 등은 선비들이 지켜야 할 큰 의리이자 추구해야할 이상이었다. 그들은 기회가 주어질 경우 세상에 도움 될 만한 일을 행하고 물러나서는 후세에 모범될만한 말이나 행동을 남기는 것을 자신들의 임무로 알았다. 예나 지금이나 가짜 선비들은 모래알처럼 많고, 실제로 그들이 나라의 모든 일들을 좌우한다. 알량한 몇 낱의 지식과 위장된 충성심으로 권력자에 기생하여 사리사욕을 채우는 자들. 그들은 어리석은 군주의 눈과 귀를 막고 국정을 제멋대로 휘저으면서도 그럴 듯한 명분으로 위장하는 데 능숙하다. 반성할 줄 아는 것이 선비의 도리요, 사회의 계층들을 조화시키는 것이 선비의 임무임에도 불구하고, 그들은 그것을 모른다.

불행하게도 지금은 이념이나 대의를 버리고 모두들 제 잇속 챙기기에 혈안이 되어있는 시대다. 세상이 잘못 돌아가도 한 마디 충언을 고하는 선비들이 없다. 목에 칼이 들어와도 할 말을 하는 선비의 모습은 역사책에서나 찾을 수 있을 뿐이다. 가뭄 속에서, 폭우 속에서 하릴없이 하늘만 쳐다보듯 '죽은 선비의 사회'에 사는 민초들은 속수무책으로 이 시대의 진정한 선비들이 나타나기만을 기다릴 수밖에 없다. 비극이다. <2001. 6. 20.>

'변하지 않는 것들'에 대한 그리움

얼마 전, 아끼는 후배 하나가 연구실로 찾아왔다. 40을 넘긴 나이. 공부를 할 만큼 했고, 연구력도 인정받고 있는 그였다. 평소의 그답지 않게 그는 매우 지친 낯빛이었다. '이제 밀려드는 삶의 피곤함을 어쩔 수 없노라'고, 처음으로 그에게서 진한 푸념을 들었다. 지방에 있는 한 명문 공대의 '글쓰기' 계약교수 채용에서 '물먹고 돌아온' 패장의 행색이었으나, 비굴하진 않았다. 내 앞에서 그는 막 사라지려는 자존심의 끝자락이나마 부여잡으려 애쓰는 모습이었다. 그의 낙담한 표정과 절망적인 언사들이 화살이 되어 내 심장을 콕콕 찔러댔다. 아, 이 모진 바늘방석이여!

아무리 어려워도 궁티를 내보이지 않는 게 전통적인 선비들의 법도였고, 그것은 이 땅에 인문정신의 바탕으로 굳어져 내려왔다. 몇

몇 존경하는 국문학계의 대선배들은 세상의 잇속으로부터 초연할 줄 알았고, 그런 정신은 지금도 국문학의 바탕에 얼마간 남아있다. 그러나 세상은 많이 변했고, 우리들의 생각도 크게 달라졌다. 선배들은 꺼낼 엄두마저 내지 못하던 푸념을 나 스스로 늘어놓을 수 있게 된 것도 시대가 변한 덕분일까.

***

산업화로 치닫던 70년대를 거쳐, 지속적 성장의 기반을 마련하고 신기술 개발과 제품의 고급화를 추구하던 80년대. 아랫도리가 찢어지게 가난하여 어렵사리 학부와 대학원에서 국문학 공부를 마친 필자는 '좋았던 시절'의 막차에 가까스로 뛰어오를 수 있었다. 5공과 6공이 번갈아 정권을 장악한 엄혹하던 시절이었다. 88서울 올림픽이 열렸고, 정보화의 물결은 도도하게 이 땅을 적시며 흘렀다. 경제의 팽창은 해외여행으로 사람들을 들뜨게 했고, 프로 스포츠와 컬러 텔레비전의 도입, 성욕 표현의 무한한 자유는 사람들의 손에서 책을 앗아갔다. 미처 전통학문의 굴레를 빠져 나오지 못한 국문학이 유례 없는 도전에 부닥치게 된 것이다.

짧은 기간 우리가 경험한 것은 바로 '격변'이었다. 그 물결에 대응하는 국문학자들의 모습을 비교적 객관적으로 관찰할 수 있었던 것은, 필자 자신이 '제대로 공부하는' 주류의 대열에서 멀리 벗어나 있었기 때문이다. 그러나 필자가 나손 김동욱, 연민 이가원 등 한 시대를 이끌던 큰 학자들의 어깨 너머로나마 그 분들의 마지막 숨결을 느낀 건 행운이었다. 비록 그 숨결 속에 움트고 있던 새 시대의 기운을 읽어내지는 못하고 말았지만.

국문학이 지리멸렬해질수록 그 분들의 통합적 사고나 거시적 안목만큼은 꼭 붙들었어야 했는데, 자잘하고 고만고만한 후학들이 힘들여 잡은 건 '썩은 동아줄'에 불과했다. 학제 간의 연구나 통섭을 논하며 그것들이 흡사 하늘에서 떨어진 보배라도 되는 양 대견해하는 모습들을 보며, 좋은 전통을 제대로 잇지 못한 우리의 현실에 부끄러움을 금치 못하는 나날이다.

사회가 정보화를 담론하고 디지털만이 살 길이라고 고창(高唱)할수록, 국문학이 그들에게 양질의 원료를 공급하고 떡 부스러기 정도나 얻어먹는데 만족하는 현실은 엄청난 수치다. 한갓 '제국주의자들'의 원료 공급기지로나 전락하고 말았으니, 이걸 일컬어 '국문학의 식민지화'라 할 수 있을까. 국문학을 제대로 공부하지 않은 디지털 기술자들이 국문학자들로부터 제공받은 콘텐츠로 만들어낸 제품을 다시 사다가 후학들에게 먹이고 있는 우리의 모습은 참으로 가관이다.

급기야 '국문학과'의 간판을 다른 이름으로 바꾸어 다는 몇몇 대학들도 나타나게 되었다. 오죽하면 이름까지 바꾸었을까만, 내실까지 바뀌지 않을 경우 간판만 보고 찾아온 어린 학생들이 실망할 건 불을 보듯 뻔하다. 그 다음엔 또 무엇으로 바꿀 것인가.

***

고리타분하다 꾸중하겠지만, 공자가 말씀한 '정명(正名)'은 이 경우에도 합당하다. '이름과 실질의 일치'가 정명인데, '국문학'의 어디가 무엇이 문제란 말인가. 우리 민족의 문학이 국문학이다. 그 말속에 우리가 배워야 할 내용과 지켜야 할 책무가 포괄되어 있으니,

국문학은 그저 국문학일 뿐이다. 몇 해 농사를 지어먹곤 또 다른 산판으로 이동하여 불을 놓는 화전민처럼 쉽게 이름이나 바꾼다고 풍요가 보장되는 것은 아니다.

중요한 건 변화에 대응하는 철학이고 '변하지 않는 것'에 대한 끈질긴 탐색이다. 실력 있는 국문학자들에게 밥이 보장되지 않는 문제적 현실. 그 근저에는 상황 판단의 성급함과 가벼움, 그리고 철학의 상실이라는 우리 모두의 병통이 도사리고 있는지도 모른다. <2008. 6. 30.>

전통사회의 파수꾼

몇 해 전에 돌아가신 나손 김동욱 선생은 항상 큼직한 가방을 둘러메고 다니셨다. 그 속에는 노트, 녹음기, 카메라, 칼, 망치 등 없는 것이 없었다. 그러면서 '학문은 발로 하는 것'이라는 말씀을 입에 달고 다니셨다. 국문학은 물론 고문서학이나 도자기까지 섭렵하신 만큼 현장답사 또한 그토록 중시하신 듯하다. 필자도 몇 번인가 흉내를 내보려 한 적이 있으나 쉬운 일은 아니었다. 그러나 그 후에도 자료가 있다는 곳이면 열일을 제쳐두고 찾아 나선다거나 문헌들에 나타나는 지역을 남 몰래 찾아가는 일 등은 한 동안 그런 은사를 배우고자 한 덕에 얻은 습관이다.

필자와 같은 국문학도에게 남달리 주어지는 혜택이란 대개 1년에 한 두 번씩이나마 학생들과 답사여행을 떠나는 일이다. 우리가 주로 찾게 되는 곳은 전통사회의 요소들이 얼마라도 남아 있는 자연부락이다. 그러나 한 지역을 집중적으로 탐사하지 못하고 매번 장소를 바꾸는 것은 전통적인 요소들을 제대로 찾아내지 못하는, 우리의 안목과 준비의 부족 때문이기도 하지만 대개는 한 번 이상 찾아갈 만한 매력이 없다는 데에 그 큰 이유가 있다.

그렇게 된 데에는 몇 가지 요인들이 있다. 우선 무형의 문화재들은 연례적으로 벌어지는 언론 매체나 정부 주최의 경연대회 덕분에 세련된 모습으로 속속 재편성되거나 치장되어 더 이상 원형을 찾아보기 어려워졌다. 할머니들도 김매기 노래나 길쌈노래 대신 읍내 노래방과 라디오 혹은 텔레비전에서 익힌 신식 노래들을 통하여 자신의 솜씨를 자랑하려는 의욕들을 보이게 되었다.

텔레비전이 아낙네들의 눈물과 웃음을 번갈아 강요하는 점은 농촌이라 하여 도시와 다를 바 없으니 할머니의 무릎에서 아이들의 귀로 전승되던 옛날이야기도 더 이상은 남아날 도리가 없다.

동네에 초상이 나면 노소가 모두 모여 주검을 묻어주고 노래로 합심하여 달구질을 단단히 해주는 것이 전래 풍속이었다. 그러나 이제 그 자리엔 동네사람들의 노랫소리 대신 굴삭기의 굉음만이 가득하다. 전기가 들어오고 버스가 마을 어귀를 돌면서 골짜기 가득 모여 살던 '도깨비나 귀신들'도 모두 사라졌다. 무분별한 개발로 산중턱의 암벽에 새겨져 있던 글씨나 그림들이 사라진지도 이미 오래다. 지도에 올라 있지 않은 마을과 골짜기들도 동네 노인들의 흐릿한 기억을 통해서나 겨우 그것들의 이름이 지닌 전통사회의 흔적과 유래를 찾을 수 있을 따름이다.

동네에 몇 사람 남지 않은 노인들의 노리개 주머니 안 쪽 깊숙이 말라붙어 있는 옛날이야기들을 헤집어내기란 여간 어렵지 않다. 더욱이 이것들을 찾아 나선 우리들을 이상한 눈초리로 바라보는 그들의 비웃음과 무관심은 앞으로 우리가 또 다시 전통사회의 흔적이나마 찾아보고자 나설 의욕을 가질 수 있을지 걱정스럽게 한다. 이와 같이 전통사회의 표층은 완벽하게 사라졌고, 이면 또한 극심한 변이와 파괴의 마지막 단계에 놓여있다고 보아야 할 것이다.

그러나 현실이 그렇다고는 해도 전통사회의 현재와 미래가 이처럼 암담하기만 할까? 필자는 지금까지 답사한 여러 지역들에서 꽤 희망적인 조짐을 발견하였다. 그것은 바로 젊은 교사들이나 공무원, 서예학원 원장 등을 비롯한 지역사회의 지식인들이 향토사학자로 활약하고 있다는 점이었다. 특히 종래의 연로한 인사들에서 젊고 의식 있는 지식인들로 향토사학의 세대교체가 이루어지고 있음을 확인할 수 있었다. 급속한 전통사회의 파괴가 불가피한 것이 대세라면, 지역사나 문화의 전승, 보존, 연구 등을 위해 소신 있는 지역 전문가의 활약은 긴요한 일이 아닐 수 없다.

***

현재 한국의 향토사학자들은 생계를 도외시하고 지역사회의 문화적 전통에 대한 애착심 하나만으로 버티는, 이 땅의 정신적 파수꾼들이다. 전통과 문화를 돈벌이의 수단으로 생각지 않는 그들의 순수함이 지역사회의 전통을 온전하게 지켜나갈 수 있도록 하는 원동력이다. 21세기에는 국가와 민족의 정체성(正體性)이 더욱더 강하게 요구될 것이며 그것이 국가경쟁력의 근간으로 작용할 것이다. 그런 만큼 지역문화학회나 향토사학회의 활성화를 통하여 지역문화 전문 가들을 양성하고 후원하는 체제를 국가적으로 갖추어나가야 하리라 본다. <2002. 6. 27.>

영어강의와 학문의 자립성

　　최근 몇몇 대학들의 영어강좌 비율이 언론에 공개되었고, 어이없게도 그것은 대학의 평가에서 개혁의 수준이나 '글로벌화(glovalization)'의 척도로까지 인식되고 있다. 그러나 영어강의가 좀처럼 탄력을 받지 못하고 있는 것은 우리 지식사회의 철학 부재 때문이다. 무엇을 위해 영어강의를 해야 하는지, 목표하는 바가 모호하다. 영어강의의 수강을 원하는 학생들은 주로 유학 준비나 영어실력 향상에 목표를 둔다.

　　그러나 교수의 입장에선 학생들의 영어실력 향상에만 목표를 둘 순 없다. 현재 영어강의를 강조하는 대학 당국의 언사를 뜯어보면 '영어로 강의한다는 것' 이외에 아무런 목표도 문제의식도 없다. 대학 평가에서 영어강의의 비율을 끌어올려야 한다는 다급한 현실이 그들을 몰아대기 때문이다. 이거야말로 '맹목(盲目)'이라 하지 않을 수 없다. 영어강의를 강조하는 대학 당국들이 영어 강의의 진정한 필요성을 모르다니, 이것보다 더 비극적인 일은 있을 수 없다.

우리말로 하는 경우에도 교수-학생 간의 소통이 어려운 전공분야. 영어로 할 경우라면 그런 문제 뿐 아니라 놓치는 것들 또한 비일비재하리라. 다양한 전공분야의 교수들이 영어구사나 교수법에 전문적 식견을 가지고 있지 않는 한, 그런 영어가 학생들의 영어실력 향상에 그리 큰 도움을 주지도 못한다. 오히려 전공 내용마저 제대로 전달되지 못할 위험성이 더 크다. 그럼에도 불구하고 대학들마다 영어강의를 확대시키려고 애쓴다. 영어강의가 대학 마케팅에 효과적으로 활용되는 상품들 가운데 하나이기 때문이다.

지금 영어로 이루어지는 강좌들의 대부분은 이른바 수입학문들이다. 우리와 세계인들의 상호소통을 통해 공감영역을 넓히는 일이 세계화라고 본다면, 영어강의의 무조건적 확대는 지금껏 우리가 벗어나 본 적이 없는 서양학문에의 예속을 새로운 세대에게 강요하는 꼴이 될 수도 있다.

***

사실 장기적으로 영어강의가 보다 '잘 준비되어야 하고 절실한 분야'는 바로 외국에 보급해야 할 우리의 자생 혹은 자립학문들이다. 우선적으로 영어강의는 우리의 자립학문을 국제학문의 규격에 맞게 표준화시키는데 도움이 될 수 있다. 나라의 경제규모가 커지면서 해외의 인재들이 우리나라 대학들을 찾는다. 그들이 배우고 싶어하는 것은 이미 세계화된 학문이 아니라, 한국에서만 배울 수 있는 학문들이다.

우리의 어문학, 사학, 철학 등을 영어로 배울 수 있게 하는 일이야말로 진정한 세계화의 첫걸음이다. 앞으로 폭증하게 될 수요에 대비하여 이들 분야에 관한 영어강의의 잠재력을 배양하는 일이 시급하다. 우리의 학생들이나 외국인들이 우리나라 대학들에서 그런 강의를 들을 수 없다면, 우리는 결코 학문의 자립국이나 수출국이 될 수 없다. 우리의 학문을 배우고자 한다면 우리말을 익혀오라고 그들에게 배짱을 내밀 단계도 아니다. 합당한 분야의 영어강의를 점차 늘여감으로써 수출 가능한 우리의 자립학문을 세계시장에 상장해야 한다. 그러기 위해서라도 우리의 자립학문을 영어 등 세계어로 체계화 시키고 강의할 수 있는 인재들을 양성하거나 교수로 영입해야 한다.

***

후쿠자와 유키지(福澤諭吉)가 대표하던 메이지 시대 일본의 지식사회는 서양학문의 도입을 통해 일본사회와 일본학문의 근대화를 실천적으로 주도했다. 그들은 우리와 방법이 달랐고, 무엇보다 수입상의 단계를 적절한 시기에 벗어났으므로 자립의 단계까지 뛰어오를 수 있었다. 식민시대를 포함하여 해방 반세기가 지났지만 아직 우리의 지식사회는 학문의 초라한 수입상을 면치 못하고 있다. 수입학문의 영어강의만을 '글로벌화의 척도'로 인식하는 한, 우리는 영원히 학문의 주체적 생산자가 될 수 없다. 영어강좌는 우리 학문의 수출에 긴요한 도구로 간주되어야 한다. 영어강의에 대한 지식사회의 철학이 필요한 것도 그 때문이다. <2007. 1. 22.>

기말고사 성적평가를 마치고

지난 여름의 일. 어느 국가 기관이 발주하는 대형 프로젝트의 2차 심사(평가)를 받기 위해 풍광 좋은 어느 지방엘 다녀왔다. 목에 힘이 들어간 평가위원들이 평가 받기 위해 '잔뜩 숙이고 들어온' 우리를 맞았다. 그들의 물음들 마디마디 짜증이 배어 있었지만, 우리는 그들이 문제의 본질을 제대로 파악하지 못하고 있는 점에 짜증이 났다. 그러나 결코 내색할 수는 없었다. 칼자루를 쥔 그들이 무슨 해코지(?)를 할지 몰라서였다.

결과는 우려했던 대로 '꽝'이었지만, 그들이 나중에 보내온 1쪽짜리 심사평은 참으로 가관이었다. 몇 가지 지적들 가운데 단 한 가지만 그런대로 수긍할 수 있었을 뿐, 나머지는 연구 제안서의 기본 내용이나 프로젝트의 취지마저 오독(誤讀)한 결과로 나온 것들이었다.

우리 팀의 어떤 친구는 "프로젝트 신청을 아예 못한 대학이나 냈다가 떨어진 대학의 교수들이 심사위원으로 위촉되었을 것이니, 말하자면 이 분야의 열등생들이 우등생의 보고서를 평가한 셈 아니냐?" 면서 쓴 웃음을 지었다. 그러나 우리끼리만 분통을 터뜨릴 뿐이렇다 할 대응을 하지 못한 것은 우리에겐 앞으로도 '먹고 살아야 할 날들'이 많이 남아있기 때문이었다. 그 국가기관을 자극해서는 앞으로 '국물도 없을 것'아닌가.

***

생각해보면 지금까지 남들이 가하는 평가의 세례 속에 살아왔고, 나 또한 그 평가의 주체가 되어 남들을 괴롭혀 온 게 사실이다. 삶 자체가 평가라 할 만큼 모든 것이 평가와 연결되어 있었던 것이다. 그러니 지금의 내 모습은 그런 평가들을 거쳐 온 결과라고 할 수 있고, 지금도 끊임없는 평가 속에서 살고 있으니, 앞으로 나는 어떤 모습으로 살아남아 있을지 알 수 없는 일이다.

학교나 사회에만 평가가 있는 게 아니다. 가정도 무서운 평가의 현장이다. 어제까지 모범 남편으로 칭송되다가 어느 한 순간 마나님의 눈으로부터 벗어나면 '몹쓸 인간'으로 추락된다. 어제까지 존경받는 아버지로 칭송되다가 무슨 문제로 자식들과 언쟁이라도 벌이게 되면 그 순간 여지없이 낙제생으로 급전직하하기 마련이다. 직장에서 지금까지 잘 나가다가 뜻 하지 않게 명퇴라도 당할라치면, 가정에서도 사회에서도 처치 곤란의 애물단지로 전락되는 것이 우리 모두의 자화상이다.

이처럼 크게는 대통령 선거에서 작게는 학급의 일일 쪽지시험까지 시험과 평가의 홍수 속에서 우리는 일희일비하며 인생을 불태워 가고 있다. 이 과정에서 평가자는 언제나 잔인하고 피평가자는 대부분 억울하다. 그러나 한 번 평가자라고 영원한 평가자일 수 없고 한 번 피평가자라고 영원한 피평가자는 아닐 것이니, 서로 간에 잔혹한 (?) 새디스트가 될 수밖에 없는 것이 우리 모두의 운명인 셈이다.

***

20년 넘게 교수생활을 해오면서 가장 어려웠던 것. 내겐 연구도, 강의도 아니다. 바로 학생들에 대한 평가다. 대학에는 중간고사와 기말고사가 있다. 기말고사가 끝나면 성적을 매겨 인터넷으로 연결되는 '학사시스템'에 올리게 된다. 교수에 따라 성적을 매기는 기준은 다양하지만, 내 경우 대개 '중간고사 40%+기말고사 40%+과제 10%+출석 10%'의 기준을 적용한다.

평가 척도를 좀 더 다양하게 하고 싶지만, 생각만큼 관리가 쉽지 않다. 학기 초에는 '잘 가르치고 엄정하게 평가하겠다'는 초심으로 날이 시퍼렇다. 그러나 날이 가면서 학생들의 면면이 눈에 들어오기 시작한다. 출석 잘 하고 성실하나 학과공부에는 그다지 두각을 보여주지 못하는 그룹(1), 가끔 결석·지각은 하지만 반짝이는 모습을 보이는 그룹(2), 성실하면서 공부도 잘 하는 그룹(3), 극소수의 이도저도 아닌 그룹(4)으로 나뉜다.

요즈음에는 졸업반 학생들도 아래 학년들의 강의에 많이 들어 와 후배들과 경쟁을 하는데, 대개 교수에게 졸업반으로서의 절박감을 각인시킴으로써 후배들보다 우월한 위치를 점하려는 의도도 없지 않은 듯하다.

학점 경쟁이 치열하다 보니 대부분 성실해지려고 노력하기 마련이어서 4에 속하는 사람들은 거의 없는 편이다. 따라서 1, 2가 대부분이고, 3은 소수다. 그런데 문제는 1, 2에 속하는 친구들도 자신들이 틀림없는 3이라고 착각한다는 것이다. 게다가 스스로 열심히들 하기도 하지만 이제 마지막 벼랑에 서 있음을 시위하는 4학년들까지 고려에 넣다보면 채점의 곤혹스러움이 여간 아니다. 생각 같아선 모두에게 A를 주고 싶다. 그러나 눈치가 빠른 학교당국이 그걸 모를까. 아예 상대평가로 바꾸어 몇 %이상은 A나 B를 줄 수도 없다. 제한된 %를 초과하면 아예 성적 입력을 할 수 없도록 막아 놓은 것이다.

우리 대학시절만 해도 '교수시여, 제발 펑크만 내지 말아 주소서!' 기도하고 다녔는데, 요즘 학생들은 B를 주면 무척 서운해 하고 C를 주면 아예 원수처럼 대한다.^^ 교수들에게 엄정한 상대평가를 강요하는 학교 당국도 C학점 받은 학생들이 졸업 전에 재수강을 하여 A나 B를 받을 수 있도록 탈출구를 열어 주고 있으니, 참으로 모순된 현실이다. 학점 인플레에 대한 대응에서 학교 당국과 교수들 간의 엇박자가 이렇게 심할 수 없다.

간난신고(艱難辛苦) 끝에 성적처리가 끝나면 몇몇 학생들로부터 눈물의 하소연이 답지한다. 단 1점 때문에 장학금이 날아갔다느니, 다음 학기부터 부모님으로부터 용돈을 삭감 당하게 되었다느니, 기업체에 인턴으로 선발되었는데 정식 채용될 기회가 사라졌다느니, 대학원에 진학하려는데 교수님의 학점 때문에 어렵게 되었다느니, 한 번도 지각·결석 없이 그토록 열심히 했는데 설마 이런 학점을 받을지 몰랐다느니 등등 과거 몇 년 간 내게 전달된 사연들을 요약하면, 단순하지만 절절하다. 이럴 땐 어딘가로 숨고 싶다. 누군가를 평가한다는 게 이리도 가슴 아픈 일인지 매 학기 경험하면서도 어쩔 수가 없다. 차라리 내가 피 평가자의 입장에 설지언정, 다시는 남을 평가하는 자리에 앉고 싶지 않은 심정이기도 하다.

***

오늘도 주인을 알 수 없는 누군가의 번호가 핸드폰에 찍혀있다. 학점 때문에 억울한 어느 학생의 전화였을 것이다.

그러나 학생들이여! 억울해하지 말라. 낮은 학점은 오히려 그대들을 한 단계 성숙시킬 수 있는 '쓴 약'이 될 수도 있다. 먼 훗날 그 학점 덕분에 좀 더 성숙한 인간으로 남을 평가할 수 있게 될 것이니. 대학의 학점은 좋으면 좋은 대로 나쁘면 나쁜 대로 의미가 있는 법이다. 모두가 1등일 수는 없고, 대학의 학점 1등이 인생의 1등인 것도 아니다. 부디 '내가 1등이 안 될 수도 있다'는 깨달음과 분발이 우리의 미래를 좀 더 발전적으로 만들 수 있다는, 진리 아닌 진리를 깨달아줄 지어다, 사랑하는 학생들이여! <2008. 1. 3.>

수능성적·석차 공개와 대학 신입생 선발 전환의 시대적 요구

논란의 가능성은 있지만, 수능성적과 석차를 공개하라는 법원의 판결은 이 시점에서 매우 타당하다. 수능성적·석차의 비공개가 대학의 서열화를 막을 수 있다고 보거나 심지어 운전면허시험에 비유하여 수능성적·석차의 공개가 무의미하다는 견해를 밝힌 논자도 있지만, 이번 판결이야말로 대학입시에 대한 열린 논의의 진정한 출발점이라고 본다.

과연 수능성적·석차의 비공개가 대학들의 서열화를 성공적으로 불식시킬 수 있는가. 전혀 그렇지 않다. 오히려 수십 년 전에 형성된 서열이 지금도 부동(不動)인 상태로 힘을 발휘하게 만든 주범이 바로 그것이다. 세칭 일류에 속하지 않는 대학들이 안간힘을 써서 근래 몇 분야에 성공했다 해도, 잠시 사람들의 입에만 오르내릴 뿐

막상 대학을 선택할 시점에는 그 사실이 전혀 고려되지 않는다.

사실 개별 대학이나 대학교육의 내실을 담보할 수 없기 때문에 우리가 대학의 서열화를 혐오하는 것이지, '참된' 대학의 서열화는 지향해야 할 대학의 이상이다.

그러나 기득권의 논리가 지배하고 있는 우리 사회의 속성상, 비정상적인 대학 서열화를 깰 수 있는 묘책은 어디에도 없다. 이런 상황에서 수능성적·석차의 비공개는 대학 서열화를 완화시키거나 깨지도 못하면서, 국가의 이름으로 수험생과 국민들을 '오류와 요행 추구'의 함정에 빠뜨리는 잘못까지 범하는 꼴이다.

더구나 독점적 지위를 누리고 있는 일부 사설 입시기관들의 신뢰할 수 없는 자료와 수험생들의 자가 판단에 의해 교육의 본질만 왜곡시킬 뿐이다. 정확한 정보를 얻을 수 없는 수험생이나 학부모들로 하여금 도박하는 심정으로 대학을 선택하게 할 수는 없지 않은가.

실력이 인재 검증의 유일한 수단으로 통할 만큼 우리 사회가 충분히 투명해지고, 국민들의 의식이 안일한 기득권의 그늘로부터 자유로워질 때까지 얼마간 '왜곡된' 대학의 서열화는 피할 수 없는 현상이다. 수능성적·석차의 공개를 무작정 막는다고 문제가 해결될 만큼 우리 사회의 구조가 그리 간단치 않기 때문이다.

그렇다면 어떻게 할 것인가? 문제들이 없지는 않겠으나, 신입생 선발을 대학 자율에 맡기는 방식이 정도(正道)이자 왕도(王道)이다. 지금의 현상을 액면 그대로 표현하자면, '수십만의 수험생들을 한날 한 시에 똑 같은 문항으로 서열화 시키는 주범이 국가'인 셈이다.

지금처럼 국가가 대학의 행정을 통제하고 학생 모집까지 규제한다면, 사실상 이 나라에 대학은 없는 셈이다. 대학 나름의 이상과 목표에 걸 맞는 방법으로 학생들을 선발하게 한다면, 정작 정부가 전국의 수험생들을 똑 같은 문항으로 서열화시켜 놓고서 그 결과를 '공개합네 안 합네' 하는 자기 모순적 논란에 빠질 이유는 없을 것이다.

과도한 사교육비 부담과 선발 과정에서의 부조리 추방 등이 대학들의 신입생 자율선발을 막아온 정부의 논리였다. 그러나 국가가 신입생 선발까지 도맡아오는 동안 이런 문제들이 없어지기는커녕 오히려 증폭되었다.

어떤 의미에서 그간의 세월은 대학에 자율선발권을 주었을 때 빚어질 수 있는 과도기적 부조리들이 청산될만한 기간이었다. 그렇다면, 대학의 발전이라는 측면에서 볼 때 국가는 그동안 귀한 시간만 낭비한 꼴이 아닌가. 정부가 미적거릴수록 대학의 신입생 자율선발에 따르는 과도기적 문제나 비용은 더 늘어날 수밖에 없다. 수능성적·석차의 공개는 대학의 자율권 확보 논의의 첫 단추가 되어야 한다. <2003. 9. 17.>

국민수탈의 교육산업

대학들의 2학기 수시입시 철이 닥쳐왔다. 대부분의 대학들이 7-8만원의 전형료를 받으니 일곱 여덟 대학에 지원을 하는 수험생의 부모는 60여만 원의 돈을 써야 한다. 상당수의 대학들은 심층면접을 부과한다. 불안한 수험생과 학부모들은 심층면접대비 반짝 과외로 수십 만 원에서 기백 만 원의 돈을 또 써야 한다.

그 덕분인가. 면접장에 나온 수험생들의 판에 박은 듯한 답변은 막힘이 없다. 투망 식으로 훑어 마련해준 학원 덕분에 요즈음의 심층면접의 실상은 전혀 심층적이지 않다. 청산유수처럼 답변하다가 중도에 막힌 어떤 수험생은 '다시 처음부터 하겠습니다!' 하고는 아까와 똑같은 내용과 어조의 말을 반복한다. 이렇게 되면 수험생들의 능력을 변별할 기준은 모호해진다. 언론에서는 심층면접이 당락을 결정한다고 호들갑을 떨지만, 실제 심층면접의 변별도란 그리 뚜렷하지 않다. 이런 현상은 정도의 차이만 있을 뿐 모든 대학이 깍두기처럼 동일하다.

대학이 원하는 시기와 방법으로 입학생들을 뽑아야 '수시'로서의 의미가 있다. 날짜와 방식까지 교육부의 지침대로 실시하는 '또 하나의 정시'가 지금의 '수시'라면, 우리는 국어사전을 고쳐야 한다. 큰 문제는 돈이다. 수능시험으로 선발하는 정시까지 포함한다면, 우리나라의 대학입시는 그야말로 돈 잔치다. 국가는 수능으로 돈 벌고, 대학은 전형료로 수입 올리고, 학원은 학원대로 불안한 수험생들을 볼모로 돈을 번다. 교육열 높은 우리나라 학부모들은 반항 한 번 못한 채 번번이 당하고만 지낸다.

그러나 우리가 입시에만 돈을 들일까? 지금까지 일곱 차례의 교육과정 개편이 있었다. 교육과정 개편 역시 돈 놀음이다. 교과서를 바꾸네, 참고서를 바꾸네 하는 소동 속에서 형들이 쓰던 말끔한 책들은 속절없이 '쓰레기장행'이다. 고급 종이와 칼라 인쇄뿐인가? 책의 장정은 또 얼마나 세련되어져 가는지. 자연히 책값은 천정 높은 줄 모르고 뛰어오른다. 그 부담은 고스란히 학부모에게 돌아온다.

사교육을 없앤다는 명목으로 시작한 방송과외는 참고서장사와 안테나 장사만 이득을 보았을 뿐 도움이 되었다는 소문은 아직 없다. 몇 년 전 미국에 체류할 때의 일이다. 아이들이 학교에서 받아온 교과서는 내게 충격이었다. 오래 전에 발간되어 이 학교에서만 여러 대의 선후배 간에 물려가며 사용되어온, 너덜너덜한 것이었다. 한심한 생각이 들어 책 내용을 찬찬히 살펴보았다. 다행히 필요한 내용

은 빠진 게 없었다. 그렇다 해도 이런 구닥다리 교과서를 가지고 휙
휙 변하는 세상의 이치를 배워낼 수 있을까? 걱정이었다. 그러나 학
기가 진행되면서 의문과 걱정은 저절로 해결이 되었다.

　교과서를 수시로 바꾸어야 할 만큼 세상의 지식은 변하는 것이
아니며, 설사 새로운 것들이 추가된다 해도 교사가 그 때마다 보충
자료를 통해서 교육을 시키는 그들이었다. 물론 학생들에게 배부된
교과서에 낙서는 금물이었다. 그 책을 다시 학교에 보관했다가 물려
가며 써야 하기 때문이었다. 헛돈 낭비하지 않으려는 부자나라 미국
의 합리성에 혀를 내두르게 되었다. 언제나 교육개혁의 나발들을 불
어대지만, 입시의 방법만 바꾸는 게 교육개혁은 아니다. 정부고 대
학이고 학원이고 더 이상 국민들을 상대로 장사를 하려는 얄팍한
속셈부터 버려야 한다. <2004. 11.>

부교재 리베이트와 착취 형 교육구조

상투적인 말이지만, 땅 좁고 부존자원 없는 우리가 기댈 곳은 두뇌뿐이고 두뇌 육성의 주체는 교육이다. 근대교육이 시작된 이후 우리는 학교 교육에 목매달아 왔으나 아직도 교육현장은 문제투성이다. 지금 나라를 흔들고 있는 주택문제의 바탕에도 교육문제는 도사리고 있다.

최근 터져 나온 중·고교 교사들의 거액 리베이트 수수사건은 그래서 우리를 참담하게 한다. 출판사와 해당 교사들은 돈을 주고받기 위해 수요자들인 학생과 학부모들에게 바가지를 씌웠다. 리베이트를 챙기느라 불량 자재를 써서 부실 공사를 하는 토목공사 현장과 똑같은 부조리다. 리베이트만큼 건설비용은 올라갈 것이고, 교사들이 받는 '검은 돈'만큼 책값이 비싸질 것이다. 불량 자재를 쓴 만큼 건축물의 질은 떨어질 것이고, 부실한 교재를 쓴 만큼 교육이 저급해질 것은 당연하다.

억울한 건축주들과 마찬가지로 교육의 수요자인 학생이나 국민은 이중의 피해를 입어 왔다. 공교육을 신뢰하지 못하여 사교육시장으로 달려가는 일도, 툭하면 급식 당번이나 교실 청소 등으로 학부모를 호출하는 일도, 환경 미화에 기부금을 내는 일도 국가가 교육의 불가피성이나 절실함에 편승하여 학부모나 학생들을 착취하는 행태 그 자체다. 수시로 교육과정을 개편함으로써 교과서나 참고서 등을 사게 하는 것도 착취의 범주를 벗어나지 않는다.

***

우리는 해방 후 미 군정기로부터 현재까지 끊임없이 교육개혁을 실시해 왔다. 그러나 그간 시행된 개혁들은 상당 부분 어설픈 실험의 연속이었고, 그 실험은 아직도 진행 중이다. 더욱이 우리는 몇 년마다 한 번씩 교과과정을 개편하고 교재를 새로 만든다. 학생들은 이것들이 나올 때마다 어김없이 정가대로 사야 한다. 참고서와 교사용 지도서 등 교과서 한 종류에 따르는 부수적 이익도 대단하다.

선택의 자유가 없는 학생들, 말 없는 고객들이 있는 한 그 책들을 중심으로 이루어지는 시장은 무궁무진하다. 교사들만 잡으면 소비자들을 모조리 휘어잡을 수 있는데 검은 돈을 안 쓸 수 없을 것이다. '초·중등학교 개혁의 핵심은 교사개혁, 대학개혁의 핵심은 교수개혁'이란 말은 그래서 나왔을 것이다. 이제 '국민 착취형 교육체제'를 확 바꿔야 할 때다. 그것이 교육개혁의 핵심이다. <2006. 11. 22.>

석학(碩學)이 돈 몇 푼으로 만들어지나

우리나라 지식사회의 중심인 대학과 교수집단을 무참하게 짓밟아버린 신정아 사건. 한 계절이 다 가도록 그 본질이 명쾌하게 밝혀지지는 않았지만, 그 사건이야말로 지식인들의 무사안일과 허위의식, 그로 인한 지식사회의 부패상을 집약적으로 보여주었다는 점만은 분명하다. 이런 와중에 교수 정년보장심사에서 신청자들을 대거 탈락시킨 KAIST의 사례가 이른바 '교수 철 밥통 깨기'의 전조(前兆)로 인구에 회자되는 것은 당연하다. '한 번 임용되면 정년이 보장되는 기존의 관습을 깨야 한다'는 이구동성(異口同聲)의 사회적 구호가 당위로 인식되는 분위기 속에서 상식을 갖춘 교수들이라면 무슨 항변인들 보탤 수 있겠는가.

근래 들어 우리 사회에서 '석학'의 언급이 부쩍 늘어나는 것도 이런 현실에 대한 반작용일 수 있다. 말하자면 쭉정이들 틈에서 '제대로 된 알맹이들' 몇몇이라도 키워 지식사회의 건전화를 선도해보자는 발상일 것이다. 학계의 저변을 튼실하게 만들어야 한다는 상식적 처방을 잠시 외면한 채 이른바 소수의 '스타교수, 스타학자'들을 찾아내어 석학이란 명함을 부여해보자는 발상은 한정된 재원을 투자하여 일시적이나마 한국 지식사회의 저급성을 모면해보자는 고육책일 것이다.

***

그렇다면 석학이란 무엇인가. 과문의 소치이겠으나, 동양권에서는 예로부터 십여 년 이상 저술에 몰두해 온 대학자를 석유(碩儒)라 했고, 석유는 석학과 동의어로 쓰인 말이다. 근대 이후 학문이 다양하게 분화되면서 어느 분야에서나 석학들은 나타나게 되었다. 분명한 것은 석학이란 말 속에는 오랜 세월에 걸쳐 축적된 해당 분야의 전문적 식견과 사회적 책무의 인식이나 실천이라는 복합적 의미가 포함되어 있다는 사실이다. 말하자면 탁월한 학문적 깊이와 함께 지도적 인격이 구비되어야 비로소 석학의 영예를 누릴 수 있다는 것이다. 석학이 많으면 많을수록 나라가 발전할 수 있는 것도 그 때문이며, 그런 이유에서라도 스스로가 석학이라고 나설 수 없는 것은 더더욱 당연한 일이다.

최근 우리나라의 학문정책을 입안하고 실행하는 한국학술진흥재단에서는 '국가석학'이란 명목으로 우수학자를 모집하고 있다. 자격을 갖춘 학회의 추천을 받아야 한다는 단서를 달고 있긴 하나, 그 추천을 받기 위해서는 학자들 스스로가 자신이 석학임을 입증해야 한다. 몇몇 전공분야의 경우 수백 명이 신청했다는 후문이고 보면 우리나라에는 '스스로 석학들'이 매우 많은 셈이다. 특정 연구계획으로 2~3년 간 매년 기천만원의 연구비를 지원받아 연구를 마무리한다고 석학이 된다면 조만간 이 나라는 석학으로 가득 차게 될 것 아닌가.

＊＊＊

조나라의 평원군(平原君)에게 스스로를 천거하여 일을 성사시킨 전국시대 모수(毛遂)의 예도 있긴 하지만, 긴 세월이 필요한 학문은 '단박의 술수'와는 구별되어야 한다. 차라리 권위 있는 학회들에 위탁하여 기존의 명망 있는 학자들이나 장래 석학의 가능성을 지닌 학자들을 발굴·추천하는 일을 맡겨서 국가 예산을 효율적으로 쓰는 일이야말로 무엇보다 중요하다.

해마다 한 두 번씩 수백 명의 학자들로 하여금 스스로를 석학이라 내세우며 어리석음을 범하게 하는 일이야말로 백년대계를 책임져야 할 국가가 범하는 최대의 잘못임을 깨달아야 할 것이다. 공무원들이 탁상에서 생각하는 것처럼 석학이란 단박에 돈 몇 푼으로 만들어지는 '물건'은 아니기 때문이다. <2007. 10. 31.>

'인문한국' 이나 로스쿨이나...

　　작년 하반기에 출범한 인문한국(Humanities Korea) 사업과 지금도 논란중인 법학전문대학원(이하 로스쿨) 선정 과정은 지식사회의 철학 부재와 민족의 미래에 대한 국가적 아젠다 실종의 현실을 적나라하게 보여주는 두 가지 사례다.

　　전자의 경우 탈락의 이유나 명분을 상당수의 대학들이나 학자들은 이해하지 못하고 있으며, 아카데미의 권위를 상징하는 총장과 교수들까지 교육부에 몰려가 시위를 벌일 만큼 후자의 경우 또한 결과 자체가 석연치 못하다.

　　두 사업이 갖는 표면적 의미는 단순하다. 인문학 진흥을 위해 '가능성이 보이는' 몇 개의 대학들을 선정하여 국가의 재정을 듬뿍 풀겠다는 것이 전자이고, '가능성이 보이는' 몇 개 대학들을 선정하여 국가 권부의 한 축인 법조계 인맥의 공급처로 삼겠다는 것이 후자이다.

이제 로스쿨은 단순히 법학 교육만의 문제는 아니다. 교육수요자들이 이것을 학교전체에 대한 평가의 잣대로 원용할 것이 분명하기 때문에, 대부분의 대학인들은 로스쿨의 유무가 대학 생존을 결정하는 날이 조만간 도래할 것으로 믿는다. 그런데, 인문한국이든 로스쿨이든 주관 부서에서 절대적인 기준으로 삼았다고 하는 그 '가능성'이 미래지향적 의미를 크게 지녔다고 볼 수 없으며, 그런 기준에 대하여 우리의 지식사회가 제대로 공감하거나 수긍하지 못하는 데 문제가 있다.

인문학을 새롭게 진흥시킨다거나 새로운 패러다임의 법학 교육을 시키자고 하는 마당에 그에 입각한 아젠다나 철학 혹은 참신한 아이디어 등을 따지지 않고, 예컨대 과거의 업적이나 인프라에 무게중심을 두거나 기존의 사법시험 합격자 수를 중요한 기준으로 적용시키는 등의 일이 지식사회의 미래지향적 구도에 그다지 합목적성을 지닌다고 볼 수는 없다. 그런 점 때문에 선정결과의 발표를 서너 차례 연기했을 만큼 인문한국 사업은 시작부터 갈팡질팡했으며, 로스쿨 역시 '정치적인 고려' 등 본질적인 철학 부재의 함정에 빠져 허둥거리는 모습을 보여주고 있다. 양자 모두 권력의 향배와 무관하지 않은 대학의 현실을 그 결정적인 요인으로 거론하는 인사들도 많다.

국가나 대학의 조직은 매니지먼트의 측면에서 공통되며, 그 자연스런 결과로 평가에 관한 기준이 물적 인프라의 규모에 얽매일 수밖에 없다는 점도 이해는 할 수 있다. 그러나 그 와중에서 자칫 창

의적인 아이디어가 과거부터 누적되어오는 물적 인프라의 기준에 밀려 평가의 후순위로 밀리기 쉽다는 점은 큰 문제다. 큰 대학들은 늘 국가적 혜택을 받는 반면, 작은 대학들의 경우 제대로 도약의 계기를 얻을 수 없는 것도 그 때문이다.

물론 잘 하는 쪽을 밀어주는 것은 잘 나가는 집단의 지혜일 수 있다. 그러나 잘 하고 못함을 가르는 기준이 미래 지향적 의지를 담아내지 못할 경우, 그것은 힘 있는 세력의 떳떳하지 못한 자기 합리화라는 비난으로부터 자유로울 수 없다. 철학 없는 기준에 바탕을 둔 승자독식(勝者獨食)이야말로 '만년 우등/만년 열등'의 구조를 고착시키게 되고, 그것이 국가 발전의 걸림돌로 작용할 것은 당연하다.

잘못된 학문정책을 바로잡으려 노력하는 대신 구태의연한 기준에 따라 공동체의 미래가 걸린 일을 단 한 번의 망설임 없이 감행하면서도 '할일을 했다'고 자부하는 우리나라 지식사회. 현실에 대한 진단과 반성이 결여된 지식사회의 행태가 우리 시대 최고의 비극이 아닐 수 없다. <2008. 2. 4.>

지방대학의 아픔

차별은 사람들 사이에 갈등을 빚는다. 이민족들 간의 차별의식은 타고난 차이에 근거한다는 점에서 일견 그럴 수도 있다. 그러나 무엇보다도 이해하기 어려운 것은 동족간의 차별이다. 그 가운데 신분계층의 높고 낮음은 인간의 자유의지에 의해 선택할 수 없다는 점에서, 아주 고약하다.

전근대의 불평등은 신분에 따라 인간을 차별한 데서 초래되었다. 오죽하면 남의 관작을 모칭(冒稱)하거나 거짓 족보를 만들어 신분을 위장하기까지 했겠는가. 대를 이어 인권을 유린해온 전통시대 제도적 폭력의 극치가 노비문서였다. 전통사회에서 한 번 노비가 되고 난 다음 그 굴레를 벗어나기란 거의 불가능했다.

누구나 주체세력의 일원이 될 자격과 가능성을 지닌 것이 자유민주주의 사회다. 이러한 대명천지에 대학 졸업장은 노비문서 못지 않은 위력으로 수많은 인재들을 괴롭히고 있다. 고만고만한 대학들이 좁은 땅덩어리 안에 난립하여 갖가지 기준과 방법으로 차별의 향연을 벌이고 있다. 서울과 지방, 수도와 수도권, 강북과 강남, 일류대와 비일류대 등 정교한(?) 잣대를 들이대면서 차별을 시도한다.

물론 일류대학들이라고 해서 모두 같은 것도 아니다. '초 일류대'와 '범 일류대'라는 구분을 통해 그들 나름의 차별 또한 시도한다. 따라서 일류대의 울타리에 입성했다고 하여 모두 자신감과 우월감을 느낄 수 있는 것도 아니다. 그러니 우리나라는 초 일류대에 속해 있는 소수를 제외하고는 모두가 열등의식에 휩싸여 살아가는 셈이다.

꽤 오래 전부터 문제로 떠오르고 있는 지방대의 공동화(空洞化)는 1차적으로 입학자원의 부족 때문이기도 하지만, 근본적으로는 사회적 차별이나 열등감으로부터의 절박한 탈출 욕구에 그 원인이 있다. 이 나라의 모든 분야에 고착되어 있는 차별들 가운데 학력차별의 구조적 병폐는 말할 수 없을 만큼 심각하다. 대학 4년간 머리 싸매고 공부하여 아무리 우수한 실력을 갖추어도 졸업장은 모든 것에 앞서서 그의 가치를 재단해버리고 만다.

얼마 전부터 부쩍 지방대 출신의 인재가 좋은 논문을 쓰거나 무언가 성과를 내면 언론매체들이 나서서 대서특필하곤 한다. 좋은 일이긴 하나, 그 이면을 들여다보면 문제가 없지 않다. 성과 자체보다는 그가 지방대 출신이라서 뉴스거리가 된다고 생각한다면, 우리나라 언론매체의 편견도 대단한 수준이다.

만약 그가 미국 아닌 국내에서 그런 논문들을 발표했다면 그다지 높은 평가를 받지는 못했을 것이다. 이른바 마이너리티의 실력을 인정할 만큼 학벌을 중심으로 공고하게 짜인 우리 학계의 가슴은 열려 있지 않기 때문이다.

최근 지방대 총장들이 국세의 일부를 그들 대학에 지원해달라고 건의했다. 그러나 자칫 나랏돈을 퍼붓고도 지방대의 위기마저 해소시키지 못할 가능성이 크다. 문제의 소재가 돈에만 있는 것은 아니기 때문이다. 지금 지방대의 위기는 우리 국민이 천형(天刑)처럼 앓고 있는 집단적 열등의식 때문이다. 고등학교 때의 성적으로 일류대에 입성한 사람들에게 보내는 무조건적 신뢰는 한 때의 부진으로 그 대열에 합류하지 못했으나 절치부심 실력을 연마한 여타의 사람들에 대하여 이유 없이 갖는 불신과 마찬가지로 위험하다.

우리 사회의 공통된 문제는 대부분의 구성원이 승복할만한 평가의 잣대를 마련하지 못한 데 있다. 조령모개 식 교육정책의 중심에는 대학입시 방법의 혼란이 있고, 대학입시의 파행은 적절한 평가방법의 부재로부터 온다. 대학교육의 부진 또한 교수와 교육을 제대로 평가하지 못한 데서 원인을 찾을 수 있다. 이런 바탕에서 기업을 비롯한 우리 사회 전체가 정확한 평가의 잣대를 마련하지 못하는 것은 당연하다. 우리의 마음속에 도사린 집단적 열등의식을 청산하는 것만이 차별적 세계관에서 자유로울 수 있는 지름길이자 지방대 회생의 출발점이기도 하다. <2003. 5. 7.>

학회 유감

바야흐로 학회의 계절이다. 주말은 말할 것 없고, 주중에도 심심치 않게 학회들이 열린다. 그러나 여기에 동창회나 결혼식 같은 여타의 행사들이 겹치기라도 하면 학회는 뒷전으로 밀린다. 더구나 단풍놀이하기 좋은 계절 아닌가. 이런 때 컴컴한 방에 모여 재미없는 논문 발표나 들으라고 한다면 그 자체가 고문이다. 그래서 어느 학회에 가 보아도 자발적인 손님들은 거의 없다. 대부분 징발된 학생들이거나, 안면 상 '어쩔 수 없는' 사람들이 띄엄띄엄 앉아 있을 뿐이다. 학회 임원들, 발표자, 토론자 등이 참석자의 거의 전부인 경우도 없지 않다.

그래서 어떤 학회는 발표자 1명당 토론자를 여러 명씩 배당하는 방법을 쓰기도 한다. 그나마 토론자로라도 지정되면 참석하지 않을까 기대하지만, 그 역시 이미 '약발 떨어진' 방법으로 전락해 버렸다. 팸플릿에 토론자로 올려졌다 하여 모두 참석할 만큼 순진하지 않은 게 요즘 사람들이다.

국내학회만 이런 것은 아니다. 그럴 듯한 명칭의 '국제학술대회' 역시 마찬가지다. 시작시간이 다가오면 학회의 임원들은 뜨거운 양철판 위의 강아지마냥 안절부절 못한다. 회의장을 들락날락하며 '파리 날리는 구멍가게'의 주인처럼 무정하게 지나치는 사람들의 표정이나 하릴없이 쳐다볼 뿐이다. 저명한 해외의 학자들이라도 불러온 경우의 민망함이란 말로 표현할 수 없다.

이렇게까지 된 데에는 여러 원인들이 있을 것이나, 시대의 변화를 그 주범으로 꼽을 수밖에 없다. 학회가 학문 공동체인 만큼, 개인의 파편화나 인터넷의 발달 등 공동체의 문화를 파괴하는 현실의 직격탄을 피해갈 수 없다.

학회의 생명은 토론이고, 토론은 다방향(多方向) 통행의 현장이다. 구성원들은 토론을 통해 관심사를 공유하고 합리적인 결론을 도출한다. 그것이 민주주의의 근간이다. 그러나 시대는 바뀌었고, 개인들은 골방에 틀어박혀 각자의 생각에 매몰되어있다. 남들의 생각에 좀처럼 마음을 열려 하지 않는다.

인터넷이 발달되면서 겉으로는 제법 대화가 살아난 것처럼 보인다. 그러나 실상은 정반대다. 인터넷 속의 대화는 '일방적'이다. 더구나 익명을 바탕으로 하는 댓글 류의 '말 던짐'은 독선과 아집, 아니면 지저분한 배설일 뿐이다. 자기의 생각과 다르면 무조건 배척한다. 왜 다른지, 혹시 내가 잘못되지는 않았는지 생각해보려 하지 않는다. 내 생각에 따라주지 않으면 그 순간부터 적이다. 'ㅇ사모'류의 집단들이 인터넷 안에 뭉쳐있지만, 그들 역시 불순한 동기를 바탕으로 이루어진 패거리일 뿐 건전한 공동체는 아니다. 그들은 증오를 주 무기로 하는, 배타적 개체에 불과하다.

개인 간, 집단 간에 존재하는 생각의 다름을 인정하고 조정하려면 인내심이 필요하다. 인내심이 없으니 폭력이 앞선다. 이런 공간에서 폭력의 1차적인 수단은 말이다. 독선과 폭력은 반민주의 표징이다.

학자도 인간인 이상 시대의 변화로부터 초연할 수 없다. 그래서 그런가. 이제 남의 논문을 읽지도, 남의 말을 듣지도 않는다. 골방에 숨어, 제가 쓴 논문들을 저 혼자 읽으면서 만족해하고 잘난 체 한다. 남들이 이미 다 해놓은 말들인데, 자기에게 지적 재산권이라도 있는 듯이 거들먹거린다. 간혹 추궁을 당할 경우에는 '읽어보지 않았다'는 방패를 들고 나선다. 이런 상황에서 학회가 잘 될 리 없다. 학회가 죽고 학문도 죽었으니, 지금이 바로 암흑시대일 수밖에 없다. <2004. 11. 22.>

살짝 맛본 미국의 대학, 그리고 우리의 대학

IMF 치하에 막 들어선 1998년 1월 7일, 도망치듯 우리 나라를 빠져나갔다. 일종의 죄스러움과 홀가분함도 제대로 분간치 못한 채 우리는 김포 발 **LA**행 비행기에 몸을 실었던 것이다. 막연한 불안감과 호기심, 그리고 막막함으로.

파고다 공원의 공짜 점심 행렬처럼 차례로 주어지는 '연구년의 차례'에 떠밀리다시피 떠나야할 입장이었으므로 더욱 여유가 없었다. 무엇보다 천만다행인 것은 **LG** 연암재단의 연구비였다. 그 덕에 감히 **IMF** 치하의 조국을 떠날 수 있었다.

LA공항에 도착하니 날씨가 기막히게 좋았다. 화사한 햇살이 공항으로부터 숙소에 이르는 넓은 길가의 넓적한 가로수 이파리들에 반사되어 이국적인 풍경을 더해주고 있었다. 공항으로 마중 나와 준

생면부지의 배광복, 김광태, 안용혼 선생과 그 가족들의 마음 씀씀이만큼이나 화창한 날씨였다. 그들의 도움으로, 카펫 깔린 다소 어색한 아파트에 둥지를 틀게 되었다. 발코니 밖 5m 전방에는 잎 넓은 팜 츄리 한 그루가 하늘 높이 솟아 있었고, 온통 나무로 뒤 덮인 언덕에는 늘 까마귀와 이름 모를 온갖 새들이 날아와 지줄대고 있었다. 뿐만 아니라 아파트 앞 쪽으로 뻗어있는 전선에는 항상 살진 청설모가 분주하게 오가는, 그런 공기 맑고 깨끗하며 조용한 동네였다.

내가 살던 동네는 LA 다운타운으로부터 10번 프리웨이를 타고 서북쪽으로 30분쯤 달리면 도착되는 곳인데, Sepulveda Boulevard와 Rose Avenue 사이에 위치한 UCLA의 대학 아파트였다. 대체로 UCLA와 Holly Wood, Santa Monica, Sepulveda Boulevard를 잇는 삼각지대는 West LA로 불리며, 주민들이 누리는 삶의 질 또한 높은 곳이었다. 그곳에 둥지를 틀고, 나는 1년 동안 나름대로 공부와 여행을 할 만큼 한 셈이다.

***

미국에서 1년 살다 온 것이 무어 그리 대단할까만, 그러나 나는 많은 것을 느낄 수 있었다. 특히 미국 대학의 모습은 분명 부러웠다. 사정이 여의치 못한 우리나라의 대학들을 생각하면 꿈같은 곳이었다. 내가 미국에서 한 동안 공부하고 싶었던 것은 우리나라나 우리나라의 대학들을 싫어해서가 아니었다. 오히려 넘치는 애정을 갖고 있기 때문이었다. 학문도 학문이려니와 대학의 돌아가는 시스템을 보고 그냥 눈 감은 채 돌아올 수는 없었다. 물론 내가 가 있던

UCLA도 미국 내에서 최상급의 대학이라고 할 수는 없을지 모른다. 그 대학사람들은 늘 동부 지역의 아이비리그를 비롯한 세계 정상의 대학들과 자신들을 수시로 비교하며 자신들을 채찍질하고 있었기 때문이다.

서부지역의 스탠포드나 칼텍, UW, 그리고 같은 UC계열의 버클리 등과도 항목별 수치를 조목조목 비교해가며 서로간의 장단점들이나 우열을 솔직히 거론하는 모습은 놀라움 그 자체였다. '크레믈린'처럼 못난 모습을 숨기면서 무언가를 늘 꾸며내고 있는 듯한 우리나라 대학들의 분위기에 젖어있던 나로서는 신선함 그 자체로 다가왔다.

얼마 전 나는 김동훈 교수의 베스트셀러 『대학이 망해야 나라가 산다』(바다출판사, 1999)를 하룻밤에 독파하고는 공감과 감동으로 눈시울이 붉어짐을 금치 못했다. "아! 나만이 이런 생각을 하고 있는 게 아니었구나"라는 동류의식을 진하게 느낄 수 있었다. 나 역시 그런 책을 한 번 써볼까 하는 가당찮은 객기를 전부터 가지고 있긴 했으나, 이미 그 책을 본 이상 더 무슨 이야기를 덧붙일 수 있을까?

안타까운 것은 그 책이 나와 수십만 부가 팔려나간 시점에도 우리나라들의 대학은 여전히 태평천하요 오불관언이라는 점이다. 왜 그럴까? 대학 내에 우글거리는 인재들의 손발을 꽉 묶어놓는 '망령'이 과연 무엇일까?

우리는, 아니 우리나라 교육당국자들은 왜 언필칭 미국과 같은 선진국의 대학들을 배운다고 하면서 그들 대학이 하는 일들을 흉내조차 못 내는가? 왜 그 근처에도 못 가는가? 지금 우리나라의 대학들에 그 미국에서 일류교육들을 받고 박사학위까지 받고 돌아와 교수로 있는 제제다사들은 왜 모두 벙어리처럼 입을 닫고 있는가? 그동안 그 점이 참으로 궁금했고, 그 궁금증은 지금도 그러하며 앞으로 상당기간동안 쉽게 해소될 것 같지 않다.

미국에 있는 동안 교원 정년법이 바뀌었다. 만약 교수도 초·중등교원처럼 62세로 하향 조정되었다면, 적체되고 있는 '교수 예비군'들이 줄어들 것이고, 대학교수들의 연령대도 젊어질 것이다. 교수들이 젊어져야 대학 개혁은 가속도가 붙게 된다. 무엇보다 실력이 출중하면서도 교수들의 대열에 끼어들지 못하는 그들이 안쓰러운 것은 나만의 생각이 아니리라.

나를 포함하여 기성 교수들이 정년보장이라는 방패에 몸을 숨기고 안일을 탐하는 동안 대학은 무참하게 무너져 내릴 것이다. 그렇게 되면 국가와 민족의 발전이란 헛구호로 맴돌고 말 것이 아닌가. 정년법을 손질하면서 대학교수들을 손대지 못한 이유를 알 수 없다. 대학교원의 적체가 초·중등교원보다 더 심하다는 점을 정책당국자들은 몰랐던 것일까, 알면서도 모른 척 한 것일까? <2000. 2. 5.>

제2부

굴곡진 세상의 맥락 읽기

〈용비어천가〉를 모독하지 말라

국민의 정부 시절 모 국회의원의 '연어론'이 호사가들의 안줏거리로 회자되었고, 그 후 참여정부 해양부장관의 아부발언이 한 번 더 장안의 화제로 떠오른 적 있다. 직위의 고하를 가릴 필요 없이 관리나 조직원들의 그러한 언행은 시대가 바뀌어도 쉽사리 바뀌지 않는다. 국정을 이끈다는 사람들의 천박함이 조금도 나아지지 않는 현실은 국가적인 비극이다. 대부분의 지식인들이 이토록 '철없는' 고관들의 언행을 툭하면 '용비어천가'로 몰아붙인다는 점이 국문학 전공자인 필자를 분노하게 만든다.

정도 이상으로 대통령을 추어올리는 언론의 논조에도 '노비어천가'를 부른다거나 '명비어천가'를 읊는다고 비난한다. 〈용비어천가〉를 한 번도 읽어보지 못한 사람들일수록 그것을 '아부성 발언'으로 폄하하는 데 용감하다. 철학과 경륜을 갖추었던 한 시대의 지성들이 왕도정치와 이상국 건설의 꿈을 담아 만든 <용비어천가>가 500여 년 후의 무식한 후손들로부터 이렇게 몹쓸 희롱을 당하는 현실이다. '서울에 한 번도 못 간 자가 서울에서 살다 온 사람을 이긴다'는 옛 말도 있듯이, <용비어천가>를 읽어보지도 않은 사람들이 <용비어천가>를 전공한 사람들을 이기는 꼴이다.

그런 관리들의 말이 어째서 <용비어천가>일 수 있는가. 아부나 농하는 사람들의 언사를 꼬집는 데나 써먹을 만큼 <용비어천가>가 그렇게 만만한 언술은 아니다. 이미 국민의 정권이나 참여정권 시절의 '연어론'과 '오페라 소신론'에 친숙해진 요즈음의 지식인들로서는 놀랄 일이겠지만, <용비어천가>는 당대 지식인들이 최고 통치자에게 제시한 국정의 강령이었다. 지금의 대통령도 머리맡에 두고 밥 먹듯이 읽어야 할 정치의 이상적 아젠다요 텍스트다. 제대로 된 독법(讀法)이라면, <용비어천가>를 이성계(李成桂) 일가에 대한 '아부'로 읽어낼 수는 없다.

***

조선왕조의 근원이 깊고 멀다는 것, 왕 되는 자들이 마땅히 해야 할 일과 해서는 안 될 일을 분별해야 한다는 것, 하늘을 공경하고 백성을 사랑해야 나라를 영원히 보전할 수 있다는 것 등이 <용비어천가>의 내용적 줄기다. 물론 6조(목조·익조·도조·환조·태조·태종)의 사적이 지나치게 과장되었다는 지적을 하는 이들도 있다. 그러나 그것은 <용비어천가>의 핵심인 '물망장(勿忘章)'(110~124장)과 '졸장(卒章)'(125장)의 의미를 부각시키기 위한 수사적 장치일 뿐이다.

초등학생일지라도 그런 내용을 가지고 '<용비어천가>=아부성 발언'
이라는 판단을 내리지는 않는다.

"주거를 호화롭게 하지 말 것, 좋은 음식을 탐하지 말 것, 형벌을
마음대로 하지 말 것, 백성들의 고통을 잊지 말 것, 아부하는 간신
들을 멀리 할 것, 백성들의 언로를 막지 말 것, 세금을 공평하게 거
두어 나라의 근본을 다질 것, 바른말 하는 신하를 중시할 것, 학자
들을 가까이 하고 소인을 멀리 할 것, 하늘을 공경하고 백성을 사랑
할 것" 등등.

이 중에 요즈음의 대통령이나 장관들이 제대로 하고 있는 게 단
하나라도 있는지 꼽아볼 일이다. 그래서 역대 최고의 정치학 교과서
가 아부의 교과서로 잘못 알려져 있는 현실이 개탄스러운 것이다.

<용비어천가>를 만든 주체는 당대 최고의 석학들이자 경륜을 갖
춘 정치인들이었다. 그들이 제왕에 대하여 내뱉은 '쓴 소리'가 바로
<용비어천가>다. 세종대왕은 명군이자 성군이었기에 그런 쓴 소리
를 받아들일 수 있었다. 그는 적어도 아부와 직언을 구분할 줄 아는
지혜를 갖춘 군주였다. 만약 <용비어천가>가 왕의 가계를 둘러싸고
읊어진 앞부분의 내용만으로 이루어졌다면, 명군 세종대왕은 절대
로 그것을 '가납(嘉納)'하지 않았을 것이다.

왕조 초반에 최고의 지성들을 모아 이런 금언(金言)을 만들고, 음
악과 춤이 어우러진 종합예술의 무대에 올려 공연하게 함으로써
'군-신-민'이 함께 그 뜻을 새기도록 한 일을 동서고금의 어느 역사
에서 찾아볼 수 있는가. 한 번이라도 마음의 눈을 크게 뜨고 읽어
보면 그것이 임금을 위한 수신 교과서나 지배계층을 겨냥한 정치학

교과서일지언정 아부의 언사가 결코 아니라는 것쯤은 누구나 알 수 있지 않겠는가.

고금의 역사로부터 시대를 꿰뚫는 통찰력을 얻은 지성인들. 그들은 <용비어천가>로 중국과 우리나라의 역대 왕조가 어떻게 흥망성쇠의 과정을 거쳐 왔는가를 되새겨보고자 했다. 힘겹게 창업한 조선 왕조가 영속되기 위해 해야 할 일들이 무엇인지 그들은 알고 있었다. 최고 통치자인 왕들이 나태를 벗어나 백성을 위하는 일에 매진해야 왕조는 망하지 않는다고 그들은 믿었던 것이다. 그들은 후대의 왕들을 대상으로 '잊지 말아야 할' 금언들을 들어놓음으로써 모든 공직자들까지 깨우친, 이른바 1석2조의 효과를 얻은 셈이었다.

'임금이 하늘인 시대'였음에도 국태민안의 요체가 '경천근민(敬天勤民)' 즉 하늘을 공경하고 백성을 사랑해야 하는 일임을 감히 왕에게 강조한 그들이었다. 그 때로부터 수백 년의 세월이 흘렀지만, 가까스로 간택되어 통치그룹에 끼어든 그 어느 인사인들 대통령에게 이런 말을 할 수 있단 말인가.

정치인이나 공무원들은 국민을 위한 공복(公僕)임에도 지금껏 그들은 국민 위에 군림해 왔다. 최근 대통령이 공석에서 '머슴론'을 통해 땅에 떨어진 이도(吏道)를 질타한 일도 <용비어천가>의 핵심적인 내용과 맥을 함께 한다. 국민의 공복임을 잊고 있는 관료집단이 나라의 운명을 좌우하고 있는 지금이야말로 <용비어천가>를 끊임없이 부르고 들어야 하는 시대다.

만약 참여정부 시절의 그 신임장관이 아부 성 발언에 이어 대통령에게 올바른 주문이나 쓴 소리를 한마디만 덧붙였더라도, 그의 언사가 적어도 술자리의 안줏거리 신세만은 면할 수 있었을 것이다.

<용비어천가>는 이 시대에 무엇을 시사하는가. 예나 지금이나 정치의 요체는 국태민안(國泰民安)이다. 나라와 백성이 편안하면 정치로서는 합격 이상이다. 백성들의 편안함은 백성들 스스로 느낄 수 있을 뿐, 말로 설명할 사안이 아니다. 아무리 말로 합리화하려 해도 백성들이 편안함을 느끼지 못하면 잘못된 정치다. 그 옛날 황제가 누군지도 모르는 백성들이 배를 두드리며 격양가(擊壤歌)를 부르는 모습을 보며 비로소 마음을 놓았다던 요임금을 보라.

***

<용비어천가>를 지은 지식인들은 결코 소리(小利)의 달콤함에 빠져 아부나 농하는 곡학아세(曲學阿世)의 무리가 아니었다. 민심은 천심이고, '경천근민'이야말로 예나 지금이나 통치행위의 알파요 오메가다. 대통령이든 관료이든 민심이 천심임을 망각하고 자신의 소리(小利)만 취할 때 나라가 망한다는 것은 500년 전이나 지금이나 다를 바 없다. 풍족한 의식주와 든든한 국방, 반듯한 사회기강 속에서 백성들은 편안함을 느낀다. 권력과 부를 얻고자 아부의 수단으로 만든 것이 <용비어천가>는 아니다. 그러니 이제부터라도 정치인과 지식인들은 함부로 <용비어천가>를 폄하하지 말아야 한다. <2008. 4. 17.>

국정의 난맥과 이념의 부재

참여정부 출범 9개월. 그야말로 '살얼음 밟듯' 지나온 기간이다. 얼마나 더 지나야 굳은 땅이 나올지 알 수 없는 요즈음이다. 물리적 시간으로는 안정권에 접어들었어야 할 정권이 말기적 혼란에 휩싸인 모습을 보며 대다수 국민의 마음은 불안을 넘어 공황 직전의 상태다.

이런 난맥상의 원인으로 이념간·세대간의 갈등, 집단이기주의, 대중영합주의, 이념에 강한 대통령 참모들의 성향 등을 꼽은 어느 학술회의의 결과가 최근 보도된 바 있다. 대개 맞는 진단으로 보이지만, 잘못 짚은 게 하나 있다. 과연 현재의 집권세력이 '이념에 강한' 부류인가. 그들의 행태로 보아 그것은 잘못된 판단일 가능성이 크다. 차라리 '이념을 몰각(沒却)'했다거나' '시대착오적 이념에 매여 있다'고 한다면 맞을지 모른다.

한 때 우리 사회에 풍미하던 유행어 '코드'를 상기해보자. 적과 동지를 구분하기 위한 표지(標識)가 바로 그 말의 용도다. 좋게 보아 '이념적 동질성', 나쁘게는 '패거리 의식'쯤으로 이해될 수 있는 말이다. 계층간·세대간의 통합보다는 공동체인 '우리'를 '너'와 '나'로 분열시키는 배제의 논리가 바로 그 출발점이기 때문이다. 문제는 그들을 하나로 묶어주는 코드의 실체나 그 이념적 정합성을 인정할 수 없다는 데 있다.

사실 앞 시대의 비주류가 현재의 집권세력인 주류로 부상했음은 자타가 공인하는 사실이다. 뿐만 아니라, 과거의 주류 세대인 50~60대의 역할을 비주류 세대인 30~40대가 맡게 되었다고 말하기도 한다. 비주류와 주류의 교체가 쉽지 않은 일임을 감안한다면, 현 집권세력의 출범은 역사적인 사건일 수 있다. 그러나 그들에게는 현실적인 이해관계를 초월하여 그들을 하나로 묶을 수 있는 정신적 지향점이 없다. 그래서 그들은 우리사회의 실질적인 주도세력으로 정위될 수 없는 것이다.

'5급 이상 청와대 관리의 84%가 386세대'라는 사실이 집권세력의 생물학적인 나이가 젊어졌다는 점을 상징적으로 보여주긴 하지만, 시대가 요구하는 이념을 창출하여 제시하지 못하는 이상 그리 큰 의미를 지니지는 못한다.

***

그 옛날 고려조를 무너뜨리고 조선을 건국한 신흥 사대부 계층이 민중으로부터 저항 받지 않을 수 있었던 것은 합리적이면서도 뚜렷한 이념 때문이었다. 그들의 성리학 이념은 낡은 의식과 질서에 대하여 절대적으로 우월한 것이었다.

이처럼 제대로 된 이념은 1차적으로 집권세력 내의 동질성을 굳건히 유지시키고, 대중에 대하여 매력과 흡인력을 발휘한다. 그러나 현실적인 이해를 바탕으로 한 '패거리 의식'을 이념으로 착각할 경우 그 집단은 조만간 파열음을 내게 되며, 대중적 지지 또한 얻지 못한다. 참여정부 출범 9개 월 만에 노출되는 갖가지 문제점들이나 국민적 지지율의 하락은 그 점을 웅변으로 입증한다.

우여곡절은 많았으나 조선조가 5백년을 지속할 수 있었던 것은 집권세력이 이념적 동질성을 유지할 수 있었기 때문이다. 뚜렷한 이념의 설정은 집권세력의 자기 정화를 가능케 한다. 여말선초에 단행된 토지제도의 개혁을 비롯하여 각종 법제의 정비나 집권세력의 정점인 왕에게 쓴 소리를 할 수 있었던 것도 분명한 이념 아래서 가능한 일이었다.

조선 초 권력의 실세 정도전이 정치적 언술인 악장에서 '언로를 열 것, 공신을 보호할 것, 토지의 경계를 바로잡을 것, 예악을 정할 것' 등을 임금에게 주문할 수 있었던 것도 그들이 공유하던 이념의 덕분이었다. 만약 이념이 없었다면 그들의 판단이나 행동은 사리사욕의 부림을 면치 못하고 혁명의 대업 또한 시작과 동시에 좌초되었을 것이다. 대통령이 정도를 가도록 쓴 소리 한 마디 못하고 사리사욕의 제물이 되고 있는 현 집권세력의 가장 심각한 문제가 바로 올바른 이념의 부재에 있음을 확인하는 요즈음이다. <2003. 12. 5.>

대토지 소유자들의 나라

우리 인구의 상위 1%가 전국 사유지의 절반을 차지하고 있으며 그 가운데 상위 100명이 여의도 면적의 절반 수준인 평균 115만평씩을 갖고 있다 한다. 행정자치부의 이 발표는 간과할 수 없는 역사적·사회적 함의(含意)를 지닌다.

***

이성계와 신흥사대부들에게 체제전복의 명분을 부여하여 고려의 명줄을 결정적으로 끊은 것은 토지제도의 문란이었다. 어림짐작으로 100명도 안 되는 여말(麗末)의 권문세족들이 점탈(占奪)·겸병(兼併) 등 온갖 탈법적 만행으로 대토지를 소유하여 국가의 재정을 파탄내고, 백성들을 도탄에 빠뜨림으로써 혁명세력에게 좋은 발판을 마련해준 것은 불과 6~7세기 전의 일이다.

'이쪽 산봉우리에서 저쪽 산봉우리/이 골짝에서 저 골짝'으로 표현되던 그들의 땅. 그 규모와 '여의도의 절반 크기'사이에 어떤 차이가 있는지는 모르지만, 모순과 역리(逆理)의 역사는 이 시점에도 여지없이 반복되고 있음을 확인할 뿐이다.

상당수의 권문세족들이 불량배들을 시켜 농민을 폭행하거나 협박하여 토지를 빼앗았다는 기록들은 지금도 또렷이 남아 있다. 그것은 지배층의 대토지 소유와 체제의 붕괴가 서로 맞물리는 문제였음을 보여주는 근거다. 물론 오늘날의 대토지 소유자들이 여말의 권문세족과는 사회적 위치가 다르며, 토지를 소유한 경위나 배경 또한 다르다고 항변할지 모른다. 고려의 권문세족들은 대대로 권력과 부를 세습하는 가운데 형성된 문벌들이다.

지금의 대토지 소유자들 가운데는 조상으로부터 물려받은 사람들도 있겠지만, 일부는 투기(投機)와 탈법(脫法)으로 당대에 부를 이룬 경우도 적지 않다. 고위직에 발탁되었다가 여론의 질타에 밀려 낙마한 일부 인사들의 사례는 그런 가능성을 분명히 보여준다. 그들이 즐겨 사용한 '위장전입', 금융이나 세제상의 각종 탈법·위법 등은 토지를 점탈하기 위해 폭력을 사용한 여말의 권문세족들 못지않게 사회정의 상 용납되기 어렵다. 법망을 피한다거나 규정을 왜곡시키려면 작으나 크나 권력과 결탁하지 않고는 불가능하기 때문이다. 결과적으로 그들은 자신들의 이익을 위해 국가의 권위와 공권력을 능멸한 것이다.

지금 우리의 경제는 나날이 나빠지고 있으며, 국민들 간의 빈부 격차 또한 점점 벌어지고 있다. 정당한 방법으로 재물과 권력을 소유하는 것을 질타할 권리는 누구에게도 없다. 우리는 다만 탈법을 통한 부의 편중 현상이 심화되고 있는 현실을 우려할 뿐이다.

정당한 룰(rule)을 지키며 얻은 부와 권력은 존경의 대상이다. 그러나 치부의 과정이 대부분 떳떳치 못한 게 우리의 현실이다. 토지 소유자에 대한 조사가 20여 년 전에 이루어졌으면서도 지금까지 발표되지 못한 점을 새삼 주목하는 것도 그 때문이다.

***

공자는 『논어』에서 '나라를 소유한 자는 백성의 재물이 적음보다 고르지 못함을 근심하고, 가난함보다 편안하지 못함을 근심한다'고 했다. 즉 고르면 가난함이 없고 화목하면 적게 가진 불만이 없으며 백성들이 편안하면 나라가 위태로워질 이유가 없다는 것이다. 가난함에서 오는 고통보다 균등하지 못한 데서 생기는 고통이나 불안의 사회적 파장이 훨씬 크다는 점을 깨달아야 한다.

앞에서 언급했듯이 고려 왕조가 무너진 원인은 편법과 탈법에 의한 대토지 소유가 백성들을 불편하고 불안하게 만든 데서 찾아져야 한다. 이 땅이 대토지를 소유한 100명만의 나라는 결코 아니기 때문이다. <2005. 7. 19.>

대선 주자들, 담론의 격을 높여라

대선의 계절이 다가오면서 '한솥밥'을 먹어온 사람들이 서로 적이 되어 말에 칼날을 세우고 있다. 『당서(唐書)』 「이임보전(李林甫傳)」에 '구유밀복유검(口有蜜腹有劍)'이란 말이 나온다. 말은 꿀과 같이 달고 친절하나 뱃속에는 날 세운 칼이 들어 있다는 뜻이다. 원래 무서운 인물을 묘사한 표현이지만, 지금 상황에선 이 표현도 양반이다. 모두가 최소한의 수사(修辭)나 미소도 없이 그대로 '도끼처럼' 상대를 내려찍기에 바쁘다.

비록 적이라도 장점을 칭찬해주는 금도(襟度)가 실종된 지는 이미 오래다. 국민들의 수준이야 자신들의 안중에도 없으니 오물 같은 증오의 언사들만 농한다. 이런 상황에서 대선 후보들에게 시대를 이끄는 담론(談論)을 기대하기란 불가능하다.

***

　자기의 신념이나 객관적 가치의 관점에서 시대적 의의를 인정할 만한 언어가 담론이다. 지금 난무하는 담론 아닌 언설들은 기껏 대운하나 위장 전입, 탈세 등이 거의 전부다. 물론 그것들이 중요치 않다는 건 아니고, 그런 잘못을 파헤치지 말라는 것도 아니다. 먹고사는 문제는 무엇보다 중요하다. 대통령이 되려는 자가 국민들의 의식주를 걱정하고, 그 문제 해결에 모든 것을 걸겠다는 것을 말릴 사람은 없다. 그러나 그게 전부일 수는 없다.

　광복 이후 반세기가 흘렀지만 대통령 후보들의 생각은 먹고사는 문제로부터 한 발짝도 벗어나지 못하고 있다. 그간 국가 지도자 덕에 우리가 산업화 사회, 정보화 사회, 고도 정보화 사회로 술술 넘어온 것은 아니다. 오히려 기업이나 국민들의 지혜로움이 그런 변혁의 기조를 만들어왔고, 정치권이나 지도자들은 따라오기에 바빴다. 그러나 이제부터는 달라져야 한다. 이 변화의 기조가 제대로 된 것인지, 우리 사회가 달리고 있는 궤도가 온전한지 점검할 때가 되었다.

***

　우리 경제규모가 세계 11위에 랭크되어 있다지만, 아직도 우리는 선진국의 문 앞에서 서성대고 있다. 국민 모두가 투철한 문화의식을 갖지 못한 때문이다. 사실 문화의식은 전통과 보편주의에 기반을 두어야 한다. 단순히 먹고사는 문제를 뛰어넘어 국민적 자존심으로부터 발로되는 것이 문화의식이다. 조상 대대로 내려오는 전통문화나 의식을 어떻게 살려나갈 것이며, 그것을 바탕으로 세계인들과 어떻게 공존할 것인가. 대선 후보들이 읽어야 할 시대정신의 초점은 바로 여기에 있다. 거기서부터 하부 아젠다를 어떻게 설정하고 실행할 것인지 고민해야 한다.

국가 경영의 이념뿐 아니라 시대정신에 대해서도 무지하다 보니 기껏 한다는 것이 남들의 흠이나 잡아내어 헐뜯는 일이다. 그래서 국민들은 불안하고 짜증스럽다. 검증이란 미명 아래 자행되고 있는 네거티브 전략이 우리 사회의 신뢰기반을 송두리째 무너뜨리고 있는 현실. 검증의 당위성은 누구나 인정한다. 그러나 검증의 주체가 되고자 하는 자는 그야말로 하늘을 우러러 한 줌 부끄러움이 없어야 한다. 남을 검증하려면 철저한 자기검증이 우선되어야 한다.

정치인들이 자기검증만 제대로 한다면 굳이 남을 검증할 필요 없고, 그에 따라 '네거티브 전략'이란 저급한 용어가 등장할 필요도 없다. 네거티브 전략에는 담론이 필요 없거나, 있어도 저급한 수준으로 족하다. 국가 경영을 위한 미래지향적 기치를 만들어 내놓아야 할 후보들이 남의 말꼬리나 잡고 티격태격할 여유가 없다. 이제 대선 후보들은 담론의 격을 높여야 할 때다. <2007. 7. 6.>

땅에 떨어진 이도(吏道)

조사 대상 180개국 가운데 40위, 30개 경제협력개발기구(OECD) 회원국 중에서는 22위. 2008년도 우리나라 공공부문의 청렴도 순위다. 국제투명성기구의 발표라 하니 공신력을 인정해야겠지만, 국민들이 체감하는 순위는 이보다 훨씬 낮은 것이 문제다.

갈수록 공직사회의 부패수법이 다양해지고, 그 규모가 커지는 현실은 누구도 부인할 수 없다. 최근 발생한 '쌀 소득보전 직불금 부당 수령사건'은 이의 연장으로, 공직사회의 부패상을 적나라하게 노출시킨 사례다. 업무와 관련된 우월적 지위를 이용하여 민원인들로부터 큰돈을 받아온 그간의 관행과 달리, 토지 소유권을 빌미로 가난한 농민들을 등쳤다는 점에서 그것은 또 다른 도덕적 타락의 사례다.

***

쌀 직불금은 경작자들에게 돌아가야 할 국가의 세금이었다. 그들은 땅 주인이라는 위세를 내세워 '그리 크지 않은 돈'을 소작인들로부터 갈취해온 것이다. 항간의 소문대로 그런 행태가 양도세를 피하기 위한 얄은 꾀였다고 해도, 벼룩의 간을 내어 먹은 파렴치 범죄가 합리화될 수는 없다. 이처럼 공직자들을 포함한 이 땅의 지도층 인사들이 향리에 대토지를 소유하면서 벌이고 있는 부의 향연이 나라를 말아먹기 일보 직전이다.

개발정보의 사전 입수나 위장전입 등 불법·탈법적 방법으로 노른자위 땅을 취득하여 땅값 상승을 통한 불로소득을 올리는 작태만으로는 만족하지 못한 그들. 급기야 직불금의 불법·부당 수령을 통해 스스로의 손으로 국가의 세금에까지 손을 대게 된 것이다.

'청렴은 목민관의 본무이고 모든 선과 덕의 원천이다/목민관은 나라의 재물을 절약해야 한다/목민관의 직책 가운데 토지행정이 가장 어려운데, 우리나라의 토지법이 본래부터 좋지 않다'는 것이 오늘날의 공직자들에게 들려주는 다산 정약용(丁若鏞) 선생의 주장이다.

토지법이나 그에 관련되는 수취(收取)의 문제는 우리 역사상 쉽게 고치지 못한 고질병 중의 하나인데, 지금도 그런 시행착오의 연장선상에 있다는 사실이 새삼 놀랍다. 고려 멸망의 한 요인이었던 '권문세족의 대토지 소유'는, 상위계층 부재지주들이 개발 요지(要地)의 땅이나 농지들을 과점하고 있는 요즘의 세태와 별반 다를 것이 없다. 21세기 대명천지에 소작농지가 43%에 달한다는 통계는 '경자유전(耕者有田)'이 헛구호일 뿐이라는 우리의 모순된 현실을 극명하게 보여준다.

국가와 국민을 위해 봉사해야 하는 공직자의 위치를 감안한다면, 말 그대로의 목민관은 아닐지언정 오늘날의 공직자들은 당시의 그들보다 훨씬 강한 도덕성과 준법정신이 요구되는 존재들이다. 농사도 짓지 않으면서 개발 가능성을 보고 요지의 땅을 사들여 축재의 수단으로 삼는 것은 농업 생산기반을 왜곡시킬 뿐 아니라 농민들로부터 생산수단을 빼앗는 행위이다. 더구나 나랏돈은 눈먼 돈이니 먼저 먹는 놈이 장땡이라는 사고에 물들어 있는 공직자들의 부패심리야말로 국민들의 또 다른 부패심리를 자극함으로써 나라 전체를 뒷걸음질치게 만든다.

***

몇 년째 국민소득 2만 달러의 문턱을 넘지 못하는 것은 국가의 지도계층이라 할 수 있는 상당수의 공직자들이 아직도 탐욕과 소리(小利)의 굴레에서 벗어나지 못하고, 국민들을 오도(誤導)하는 데서 그 원인을 찾을 수 있다. 사건에 연루된 공직자들이 그럴싸한 핑계들을 대고 있지만, '자두나무 아래서 갓끈을 고치지 않는다'거나 '오이 밭에서 신들메를 고쳐 매지 않는 것'도 국가적 난국을 헤쳐 나가는 공직자들의 지혜임을 명심해야 한다. <2008. 10. 16.>

제스처의 나라 대한민국

엊그제 총선 때만 해도 여당과 정부 당국자들은 IMF를 극복했다고 큰소리를 쳤다. 그런데 총선이 끝나자마자 그 IMF의 망령이 다시 우리를 위협하기 시작했다. 그동안 한답시고 해왔던 구조 조정이 제스처뿐이었던 것이다. 정부는 정부대로, 기업은 기업대로, 국민은 국민대로 시늉만 내왔음이 들통 나고 말았다.

총선 후에 실상을 드러낸 것이 경제문제만은 아니다. 한 뼘밖에 안 되는 우리의 녹지가 흉악한 중장비의 굉음에 송두리째 벗겨져 가고 있다. 대한민국을 말아먹는 계층은 민족의식이고 나발이고, 미래에 대한 비전이고 나발이고 있을 턱이 없고, 그야말로 가진 것은 텅 빈 머리뿐인 공무원 집단이라고 누군가 질타하는 것을 들은 적이 있다. 그들이 하는 짓거리란 민원인들을 교묘하게 다루어 뇌물이나 받아먹는 것 이외에는 없다고 한탄하는 말을 누군가로부터 들은 적이 있다. 다 그렇진 않겠지만, 그럴 듯한 말이라는 생각이 들었다.

공무원이 국민의 심부름꾼이라고? 위아래 할 것 없이 모조리 썩어 나자빠져 있으면서도 뚫린 게 입이라고 입만 열면 '공복 타령'이다. 말 그대로 공복(公僕)인지 공복(空腹)의 불가사리인지 알 수는 없으되, 여하튼 큰 문제다. 말하자면 오늘날의 일부 공무원들은 국민의 공복인양 제스처만 남발하는 대표적 문제 집단이다. 정부의 고관들이나 이른바 지도층 인사들도 제스처적 인간들이긴 마찬가지다. 진정으로 우러나오는, 체질화된 봉사정신이나 미래에 대한 비전으로 나라 일을 수행하는 사람이 과연 누굴까? 겉으로는 그야말로 경건하고 근엄한 표정들이지만, 기실 그 내면을 들여다보면 자신의 권력을 어떻게 오래도록 유지할 것이며, 자신의 사리사욕을 어떻게 채울 것인가에 관심의 초점이 있을 뿐이다. 그러니 그런 마음으로부터 나오는 행동들 모두가 제스처일 수밖에.

얼마 전 이른바 386정치 신인이라는 작자들이 5·18 전야에, 그것도 5·18의 '성지'인 광주에서 여자들을 끼고 술을 마시다 들통이 나고 말았다 한다. 그 작자들이 술을 마시든 물구나무를 서든 나 같은 범부에겐 옆집 강아지 깨갱대는 것만큼이나 시큰둥한 사실이지만, 사람들이 받은 충격은 그렇지도 않은 듯하다.

이 사건을 순진하게 말하자면, 별 볼 일 없는 필부들의 집단인 대한민국의 정치인들을 보통 사람 이상으로 보아온 우리 국민들의 순진한 착각을 고맙게도(?) 일깨워주는 해프닝이었다. 그러니 이 인간들은 제스처마저도 취할 줄 모르는, 아주 우매한 작자들이었던 것이다. 만약 그들이 이런 불의의 통과의례를 거치지 않고 정치의 한 복판에 들어가 교활한 선배들로부터 처세술을 배워가며 제스처의 진수를 체득했더라면, 아마도 순진한 대한민국 백성들은 오랜 세월 그들의 가면만을 보면서 감읍하여 마지않게 되었을 것이다. 그들의 거룩한 상호를 떠올리며 이 땅에 파라다이스를 건설하실 구세주로 떠받들었을 것 아닌가?

그 작자들의 해프닝이 있던 날로부터 얼마 뒤 환경운동과 공명선거운동 등을 통해 이 땅의 시민운동을 선도하면서 신물 나도록 언론을 누비던 한 인물과, 현직 대통령의 경제 교사라던 어떤 경제학자가 어린 학생과 여직원을 성추행했다는 기사를 접하게 되었다. 먹물 먹은 인간 가운데 국가와 사회를 위하여 드물게 쓸 만한 일을 한다고 생각해온 나로서는 참으로 씁쓸한 배신감을 느껴야 했다. 허리 아래 일이야 남자치고 누군들 쉽사리 마다하겠는가만, 그래도 그 대상과 방법이 너무 추잡하여 혀를 찰 수밖에 없었다.

자신이 대학교수이니, 그 학생이 설혹 자기 대학의 학생이 아니라도 제자나 마찬가지 아닌가. 더구나 이제 갓 대학에 입학하여 겨우 한 학기를 보내고 있는 솜털 보송보송한 1학년이니, 그 교수로서야 자신의 행위에 대하여 무슨 변명이 있을 수 있을까. 알 것 다 아는 것이 요즈음의 대학생들이니 부산에 예약해놓았다는 호텔을 찾아간 그 여학생에겐들 잘못이 없을 순 없겠으나, 그러나 그게 교수로서 어디 온전한 정신으로 할 수 있는 일이던가.

미끈하게 생긴 얼굴을 들고 TV에 등장하여 사자후를 토하던 그의 행동 역시 결국 제스처에 불과했다는 사실이 만천하에 드러나고 말았다. 대통령의 경제교사 역시 마찬가지다. 왜 근무 중인 여직원을 불러내 성희롱을 하는가 말이다. 자신의 권력으로 그쯤이야 탈없이 할 수 있으리라 믿었겠지만, 지금이 어느 시대인데 그게 통할까? 그 정도의 판단력으로 대통령에게 경제학을 가르쳤다면, 지금의 경제 위기도 그와 무관치는 않은 것 아닐까? 참으로 통탄할 일이다.

대학을 비롯한 교육계도 제스처의 무대임은 마찬가지다. 교육개혁을 해야 한다고 외치며 펼치는 정책의 대부분이 개혁과는 역행하는 것들뿐이다. 대학총장들마다 무슨무슨 교류를 합네 하며 해외로 나가 외국대학의 관계자들을 만나긴 하는 모양인데, 대부분은 아까운 외화나 낭비할 뿐이다. 국내에서도 무슨 기관끼리 제휴를 합네, 도서관 교류 협정을 맺으러 갑네 하면서 열심히들 돌아다니지만 도대체 무슨 생산적인 결과들을 만들어내는지 알 수가 없다.

대학 내에서도 대학의 개혁을 위해 무슨무슨 위원회를 만들고 자못 근엄한 표정들로 밥 먹듯이 회의들을 하긴 하는 모양인데, 내 놓는 의견들을 들여다보면 참으로 가관인 경우가 허다하다. 개혁을 하려면 개혁적 정신으로 무장한 인사들에게 소신을 펼 수 있는 무대를 만들어 주어야 하는데, 어찌된 일인지 지금의 대학들은 전혀 개혁과는 어울리지 않는 인사들이 판치고 있는 형국이다. 이들에게 채찍을 가하면 가할수록 이 나라의 교육과 대학이 자꾸만 반대 방향으로 굴러가는 것이 당연하지 않을까? 그러니 밤낮 한국의 교육이

요 모양 요 꼴일 수밖에 없지.

자손만대의 번영을 위해서는 자연을 보호해야 하고, 잘 보존된 자연만이 세계와의 경쟁에서 이길 수 있는 절대적 요건이라는 점을 입 달린 인간치고 누구나 부르짖는다. 그리고 관공서의 높은 양반들로부터 말단 직원까지 틈만 나면 어깨띠 두르고 강가에 떨어진 휴지조각을 줍는 체 하는 사진들을 언론을 통해 잘도 내 보낸다. 모두 제스처다. 한 손으로는 휴지를 줍는 척하면서 다른 손은 자연을 파괴하는 무기로 사용하고 있는 것이 그들의 생리다. 단순히 무식의 소치라면 가르쳐 깨우치기라도 하겠는데, 자연을 파괴해가면서 사리사욕을 취하고 있는 그 교활함이야말로 어떻게 해볼 수가 없다.

장애인의 날이라는 게 있다. 1년에 단 하루만이라도 장애인들을 생각하고 그들을 위해 몸 성한 사람들이 무엇을 할 수 있을까 생각해보자는 뜻일 것이다. 그러나 이 날 하루 청와대에서 장애인 몇 명 초대해다가 점심식사 한 끼 대접하는 것으로 이 나라 정부나 기관의 의무를 때우려고 한다.

장애인들이 뜻만 있으면 우리나라 어느 곳에도 접근할 수 있도록 체계적인 마스터플랜을 세우는 것이 시급하다는 경각심을 불러일으키는 것이 그런 날을 제정한 본뜻일 것이다. 그럼에도 불구하고 몇 명의 장애인들을 사진에 박아 언론매체에 내보내는 것으로 '몸 성한' 사람들의 의무를 다했다고 생각하는 이 기 막히는 현실을 어떻게 할 것인가?

어찌 이런 일들 뿐이랴. 부모는 부모 시늉만 내고, 자식은 자식

시늉만 내고, 선생은 선생 시늉만 내고, 학생은 학생 시늉만 내고, 장관은 장관 시늉만 내고, 구청장은 구청장 시늉만 내고, 동직원은 동직원 시늉만 내고….

우리나라는 전 국민이 시늉만 내는 국가다. 모두들 제스처만 열심히 해대는, 참으로 이상한 나라다. <2002. 8. 8.>

'미네르바'가 가르쳐 준 것

'미네르바'란 필명으로 사이버 세계에서 필봉을 휘두르던 인사가 사직당국에 잡혀 그 모습을 드러냈다. 대부분의 사람들이나 언론에서는 이 사건을 '태산명동(泰山鳴動)에 서일필(鼠一匹)' 격의 '허무개그' 혹은 기껏해야 '허위정보 유출 범죄'쯤으로 치부하고 있는 듯하나, 문제의 본질은 그게 아니다. 그가 전문대 출신의 무직자라거나 해외 체류의 경험이 전무하다는 점 등은 사태의 핵심이 아니다.

그가 정체를 알 수 없는 일개인이었음에도, 상당 부분 적중한 그의 말들이 한동안 많은 사람들의 마음을 휘어잡았다거나, 나라 전체를 들었다 놓았을 만큼 큰 힘을 발휘해 왔다는 사실은 우리들이 내뱉는 말의 무게나 의미와 관련하여 심상치 않은 점을 시사한다.

이 사건에서 현재의 시국을 불안하게 여기며 살얼음 밟듯 살아가는 사람들의 허한 마음과, 그 무엇에라도 기대고 싶은 사람들의 욕구를 역으로 찾아볼 수 있기 때문이다. 독일의 철학자 하이데거는 '말과 언어 속에서 사물은 사물이 될 뿐 아니라 그 사물이 비로소 존재하게 된다'고 했다. 진실이든 거짓이든 미네르바는 자신의 언어로 '숨겨져 있던 세계'를 드러냈거나 만들어낸 셈이다.

그러나 그는 개인이기 이전에 지금 이 땅에서 살아가는 많은 사람들의 집단적 자아를 대변하는 존재로 한동안 군림해왔고, 튀어나온 그의 말들은 다시 집단 심리에 자극을 주어 사람들의 불안을 증폭시켜온 것이 사실이다. 사람은 특정한 대상에 대하여 긍정적으로도 부정적으로도 말할 수 있지만, 그 어법들의 근원은 단 하나, 대상을 바라보는 마음 자체다.

대중의 불안 심리를 단계적으로 고조시켜 온 점에 미네르바 어법의 교묘함이 숨어 있다. 그는 어쩌면 전문가들조차 자신의 말에 흔들리는 모습을 보며 그들 역시 불안한 대중의 한 구성원에 불과하다는 사실을 즐기고 있었는지 모른다.

'중심성성 중구삭금(衆心成城 衆口鑠金)'이나 '삼인성호(三人成虎)'란 옛말들이 있다. 뭇사람들의 마음은 다른 생각이 침투할 수 없게 하는 성채가 되고 뭇 사람들의 말은 쇠도 녹인다는 것이 전자요, 한 두 사람이 하는 거짓말에는 속아 넘어가지 않지만, 세 사람이 짜면 거리에 범이 나왔다는 거짓말도 꾸밀 수 있다는 것이 후자다.

상당한 적중률을 보여주긴 했으나, 공식적인 근거가 미약했던 미네르바 개인의 말은 단순한 개인의 말로 그치지 않았다. 막연한 불안의 암귀(暗鬼)에 휩싸여 지내던 대중들에게 그의 현란한 수사는 제대로 먹혀들었고, 대중은 자신의 불안을 그의 수사에 맞추어 재해석하는데 길들여지게 된 것이다. 한때나마 미네르바의 말은 집단의 말로 전이되었고, 많은 사람들이 그에 휩쓸렸거나 경도(傾倒)되었으며, 그에 따라 파장은 걷잡을 수 없을 정도로 커졌기 때문이다.

정책 당국자의 공신력 있는 말보다 얼굴을 숨긴 채 휘둘러댄 사설(私說)이 대중의 마음을 움직였으니, 그것이 특정계층에겐 혹세무민(惑世誣民)의 전형적인 사례로 읽힐 수도 있었다. 뿐만 아니라 그것은 인터넷의 울타리에 갇힌 현대 언어병리 현상의 단적인 예이기도 했다. 세계적으로 불어 닥친 경제문제로 우왕좌왕하는 것은 우리만의 문제가 아니고, 지금의 문제만도 아니다. 말 때문에 좌불안석을 경험한 적이 많은 우리다.

최고위층부터 장관들에 이르기까지 각종 변설(辯舌)들을 쏟아내 국민들이 맘 편히 지내보지 못한 것이 바로 지난 정권이었고, 정도의 차이는 있으나 그 점은 지금도 크게 다르지 않다. 좋은 말 한 마디는 천 냥 빚을 갚을 수 있지만, 의도가 불순한 말은 '재앙의 문이고 몸을 찍는 도끼'일 수 있다는 속언들이 언제나 진리임을 몸으로 보여준 점에 미네르바 사태의 교훈은 있는 것이다. <2009. 1. 12.>

빼앗긴 고문서, 우리의 부끄러움

　　최근 일본 도야마(富山) 대학의 후지모토 유키오(藤本幸夫) 교수가 일본 내 한국 고서 5만여 권의 목록을 집대성하여 펴냈다. 우리는 충격과 부끄러움을 느끼지 않을 수 없다. 일본은 우리를 강점하기 시작한 시기부터 우리의 문화재와 서적 등 정신적 자산들을 수없이 빼내갔다. 완전한 지배를 목적으로 그들은 우리의 모든 것을 철저히 조사했고, 당장 필요 없는 것들일지라도 자료가 될 만한 것들은 닥치는 대로 긁어간 것이다.

　　그러나 정작 우리는 얼마나 많은 서적들을 약탈당했는지 정확한 통계조차 내지 못하고 있다. 우리 정부나 학계가 그간 약탈당한 고문서의 현황 파악을 위해 얼마나 노력했는지 알 수는 없으나, 거의 무감각 수준으로 일관하고 있다는 느낌이다. 전국의 고문서 동호인들은 대부분 알고 있는 사실이지만, 지금도 이른바 '나까마(중간상)' 들에 의해 수집된 고문서들 상당량이 일본으로 반출되고 있는 현실을 우리 정부나 학계가 얼마나 인지하고 있는지 의문이다.

***

사실 얼마 전까지도 우리는 귀중한 고문서를 벽지로 쓰고 물건의 포장지로 써왔다. 불과 수십 년 전까지 우리는 그런 무지몽매의 세월을 살아왔다. 엿가락 몇 개와 바꾼 고문서들은 그간 물건 포장지로, 종이공예의 재료로 팔려 나갔고, 일본과 연결되는 수집상의 손으로 끊임없이 넘어간 것이다. 일본은 약탈해간 우리의 고문서들을 각종 '컬렉션'이란 이름 아래 공공도서관이나 대학 도서관에 묶어두고 우리에겐 열람조차 제한하고 있다. 그들이 소장한 우리의 고문서 한 건을 복사하기 위해 거쳐야 하는 절차와 세심한 안전장치들을 경험해보면 그들의 주도면밀함에 혀를 차게 된다. 우리의 것이면서도 일본의 재산이 되어 그들의 귀중본 서고에 보관된 고문서들을 보며 통분해 하는 우리의 학자들. 우리의 문화적 천박함이 초래한 업보쯤으로 여기며 그 억울함을 씹어 넘길 수밖에 없는 현실이다.

더 큰 문제는 이런 수모를 겪으면서도 우리 정부에서는 국가 차원의 노력을 거의 기울이지 않고 있다는 점이다. 그것들을 일괄적으로 반환해오는 것이 최선일 것이나 그게 어렵다면 최소한 자료들의 소장처를 조사한다거나 복사라도 해다가 한 곳에 비치하여 학자들의 수요에 응해야 할 것 아닌가. 학자들 개개인이 연구년을 이용하거나 특정 연구 과제를 수행하며 미국이나 일본 등지를 방문하여 필요한 자료들을 조사, 복사해오는 것이 지금의 실정이다. 그런 작업이 산발적으로 이루어지다 보니 복사해오는 자료들이 중복되는 폐단 또한 적지 않다. 국력의 낭비가 방치되는, 대표적인 사례다. 해외에 소장된 우리 고문서 정보의 관리가 시급히 일원화 되어야 하는 것도 그 때문이다.

***

장서각이나 규장각 등 우리가 갖고 있는 고문서들을 정리하는 일도 급하다. 그러나 국가 차원에서 해외에 널려있는 우리의 서적들이나 고문서들의 현황을 파악하는 작업은 더 시급하다. 일제가 민족정신 말살 정책의 일환으로 시작한 우리 고문서의 약탈 행위는 1세기가 넘은 지금까지 음지에서 계속되고 있다. 우리의 혼을 담은 고문서의 상당 부분이 저들의 손아귀에 들어 있다는 점을 깨닫지 못하고, 몇 푼의 돈에 눈이 멀어 그런 일을 돕는 세력이 아직도 우리 안에 남아 있는 현실은 비극이다.

'이 책이 일본의 정신문화를 연구하는 데도 기여하기를 바란다'는 후지모토 교수의 말 속에 '한국을 지배하려면 한국의 정신문화를 연구해야 한다'는 식민시대의 논리가 살아 있음을 우리만 깨닫지 못하고 있는가. <2006. 5. 15.>

중화주의, 그 걸러지지 않는
역사의 노폐물

얼마 전 모 대학 교수로부터 들은 이야기 한 토막. 2005
년 베이징에서 우리나라 국회의원 두 명이 탈북자 인권문제로 기자
회견을 하려다 중국공안 당국으로부터 폭행을 당한 사건이 있었다.
함께 있던 우리나라 외교관들도 폭행을 당한 건 물론이다. 정당한
이유 없이 주재국 공권력에 의해 다른 나라 외교관이 폭행을 당한,
상식 이하의 사건이었다.

예상대로 당시 우리 정부는 묵묵부답, 오히려 한 발 더 나아가 피
해자인 우리의 인사들을 질책하는 분위기였다. 분개한 어떤 인사가
그 사건을 들어 모 일간지에 칼럼을 썼고, 감명 받은 그 교수는 그
글을 당시 대학원에 재학하던 외국 학생들의 한국어 시험 지문으로
냈던 모양이다. 그런데 그들 가운데 끼어있던 중국 학생들이 그 내

용에 반발하여 시험을 거부했다는 사실을 나중에서야 듣게 된 그 교수는 분노를 금할 수 없었다.

중국의 저의를 분석한 다음, 잘못 된 처사에 말 한 마디 못 건네고 있는 우리 정부의 처사를 꾸짖은 글이었다. 당사자인 중국의 국민이라면 부끄러움에 고개를 들지 못하거나 반성의 빛이라도 보이는 것이 마땅한 일이었다. 학문을 배우러 이 나라를 찾아온 젊은이라면 더더욱 그랬어야 했다.

그러나 그러기는커녕 그들은 사무실로 찾아와 기세등등하게 항의를 하고 돌아갔다는 것이다. 무엇이 그들을 안하무인의 불량배로 만들었을까. 요즘 하기 좋은 말로 그들이 '자유분방한 인터넷 만능시대의 총아(寵兒)'라서 그랬을까. 아니면 중국에 법제화 되어 있다던 '독생자녀제(獨生子女制 ; 1가구 1자녀 원칙) 출신의 이른바 '소황제(小皇帝)들'이라서 그렇게 된 것일까. 아니다. 바로 그들의 피에 흐르고 있는 중화주의의 DNA 때문이다.

***

역사에도 대사작용(代謝作用)이 있는 법. 새로운 시대사조나 발전적 비전을 받아들여 과거의 노폐물을 걸러내는 작용은 역사에도 필수적이다. 대사작용이 멈춰버린 한-중 외교사의 흐름 속에서 중화주의라는 노폐물을 걸러내지 못한 중국인들은 21세기의 시대정신을 왜곡하며 자민족 우월주의의 망상에 빠져 있다.

그러니 시험지를 들고 대학원 사무실로 항의 차 몰려온 아이들이나 베이징 올림픽의 서울 구간 성화 봉송에서 집단으로 행패를 부린 그들의 행동양식은 한 틀인 셈이다. 그것은 부모나 조상들로부터 대물림 받거나 교육된 의식 혹은 행동양식일 뿐이니, 말하자면 '역사의 조건화(conditioning)'라고나 할까.

자극과 자극 또는 자극과 반응 간의 연합을 통해 특정 행동이 유발되거나 학습되어지는 과정이 '조건화'다. 한 번도 우리나라와 선린(善隣)의 관계 설정에 나서본 적이 없는 가해자로서의 중국은 우리나라에 대한 지배의식을 대대로 학습해 물려주고 있으니, 그게 바로 역사의 조건화다.

자기 절제를 통해 착한 이웃 혹은 세계시민으로 살아가는 방법과 태도를 교육하는 것이 현대 국가의 금도(襟度)다. 그런데 이번 일로 그들은 양식 있는 교육을 받지 못한 국민임을 만천하에 드러낸 셈이다.

그간 한-중 관계사는 외교적 상식에 비추어 유쾌하지 못한 양상으로 전개되어 왔다. 지정학적인 면에서 우리는 중국 내부의 정치적 변동에 늘 영향을 받아야 했고, 원했건 원하지 않았건 중국이 한동안 우리에게 세계를 향한 창문 노릇을 해온 것도 사실이다. 왕조가 새로 들어설 때마다 그들은 '강-약'과 '지배-피지배'의 관계를 늘 확인하고자 했고, 우리는 언제나 '화(和)/전(戰)'의 선택지 가운데 하나를 골라야 했다.

땅이 넓어 물산이 풍부하고, 세계와 인접해 있어 각종 문물이 다양하니 대륙의 변방인 우리로서는 그들에게 의존하지 않을 수 없었다. 조선조 내내 사신들을 줄기차게 파견한 것도 그런 까닭이다. 언제든 일어날 수 있는 저들과의 전쟁을 미연에 막아야 했고, 우리에게 부족한 물건이나 문화를 도입해야 했으며, 중국의 상징적인 힘을 국내 정치에 활용해야 했다. 우리가 저들의 속국이나 식민지라서가 아니다. 그것은 단지 척박한 환경에서 살아남기 위한 몸부림일 뿐이었다.

그러나 우리 입장에서 비록 외교적 생존 술이었다 해도, 그것은 중국인들로 하여금 그릇된 인식을 갖게 한 단초였음이 분명하다. 현실적 이익은 차치하고라도 우리의 사신 파견이 굴욕적인 일이었음은 말할 것도 없다. 명나라 때의 사신행차도 썩 유쾌한 일은 아니었는데, 하물며 우리가 오랑캐라고 질타해온 청나라 때 사신행차들의 굴욕이야 어떠했을까.

인조 2년(1624) 기울어져 가던 명나라에 파견한 주청사행(奏請使行)은 그 대표적인 경우였다. 서인들은 광해군을 몰아내고 반정에 성공했으나 명나라의 승인을 받지 못했다. 능양군을 인조로 옹립하여 반정에 성공한 서인정권이 자신들의 권력을 반석에 올려놓기 위해서는 명나라의 승인이라는 명분이 절실했다. 명나라로부터 고명(誥命)과 면복(冕服)을 받아오는 일이 무엇보다 다급하고 중요한 그들의 사명이었다. 그래서 당시의 주청사행은 국내정치용이었던 것이다.

정사 이덕형(李德泂)이 명나라의 관료들로부터 당한 농락과 시달림은 역사상 강대국인 중국이 약소국 조선에게 가해온 행패의 축소판이다. 예컨대 주청사행을 괴롭힌 대표적 인물 위대중이란 자. 조선이 후금의 누르하치와 같은 오랑캐 류라는 점, 인조반정은 명분이 전혀 없는 죄악임에도 '천자'의 조서를 받아 그 정당성을 확보하려고 하는 것은 중국 조정에 대한 기망이라는 점, 누르하치에게 먹힌

요동만 회복하면 저절로 조선의 잘못된 일이 바로잡힐 수 있으므로 그 때까지 책봉의 조서를 내리지 말아야 한다는 점 등을 주장하며 주청사행의 사명 수행을 극력 저지한 그였다.

툭하면 시랑 정도의 관료들에게 뇌물을 바쳐야 했고, 출근하는 그들을 만나고자 추운 겨울날 새벽 길가에서 떨며 기다린 것은 물론 각로들을 만나는 자리에서 내침을 당하자 섬돌을 붙들고 울며 사정하는 노구(老軀)의 정사는 우리 민족의 일그러진 자화상일 수밖에 없다.

가까스로 고명과 면복을 받아들고 기뻐하는 정사를 상대로 마지막까지 농락하는 중국의 관료들이야말로 중화주의의 늪에 빠져 약소국을 능멸하는 불량배들의 전형이었다. 중국과 조선, 두 왕조의 외교를 담당한 것은 주로 우리 쪽에서 파견하던 사행단이었다. 연경까지 대개 비슷한 코스로 두 달 가량 걸리는, 왕복 6천리의 지겨운 길이었다. 500여명의 일행이 도보로 오가던 길. 교통편과 숙박시설이 변변할 리 없었다. 한둔하기 일쑤이던 아랫사람들보단 나았겠으나, 정사·부사·서장관 등 윗사람들이라고 크게 편안할 것도 없었다. 목욕은 감히 엄두도 내지 못했으며, 제때 옷 갈아입는 일 또한 분에 넘치는 일이었다.

동지(冬至)·정조(正朝)·성절(聖節)·천추(千秋) 등 정례 사행단만 가는 게 아니었다. 왕비나 세자의 책봉에도, 왕의 죽음에도, 왕위를 물려주거나 선왕을 추숭할 때도 사신들을 보냈으며, 사은(謝恩)·주청(奏請)·진하(進賀)·진위(陳慰)·진향(進香) 등 임시 사행단은 수시로 파견되었다. 그런 역사가 조선조 내내 이어진 것이다.

중국인들의 뇌리에 박힌 것은 반복되어온 사행 파견의 불평등한 외교관계였다. 그렇게 역사가 왜곡되는 과정에서 청 말 황준헌(黃遵憲)이란 자의 '조선책략(朝鮮策略)'같은 글도 나타나게 되었다. "오늘날 조선은 중국 섬기기를 마땅히 예전보다 더욱 힘써서 천하의 사람들로 하여금 조선과 우리는 한 집안 같음을 알도록 해야 할 것"이라는 그의 언설이야말로 올림픽 성화 봉송에서 난동을 부린 중국 청년들의 한국관(韓國觀)을 정확히 적시한 내용이다. 멀쩡한 남의 나라 외교관이나 국회의원, 언론사의 특파원을 폭행하고도 정당한 법 집행이라 강변한 중국. 자국의 배가 서해상에서 골든로즈호를 침몰시키고 도주한 사건에 대하여 '피해 선박이 구난장비를 갖추지 않아 인명피해가 났다'고 억지 논리를 편 중국. 그것도 모자라 이제 그들은 남의 나라에 몰려와 자신들의 국기를 휘두르며 폭력까지 행사하게 되었다.

예나 지금이나 중국은 스포츠 경기장을 제외한 그들의 영토 안에서 우리나라 사람들이 모여 우리의 국기를 흔들거나 애국가를 부르도록 내버려 둔 적이 없었다. 그런 그들이 우리나라에 대해서는 수백 명의 유학생을 동원하여 자신들의 국기를 들고 수도 서울의 한복판을 누비게 만들었으니, 그 배짱은 대체 어디서 나온 것일까. '중국을 떠나 너희가 살 수 있느냐'고 큰 소리 치는 철없는 중국의 젊은이를 보며, 그들의 만용과 만행을 가능케 한, 비뚤어진 중화주의가 세계평화의 재앙임을 새삼 깨닫게 된다. 다시 묻건대, 이런 비극을 초래한 장본인은 우리인가 아니면 그들인가? <2008. 5. 9.>

민족적 자존심

대한민국 국회의원들이 중국의 공권력에 폭행을 당했다. 국가 간의 이해(利害)가 개입된 문제라고는 해도 '때린 놈'이나 '맞은 놈' 모두 우습게 되었다. 더욱 희한한 일은 때린 놈의 역성을 드는 집단이 우리들 속에 엄연히 존재한다는 점이다. 아무리 점잖다 해도 '불량배에게 맞고 들어온 자식'을 꾸중하는 부모는 없다.

사실 중국을 지렛대로 북한을 움직이려면, 중국과 우리의 이해관계가 맞아야 한다. 그러나 그렇게 되기란 어렵다. 북한의 체제를 유지하도록 도와주면서 남한으로부터 경제적 이득까지 챙기려는 중국인들의 계산법은 천하공지(天下共知)의 사실이다. 분단된 우리 민족을 뒤에서 조종하며 실익을 챙기자는 그들의 꼼수를 우리는 민족사 최대의 수치로 받아들여야 정상이다.

따라서 이번 일을 국제화 시대의 나라들 간에 일어날 만한 외교적 사건으로 단순화 시킬 수는 없다. 민족적 자존심의 원칙적 잣대는 어느 나라와의 관계에서도 최우선으로 적용되어야 한다. 특히 중국에 대해서는 그 잣대가 좀 더 복잡하다.

***

지금으로부터 정확히 380년 전의 일을 떠올려 보자. 반정(反正)으로 인조(仁祖)를 옹립한 서인(西人) 정권은 정통성을 인정받아야 했다. 중국으로부터 고명(誥命)과 면복(冕服)을 받지 못하면 국내에서 반대파를 누르고 살아남을 수 없기 때문이었다.

누르하치의 기세가 바야흐로 명(明)나라의 숨통을 끊어갈 무렵이었다. 이덕형(李德泂)을 정사(正使)로 하는 주청사(奏請使)가 명나라 조정에 파견되었고, 그들은 넉 달 가까이 북경에서 온갖 수모를 겪는다.

한 나라를 대표하는 정사가 하급 관리들에게 농락을 당하기 일쑤였고, 자신들의 뜻을 요로에 전하기 위해 뇌물을 밥 먹듯 써야 했다. 북경의 혹심한 겨울 추위를 무릅쓰고 새벽부터 길거리에 꿇어 엎드려 출근하는 각로대신(閣老大臣)들에게 손을 비비던 노구(老軀)의 정사는, 바로 역사 속에 그려진 우리 민족의 비참한 모습이다.

그뿐인가. 천신만고 끝에 각로들을 만난 정사. 그들의 괜한 트집으로 섬돌에 내동댕이쳐져 울부짖던 그 참상을 다시 무슨 말로 표현할까.

역사에서 가정(假定)은 부질없다지만, 우리 민족의 자존심을 무자비하고 철저하게 '농락해 온' 저들의 무례함을 제때 제대로 징치(懲

治)했더라면 현대사는 좀 더 다른 양상으로 전개되었을 것이다. 현실적으로 '징치'까지는 바라지 않더라도 우리가 자존심을 세우는 방법만이라도 강구했었다면 지금 이렇게 온 국민이 참담함을 되씹을 필요는 없을 것이다.

망해가는 명나라에게 빌붙어 국내에서 권력을 장악하려던 일부 무리들의 꼼수는 결국 민족의 자존심을 망치고 그 후 조선에 잦은 전란을 초래한 원인의 하나가 된 것만 보아도, 통치 집단의 지혜로움은 분명 민족사 전개의 향방을 가르는 지표로 작용하는 게 사실이다.

***

역사는 반복된다. 세상사, 시간의 흐름에 따라 겉모습은 달라져도 본질은 변할 리 없다. E H 카(Carr)의 말처럼 현재와 과거 사이의 끊임없는 대화가 역사임에도, 우리는 역사로부터 배운 것 없음을 만천하에 보여주고 말았다. 특히 21세기 초입의 대한민국을 이끌어가는 집단들이 매우 우매(愚昧)하고 게으르다는 점, 국민으로서는 그것이 못내 통분하다.

역사책의 한 쪽만 넘겨보아도 우리가 반면교사(反面敎師)로 삼아야 할 진실은 그득하다. 지금 중국은 남북의 분단 상황을 지렛대로 삼아 그 사이에서 철저히 이익을 취하고 있다. 그 와중에 농락당하는 건 남북한 모두의 자존심이다. <2005. 1. 17>

민족자존의 정도를 고수하라

참여정부가 출범한 지 두 달. 이 사이에 국내외적으로 많은 일들이 있었다. 신선하면서도 국민들을 어리둥절하게 할 만한 일들이 많았다. 새 정부를 평가하는 것이 시기상조이긴 하나, 아마 추어리즘을 벗어나지 못했다는 비난과 포퓰리즘의 단맛에 빠져들고 있다는 고언들이 여러 곳에서 제기되는 것도 그 때문이다.

참여정부의 '참여'란 무엇인가. 모든 국민들을 계층의 구분 없이 정치의 주체로 격상시키고 능동적인 존재로 만들어 나가는, 가치 지향적 행위다. 국민들 개개인이 각자의 자존심을 세울 수 있고, 민족이나 국가 또한 자존심을 세울 수 있는 점에 '참여'의 가치와 의미가 있다. 권위주의 정부들과 참여정부가 달라야 하는 점도 바로 여기에 있다. 국민들이 약간이라도 자존심에 손상을 받는다면, 참여정부의 이념은 퇴색될 수밖에 없다.

그러나 최근에 일어난 세 가지 일들은 그런 의문을 갖도록 하기에 충분하다. 출범 당시 참여정부는 '동북아 경제중심 국가'라는 표어를 내걸었다. 여기에 즉각 이의를 제기한 것이 중국이다. '동북아 중심'이란 말이 외교적인 문제를 야기할 수도 있다는 취지였다. 말하자면 그 말이 '동북아 큰 형님 국가'라는 의미로 해석될 수 있기 때문에 기분 나쁘다는 뜻일 것이다.

한 나라가 무슨 기구를 만들든, 그 기구에 무슨 이름을 붙이든 다른 나라가 왈가왈부할 수 있는 사안은 아니다. 설사 그들의 그런 느낌이나 견해 표명이야 있을 수 있는 일이라고 쳐도 문제는 '즉각 개명하겠다'는 우리 정부의 대응에 있었다.

참여정부가 미래에 우리나라를 그런 나라로 만들겠다는, 원대한 청사진을 제시한 것이 바로 그 표현이었다. 백보 양보하여 그것이 현재 우리의 상태를 말 그대로 표현한 것이라 해도 그에 대하여 다른 나라에서 왈가왈부할 수 없는 일이다. 이웃 나라의 주권을 침해하지 않는 한 국가는 얼마든지 자유로이 그들 미래에 대한 청사진을 제시할 수 있고, 그에 대한 표어도 내걸 수 있다. 그런 걸 자유롭게 할 수 없다는 국제법이라도 있는지 모르겠지만, 그런 문제를 제기한 쪽도 그에 대하여 즉각 고치겠다고 응수한 쪽도 한심하긴 마찬가지다.

중국이 노출시킨 중화주의도 시대착오적인 것이고, 무사려한 우리의 대응 역시 국민들의 자존심을 크게 손상시킨 일이었다. 제59차 유엔 인권위원회의 '북한 인권상황 규탄 결의안' 찬반투표에 우리나라가 불참하기로 한 사실과 북한 핵문제 해결을 위한 다자회담에 우리나라가 제외된 문제 또한 국민들의 자존심을 손상시킨 일들이다. 남들보다 우리가 먼저 나서서 해결해야할 것이 바로 북한의 인권과 핵 문제다.

이라크와 같은 남들의 인권을 중시하는 터에 헌법상 우리 국민의 인권을 '나 몰라라' 하는 것은 이 정부의 심한 직무유기다. 우리의 목숨이 달린 핵문제의 논의와 해결 과정에 우리가 빠진다는 것 역시 어불성설이다. 방법과 절차상의 문제가 있긴 하겠으나, 두 문제 모두 당사자인 우리는 빠져버린 채 다른 나라들에게 미루는 것은 명분상으로도 실리상으로도 납득할 수 없다.

우리의 운명을 열강들에게 맡겨놓고 그들이 흘려주는 정보나 얻는 것으로 만족해야 했던 우리의 부끄러운 과거사를 참여정부 시대에 되풀이하려는 의도를 알 수 없다. 이제 우리는 남들에게 당연히 해야 할 말을 해도 될 만큼 성장했다. 우리 일을 우리가 주도할 만큼의 역량도 키웠다. 당연히 해야 할 일을 할 때 국민은 자존심을 갖게 된다.

지금 국내외적으로 진행되는 일들이 국민들의 자존심에 손상을 줄 수 있는 일들이라면, 정책 당국자들은 세심한 주의를 기울여야 한다. "덕만 있고 위력이 없으면 그 나라는 밖으로 침범당하고 위력만 있고 덕이 없으면 안에서 그 백성이 무너진다"는 명대 문학자 풍몽룡(馮夢龍)의 일갈은 참여정부의 고위 관리들에게 들려주고 싶은 말이다. <2003. 4. 30.>

빨치산스크에서 만난 고려인

연해주의 우수리스크시에서는 올해도 어김없이 한-러 양국 합동으로 '1920년 4월 참변'의 추모제가 열렸다. 러시아 군인들이 쏘아 올리는 조총(弔銃)의 굉음 속에서 러시아인들과 한국인들, 그리고 또 다른 한국인인 '고려인들(Soviet-Koreans)'이 함께 바치는 추모사와 조화들은 러시아 땅에서 진행되어온 역사의 기묘한 부조리를 함축적으로 보여주었다.

러시아 땅에서 제국주의 일본은 최재형·김이직·엄주필·황경섭 등 우리 한국인들에게는 아직도 생소한 이름의 고려인 지도자들과 많은 러시아인들을 학살했다. 애당초 기아(飢餓)와 일제의 탄압을 피해 '유이민(流移民)'의 처지로 남의 땅 러시아에 들어갔다가 빠져나오지 못한 고려인들에게 민족해방이란 또 다른 의미를 지닌 역사의 굴레였다.

1937년 스탈린이 20만에 달하는 고려인들을 중앙아시아로 강제이주시킨 역사적 비극을 기억한다면, 일제의 패망을 승리로 받아들이고 있는 러시아인들과 고려인들의 입장이 결코 같을 수는 없다. 현실적으로 고려인들은 구소련 시절의 철저한 동화정책에 의해 민족의 정체성을 급속히 상실해가고 있는 70여 개 소수민족들 가운데 하나일 뿐이기 때문이다.

***

그런 이유로 빨치산스크에서 만난 58세의 고려인 여성 마리아 알렉상드로 김은 강제이주 이후 세대의 갈등과 문제를 함축적으로 보여주는 사례였다. 그녀는 강제이주 이후 우즈베키스탄의 페르가나에서 고려인 부모로부터 태어난 '유이민 3세'다.

"고려 말을 아느냐"는 물음에 "고럼, 알지비!" 하면서 함박웃음 짓던 그녀가 실제로 구사한 고려 말은 10%가 채 안되었다. 그것도 '뚜르르' 굴러가는 러시아 말에 송두리째 잡아 먹혀, 흔적만 남은 상태였다. "손자에게 고려 말과 글자를 가르치고 싶어도 선생이 있어야지!" 통역이 전해주는 그녀의 안타까운 사정이었다. 학교에서 러시아어의 발음이 이상하면 사정없이 감점을 당하고, 대학에 진학할 수도 없었다는 지난날의 사정 또한 매우 참담했다. 왜 러시아의 고려인들이 송두리째 고려 말을 버리고 그토록 유창한 러시아어를 구사하게 되었는지, 그녀의 말속에 해답은 들어 있었다.

지난 시절에 비해 약간의 자유를 누릴 수 있게 된 지금, 비록 주류인 러시아인들의 눈치를 살피긴 하지만, 말만 들으면 완벽한 러시아인인 그들도 잃어버린 자신들의 뿌리와 민족적 정체성에 대해서는 상당한 미련이나 애착을 갖고 있었다. '고려 말을 가르쳐 줄 선생이 없다'고 하소연하는 마리아 알렉상드로 김에게 '밥상 앞에서 당신의 손자에게 그 떠듬거리는 고려 말이라도 가르치라'고 열심히 권유했지만, '바이링구얼리즘(이중 언어 구사)'의 탁상공론에 사로잡힌 우리의 허상만을 적나라하게 드러냈을 뿐이다.

***

같은 모습을 하고 있는 조상 나라 사람들과 같은 언어로 소통하고 싶어 하는 그들의 기본적 소망마저 외면할 수밖에 없는 것이 세계 11위에 올라있는 경제대국의 실상이라면, 매우 실망스런 일이다. 사실 가정 안에만 국한된 언어로는 아무런 미래도 없기 때문에 공적인 자리에서는 제국어(帝國語)를 쓰고 가정 내에서는 민족어를 쓰는 식의 이중 언어 구사가 무엇보다 기만적이라는 다나까 가쓰히코(田中克彦)의 생각은 그런 점에서 일종의 편견이다.

광대한 러시아에서 70여개 소수민족의 하나로 살아가고 있는 고려인들에게 좀 더 철저히 민족어를 가르치는 일이 그리도 어려운 일인지 우리 스스로 반문해야 할 때가 된 것이다. 띄엄띄엄 간신히 이어붙이는 우리말로 '선생이 필요하다'고 절규하는 고려인 여성을 상대하여 손자에게 그거라도 가르치면 취업에 도움이 된다는 말이나 반복한다면, 결국 우리는 대책 없는 자기기만의 늪으로 빠져들 수밖에 없다. <2008. 4. 26.>

재미한인들과 문학

　미국으로의 이민이 시작된 지 100주년을 맞았다. 이민과 관련 누구나 한 마디씩 하지만 유독 이민들의 문학에 관해서만은 잠잠하다. 일찍이 아리스토텔레스는 "문학이 현실을 반영한다" 했고, 테리 이글턴은 "자신을 관련시키는 글의 어떤 방식이 문학"이라 했다. 재미 한인들의 문학이야말로 이런 명제들에 정확히 부합한다. 그들의 삶을 설명하는 수백 쪽의 책이나 보고서보다 한 편의 소설이 더 진솔한 상황을 보여주기 때문이다.

　두 가지 예만 들자. 이민 초기 험난했던 삶의 역정을 그린 게리 박(Gary Pak)의 <종이비행기(A Ricepaper Airplane)>. 이 작품은 낭만적 혁명아인 주인공(김성화)을 등장시켜 이민들이 공통으로 당한 역사의 아이러니를 그려낸 서사물이다. 식민치하 조국의 비극적 상황, 초기 노동이민들의 참상, 일제에 대한 저항과 사상적 방황, 조국에 대한 그리움과 집착 등을 단 한 편의 소설에 압축한 100년의 이민사 그 자체다.

김난영(Ron-young Kim)의 <토담(Clay Walls)>. 고국에 귀환하고자 무진 애쓰는 타율적 이민자 주인공(혜수)이 미국에서 당하는 시련과 좌절을 기록했으나, 이 또한 주인공의 개인사가 아니라 한인 이민 전체의 문제를 보여주는 서사적 기록이다. 이처럼 이민사회의 괴로움이나 타율적 이민의 실상을 문학보다 더 생생하게 보여주는 기록이 도대체 어디에 있단 말인가.

***

미국으로의 이민사 1세기는 의미심장한 세월이다. '조부모-부모-나'로 이어지는 3대가 뿌리내린 시간일 뿐 아니라 그 마무리 세대인 '나'로부터 새로운 시대가 시작되는 출발점이기도 하다. 그간 이민이 갖는 정치, 사회, 경제, 외교적 측면의 의미는 대체로 밝혀졌으나, 정신·문화적 측면 특히 문학 분야는 아직도 무관심의 저 편에 내던져져 있다.

세계화의 출발은 외부세계를 향한 진출이고 그 적극적인 발로가 이민이며, 구세계와 신세계의 접경에 놓인 이민들의 갈등이나 방황은 바로 우리 민족의 세계화를 위한 시련을 상징한다. '한국계 미국인(Korean-American)'으로 불리는, 미국적의 한인들. 국적은 마음만 먹으면 언제고 바꿀 수 있으나 종족은 그럴 수 없다.

한인 이민들이 작품을 영문으로 쓰든 일문으로 쓰든 내면의 불변적 정서는 종족의 범주를 벗어날 수 없다. 초창기부터 유일한, 강용

흘, 김은국 등을 거쳐 최근 주목을 받고 있는 이창래의 작품에 이르기까지 많은 이민 작가들의 작품에서 한국인으로서의 정체성(identity)을 찾으려는 시도는 뚜렷한 맥으로 연결된다.

형편이 좋아지면 조국으로 귀환하고자 했던 식민치하의 이민 1세대와 달리 2세대나 3세대는 주류사회에 적응, 편입되고자 했다. 결국 조국에의 귀환이나 주류사회에의 편입 모두 여의치 못해 '경계인(marginal man)'이라는 집단적 자아인식을 공유하는 데 그쳤지만, 이 점이 한인문학에 구현된 주제의식의 큰 흐름임을 부인할 수 없다.

***

샌타모니카의 스타벅스에서 만난 30 초반의 아리따운 아가씨 스테파니 한(Stephnie Han). 현재 시인 겸 배우이자 학자 지망생인 그녀는 한국정부의 지원을 받아 조모의 고국에서 단 1년이라도 머물수 있길 소원한다. 그 기간 동안 하와이로 이민 온 할머니로부터 어머니를 거쳐 자신에게로 내려온 3대의 이야기를 소설로 완성하는 것이 그녀의 당면한 꿈이다.

뉴욕의 정신과 전문의 헨리 김(Henry Kim). 그도 틈나는 대로 한인 문인들을 찾아다니며 대화를 나누고 이민사회를 문학적으로 그려내는 일에 몰두하고 있다. 그들의 목표는 단 하나, 스스로의 문학을 통해 자신들의 정체성을 확인하는 것이다.

현재 우리는 이들을 얼마나 알고 있는가? 미국에서 유학하는 영문학도들은 이들의 존재를 알지도 못하고 알려고 하지도 않는다. 국문학도들은 영어로 쓰여진 문학이니 당연히 영미문학자들의 몫으로 밀어버린다. 정부에서는 해마다 많은 예산을 들여 고령의 독립운동가 후손들만 불러들인다.

미국 뿐 아니다. 전 세계에 600만 이상의 한인들이 뿌리를 내린 채 살아가고 있다. 대학에 이민문학 강좌를 개설하고, 국문학이든 외국문학이든 학계가 공동으로 나서서 기초조사만이라도 우선 착수해야 한다. 아무리 앞 뒤 못 가리는 정부라 해도 이런 일에만은 지원을 아끼지 말아야 하고, 모르면 이 방면의 뜻 있는 인사들에게 자문해야 한다. 이민문학은 세계 문학시장 한켠에서 자라고 있는 우리의 문학이다.

***

한인들의 이민문학을 도외시한 채 '한국문학과 세계문학'을 운위하는 것은 부자연스럽다. 그런 보물을 아무도 보지 않는 미국문단의 한 쪽 구석에 마냥 처 박아 둘 수야 없지 않겠는가. <2002. 1. 30.>

실미도

영화 '실미도' 때문에 우리 사회가 들끓고 있다. 30여 년 전에 끊겼던 역사의 필름이 다시 돌아가고 있는 것이다.

그간의 세월은 자의건 타의건 우리 모두가 함께해온 은폐의 역사, 공범의 역사, 아니 모진 자학(自虐)의 역사였다. 당시 고등학교 1학년생의 뇌리에 각인된 '무장괴한들의 난동·자폭사건'은 지금 중늙은이로 변신한 필자의 눈앞에서 비로소 그 허울을 벗는다. 그동안 이 땅에서 끊임없이 되풀이되어온 비리의 역사, 거짓의 역사가 바야흐로 몸체를 드러내는 순간이다.

그것은 공포의 과거였고, 모습만 바꾸어 지금도 살아 움직이는 부조리의 실체다. 힘의 심각한 불균형에서 오는 좌절은 오늘날까지 기층민중의 전유물이었다. 지금이 대중시대라지만, 대중의 탈을 쓴 권력이 엄존하는 현실이기도 하다.

역사학자 카(E.H.Carr)의 말대로 '현재의 눈으로 과거 사실을 해석한 것이 역사'라면 '실미도'는 단순한 과거의 재현이 아니라 한편의 좋은 역사 서술이다. 그 영화, 실미도가 아니었다면 사유물화되었던 권력이 그토록 은폐하려 했던 그 진실을 누군들 알아낼 수 있었으랴.

***

'무장 괴한들의 난동·자폭사건'이 있던 1971년부터 우리의 역사는 사실상 정지되어 있었다. 냉전에서 탈냉전으로 변해가던 국제조류 앞에 권력은 지향점을 상실했으며, 그 와중에서 무엇보다 선행되었어야 할 인간의 기본권은 철저히 말살되었다. 그런 이유로 실미도에서 이데올로기의 대립이나 권력에 대한 개인의 좌절만을 읽어낸다면, 그것은 제대로 된 대접이 아니다.

실미도가 깨우치고자 한 것은 인간의 본질에 대한 권력의 철저한 무관심과 차가움이다. 거기에서 권력에 대한 맹목적 충성이 나오고, 그것은 우리 내면의 적이기도 하다. 그것이 바로 영화에서 보여주고자 한 공포의 근원이었다. 프란시스 후쿠야마(Francis Fukuyama)의 말대로 이데올로기의 경쟁에 의해 역사가 발전한다고 믿은 것은 구시대의 관념이었다.

그러나 영화 속에 암시되는 이데올로기는 이야기를 위한 소품일 뿐이다. 그래서 역사 기록보다 더 사실적인 '실미도'는 영화이면서 단순한 영화가 아니다. 음습한 권력의 그늘 아래 수없이 저질러진 탄압과 굴종. 그간 우리는 권력의 이름으로 정당화된 폭력과 말도 안 되는 희생들에 슬그머니 눈감을 줄 알았고, 그럴듯한 감상으로 미화하는 방법까지 배웠다.

그러나 졸렬한 인간의 욕망이나 잔꾀로 역사의 힘을 누를 수는 없는 법. '녹슨 캐비닛' 속에 처박아 둔 빛바랜 서류철에서 진실의 싹을 틔우고 꽃을 피운 건 바로 그 역사의 힘이었다. 아니, 그 역사에 생명의 부싯돌을 그어댄 예술의 힘이었다. 힘 있는 예술을 이루어낸 거장들은 대중의 소망을 간파하고 집적(集積)하여 예술로 형상화시킬 줄 알고 있었다.

그들은 현실의 부조리에 대하여 절묘한 미학으로 저항하는 존재들이며, 과거의 실미도를 탈 역사화시켜 오늘의 우리 앞에 내놓은 장인들이기도 하다. 그것은 실미도의 표현 문법이자 또한 우리가 오늘날의 현실에 적용시켜야 할 독법(讀法)인 것이다.

거대한 권력에 대한 개인의 무력함을 그려내는 데 그친 것이 아니라, 무력하게만 보이던 대중의 가슴에 자각의 불을 댕긴 데 이 영화의 의미가 있다. 냉전을 넘어서는 대중 자각의 서사 미학, 그 한복판에 '실미도'가 있다. 그래서 '실미도'는 잃어버린 우리의 자화상이다. '가슴으로 볼 수 있는 영화'라고 자부한 배우 안성기(최재현 준위 역)의 말이 어렵지 않게 수긍되는 것도 바로 그 때문이다.
<2004. 1. 6.>

문화 제국주의

　　일제 게임을 즐기고 일본소설과 만화에 빠져있는 한 학생을 만난 적이 있다. 그런데, '그게 뭐 어때냐'는 그의 무감각이 놀라왔다. 군사력으로 영토를 확장하던 시대가 이미 지난 지금 세계는 문화라는 첨단 무기로 총성 없는 전쟁을 벌이고 있다.

　　요즈음 우리나라의 젊은 부모들은 아이들에게 젖먹이 시절부터 영어를 가르치고 사고방식까지 서양식으로 만들려고 애쓴다. 그러려면 우리의 것을 가급적 빨리 지워버려야 한다고 힘주어 말한다.

　　일본문화의 무차별 세례까지 받으면 아이들은 완벽하게 무국적의 신 인간으로 재생될 수밖에 없다. 어쩌면 우리는 이미 미국과 일본의 문화식민지로 전락해버렸는지도 모른다. 역사의 고비마다 쓰라린 고통을 안겨준 일본이, 애증관계로 묶여있는 미국이 병력대신 대

규모 문화의 무력을 통해 이 땅을 그들의 식민지로 접수한 거나 아닐까.

그런데도 문화제국주의가 무언지 알 턱없는 이 땅의 권력자들은 조만간 일본의 문화를 무제한으로 개방하겠다고 공언한다. 어릴 때 받아들인 지식이나 의식은 일생을 지배한다. 일본이 역사교과서 왜곡을 통해 자기 아이들의 의식을 붙잡아 두는 한 편, 우리 아이들에게는 영화·만화·게임 등 문화무기로 무차별 공격을 가하는 이중 전략을 구사하고 있는 이유도 여기에 있다.

심지어 미국 아이들도 일본 게임 산업의 포로가 되어 있음을 나는 얼마 전 현지에서 확인할 수 있었다. 그들은 조만간 문화의 힘으로 대동아공영권을 회복하고, 더 나아가 세계까지 지배하겠다는 망상을 구체화시키고 있는 것이다. 일본의 심상치 않은 준동을 바라보며 이 땅의 정치인들과 학계·재계·문화계의 인사들이 무지에서 벗어나 제발 정신 좀 차렸으면 좋겠다.

***

두어 차례 연변엘 다녀온 적이 있다. 조선족이 주민의 40% 정도를 차지한다고 하는데, 우리말과 사고방식, 생활의 모습 등이 잘 보존되어 있었다. 심지어 어떤 아주머니가 베어 먹으라고 건네주던 생오이 맛조차 어찌 그리도 내 어릴 적 시골에서 서리해 먹던 그 오이의 맛과 흡사하던지 놀라고 말았다.

미국 LA 근교에서 1년 남짓 지내면서 한인사회를 들여다볼 기회가 있었다. 그곳 사람들의 의식주나 삶의 모습이 영락없는 한국의 한 부분을 옮겨놓은 듯 했다. 샌프란시스코 차이나타운 역시 복잡한 중국의 한 도시에 간 듯한 착각이 들 정도였다. 우리나라는 외부 사조의 유입으로 급격하게 변화되고 있는데, 변방이라 할 수 있는 해외 교민사회에서 우리 문화가 유지되고 있는 현상이 신기할 뿐이다.

군사력으로 영토를 확장할 수 있는 시대는 더 이상 아니다. 문화제국주의 시대를 맞이했다. 문화라는 새로운 무기를 들고 세계는 총성 없는 전쟁을 벌이고 있다. 그렇다면 우리의 문화를 세계에 전파하는 첨병은 누구인가? 바로 해외 교민들이다. 물론 그들은 새롭게 정착한 이국의 문화에 빨리 동화되어야 한다. 그러면서도 우리의 문화를 그곳에 이식함으로써 우리의 문화영토를 넓혀야 한다.

우리는 지금 아이가 우리말을 배우기도 전에 영어를 가르치고 서구의 문화를 체득시키려 애들을 쓴다. 더구나 이들은 철들자마자 일본문화의 무차별 세례를 받아 완벽하게 오염이 되고 만다. 바야흐로 우리나라는 미국과 일본의 문화영토로 전락해가고 있는 것이다.

그렇다면 우리는 어떻게 대처해야 하는가. 문화의식이 뭔지도 모르는 이 땅의 위정자들에게 기댈 수 있겠는가? 자신들에게 부여된 역사적 소임이 뭔지도 모르는 이 땅의 지식인들에게 기댈 수 있겠는가?

아니다. 민초들이 깨어야 한다. 자꾸 밖으로 나가서 그 주류사회의 일원으로 참여하여 우리의 문화영토를 넓혀야 한다. 이제 문화는 경제력도 군사력도 포괄하는, 새로운 세기의 새로운 무기로 자리를 잡았다. 군사력을 사용하는 전쟁에서 민족이 살아남을 수는 있으나, 문화를 무기로 하는 전쟁에서는 자칫하면 모든 것을 잃을 수 있다. 이제 역으로 우리가 밖으로 나가서 문화 식민지를 왕성하게 개척해

야 한다. 그래야 우리 스스로 남의 문화식민지로 전락되는 비극을
막을 수 있다. <2000. 2. 8.>

책 사랑, 나라 사랑

송나라 때 왕안석은 그의 <권학문>에서 책을 읽음으로 써 가난한 사람은 부하게 되고 부자는 귀하게 되며 어리석은 사람은 현명하게 된다고 하였다. 책 속에 만종(萬鍾)의 녹이 들어 있다는 식의 공리적인 독서관은 예로부터 동양 일원에 보편화되어온 생각이다. 그만큼 독서가 교육의 중심 활동이었고, 그에 따라 '모신다'고 할 정도로 책을 소중히 여겼다.

조선조 영조 때의 문장가 연암 박지원은 "책을 대해서는 하품을 하지 말고 기지개를 켜지도 말고 졸지도 말아야 하며 만약 기침이 날 때에는 머리를 돌려 책을 피해야 하며 책장을 뒤집되 침을 묻혀서 하지 말고 표지를 할 때 손톱으로 해서는 안된다"고 하였다. 말하자면 책을 숭배한 것이다.

그러나 요즈음은 책이 넘쳐나 이미 천덕꾸러기로 전락해버렸다. 이사를 밥 먹듯 하는 요즈음의 생활에서 가장 귀찮고 힘든 대상이 바로 책이다. 이삿짐센터에서 가장 기피하는 이삿짐이 바로 책이다. 아직 열어보지도 않은 책들을 아파트나 주택가의 쓰레기장에서 쉽게 만날 수 있는 것도 그 때문이다.

표지도 넘겨보지 않았음직한 책들. 한 장 넘겨보면 지은이의 정성스런 헌사와 사인이 처량하게 적혀있다. 힘들여 원고를 썼지만, 아마 대부분은 인세 한 푼 못 받고 출판했을 책들이다. 자기 돈으로 사서 지인들에게 증정했을 그 책들이지만 이리도 '무참하게' 쓰레기장 행을 면치 못할 만큼 한국은 바야흐로 책의 홍수를 겪고 있다.

***

우리나라 사람들은 책을 읽지 않는다. 공공도서관에서도 책을 사지 않는다. 책을 살 예산이 없다고 한다. 공공도서관이 책을 사지 않아도 국민들은 그 점을 탓하지 않는다. 도서관이 무엇 하는 곳이며 왜 중요한지 아는 국민이나 정치인들이 없기 때문에 공약으로 내걸만한 아이디어가 빈곤함에도 도서관의 내실화를 생각해내지 못한다. 도서관이란 그저 학생들 수험공부 하는 곳쯤으로 알고 있기 때문이다.

국민들이 책을 읽지 않으니 책을 소중히 여길 리 없다. 이른바 출판대국인 이 나라에서 출판되는 책들은 대부분 참고서나 수험서 등 도구서가 대부분이고, 도구로서의 사명을 다한 뒤 폐기될 운명을 타고난 것들이다. 그러니 두고두고 읽으며 의미를 반추한다든가 그럴 목적으로 책을 보존한다는 것은 애당초 엄두를 내지도 못하는 일이고 지금의 한국인들에게는 그럴만한 인내심이고 나발이고 아무것도 없다.

필자는 초강대국 미국의 힘이 책과 도서관에서 나온다는 사실을 그곳에 머무는 동안 확인할 수 있었다. 대학은 그만두고라도 도시마다 마을마다 도서관이 있어 중심 공간을 이루고 있었다. 너무나 부러운 그들 대학 도서관의 이야기는 이 자리에서 하지도 말자.

나는 틈날 때마다 동네의 공공도서관에 나가서 그곳을 드나드는 사람들의 진지한 모습을 신기한 눈초리로 구경하였다. 이곳의 주 이용객들은 주부들과 노인들, 초중등학생들이었다. 학생들이라 해도 우리나라처럼 시험공부 하러 오는 것이 아니었다. 그들은 읽고 싶은 책을 마음껏 읽기도 하고 도서관에서 부대행사로 여는 각종 과외활동에 참여하기도 했다.

학생들이야 그렇다 치고 놀라운 것은 주부들과 노인들이었다. 구부정한 노인들이 책들을 한 아름 들고 와 반납하고 서가를 돌며 책을 찾는 모습. 주부들이 아이들의 손을 잡고 와서 두리번거리며 책을 찾는 모습은 선진국의 저력이 어디에서 나오는가를 실감할 수 있는 광경이었다.

점심때만 되면 끼리끼리 모여 널찍한 식당을 점령하고 수다로 시간을 죽이는 우리네 주부들을 생각하며, 할 일 없이 공원에 나와 고스톱을 치거나 먼 하늘만 우두커니 바라보는 우리네 노인들을 생각하며 나는 참담함을 금할 수 없었다. 우리의 주부들과 노인들이 꼬마들 손을 잡고 동네 도서관에 나와 독서에 빠질 수만 있다면 아마도 우리의 모습은 180도 달라질 것이다.

물론 미국의 노인들이나 주부들이 어느 순간 갑자기 도서관에 나오기 시작한 것은 아닐 것이다. 어려서부터 그런 분위기 속에서 커왔기 때문에 나이 들어서도 이런 일이 가능한 것이다. 그러나 우리의 모습은? 10m에 한 집씩 룸살롱이요, 갈비집이요, 다방이요, 노래방이니, 우리가 가서 우리의 내면을 가꿀 곳은 과연 어디란 말인가. 도서관이란 으레 학생들이 찾아가 노닥거리거나 시험 공부하는 독서실쯤으로 이해되고 있는 이 후진적 현실은 우리를 암담하게 한다.

경망하고 이기적이며 진지하지 못한 우리의 모습을 바꾸려면 전 국민이 삶에 대한 진지한 자세를 가져야 한다. 삶에 대하여 진지해지기 위해서는 인류의 축적된 경험을 겸허하게 배워야 한다. 그러려면 도서관을 확충하고 도서관 이용을 생활화해야 한다.

도서관 이용의 생활화나 독서 열풍은 단기간의 캠페인으로 이룰 수 있는 문제가 아니다. 구부정한 노인들이 한 아름 책을 안고 도서관을 찾는 모습이나 주부들이 장바구니를 든 채로 도서관을 찾는 모습을 그들에게 보여주어야 한다.

그렇게 되면 아이들에게 경을 읽지 않아도 아이들은 자연스럽게 진지해지고 독서를 생활화하게 될 것이며 아파트 쓰레기장에 표지도 넘겨보지 않은 책들은 더 이상 나오지 않게 될 것이다. 그래야 학습참고서 아닌, 제대로 된 책들을 내는 출판사들이 살아날 것이고, 우리나라는 비로소 선진국의 문턱을 넘게 될 것이다. 책을 가까이 하는 날이 바로 우리가 정신 차리게 되는 날이다. <2002. 8. 8.>

책 이야기

내가 어릴 적엔 책이 없었다. 초라한 교과서들이 전부였고, 그나마 교과서 값을 내지 못한 몇몇 아이들은 학교에 빈 책보를 들고 오기 일쑤였다. 나는 어릴 적 정말로 책을 읽고 싶었고, 지금도 그 갈증이 마음에 상흔으로 남아있다. 그래서 좋다싶은 책이 보이면 값은 고하간에 일단 사고 본다. 현찰이 없으면 외상으로라도 사고야 만다. 책 때문에 내 호주머니엔 돈이 남아날 날이 없다. 공부하는 동안에는 전공분야의 신간만을 훑기에도 힘이 벅찼다.

그런데 얼마 전부터 고서에 빠져들게 되었다. 그러니 더욱더 호주머니 사정은 빠듯해지고 말았다. 그 고서의 값이 만만치 않아, 부르는 대로 주어야 한다. 교활한 책장사라도 만나는 날이면, 바가지를 쓰는 경우가 허다하다. 좋은 친구들이자 고서 취미의 대선배들인

이현조 박사, 곽재구 시인, 정일선 선생 등은 그게 다 수업료라고 위로하지만, 막상 수업료를 비싸게 지불한 입장에서는 가슴이 쓰리기 마련이다. 그래도 난 이분들 덕분에 수업료를 크게 지불하지 않은 셈이다.

큰 도시이든 작은 도시이든 유명한 고서방 한 둘 쯤은 있다. 그리고 그런 고서방에 책들을 공급하는 중간상도 꽤 많다. 대부분의 고서가 '원 주인→중간수집상→고서점'의 공급체계를 거쳐 내게로 오는 만큼 그 가격은 만만치 않다. 더구나 이젠 그런 물건조차 귀해졌다. 지방 소도시의 고서방을 찾아가면 정말로 물건이 없다고 아우성이다. TV의 '진품명품' 프로그램 탓에 이젠 아무도 책을 내놓으려하지 않는단다. 전엔 1, 2만원이면 살 수 있던 물건도 이젠 2, 30만원까지 불러댄다는 것이다. '진품명품'이 우리 같은 고서의 실수요자들에게는 치명적인 프로인 셈이다.

그러니 웬만한 고서들은 부르는 게 값이다. 아직도 나는 정말로 좋은 책을 발견했을 때 현찰이든 외상이든 기십, 기백만 원을 선뜻 쓸 수 있는 단계에 이르지 못했다. 그저 '신 포도의 교훈'만을 되씹고 아쉬운 눈길을 돌릴 뿐이다. 이현조 박사는 고서를 매개로 만나 지금은 수십 년 지기처럼 허물없는 사이가 되었다. 그런데 그는 정말로 좋은 책을 만났을 때 기백만 원을 선뜻 쓸 줄 안다. 나중에 어떤 어려움을 겪을지라도 그 책을 포기할 수 없기 때문이다. 심지어 전세금으로 받은 돈을 책 구입에 투입할 정도라면, 그의 책 사랑을 알아볼 만하지 않은가?

웬만한 고서상보다도 양적으로 질적으로 우수한 컬렉션을 보유하고 있는 그가 나는 누구보다도 부럽다. 그야말로 그는 이 시대의 진짜 부자이기 때문이다. 그는 어느 곳을 가도 좋은 책의 냄새를 누구보다도 빨리 맡는다. 그러니 좋은 책이라면 그의 촉수를 벗어날 재간이 없다. 대인기피증이라고 할 만한 나의 닫힌 마음 때문일까, 나는 지금까지 누구를 진심으로 좋아해본 경우가 그리 많지 않다. 그러나 고서를 찾아다니는 과정에서 만나게 된 이들에게는 마음을 열지 않을 수 없다. 책이란 정직한 것이고, 책을 통해 좋은 사람들과 무제한으로 대화를 나눌 수 있기 때문이다.

우리 주위에는 책이 넘쳐난다. 우린 지금 책이 많은 시절에 살고 있다. 요즘 아이들은 책이 많아서 행복할까? 내겐 요즘 아이들이 결코 행복해보이지 않는다. 책을 한 권 읽어도 늘 목적을 가지고 읽어야 하기 때문이다. 언젠가 TV에서 어린이들을 모아놓고 독서교육이랍시고 하는 것을 본 적이 있다. 선생이 무언가를 칠판에 적어놓으면 아이들은 책을 읽고 그것을 해결해야 하는 모양이었다.

나중에 알고 보니 그게 이른바 논술교육이란다. 선생이 제시해준 방향으로만 책을 읽어야 한다. 그렇지 않은 독서는 '헛된 일'이라는 것이 요즘 부모나 선생들이 갖고 있는 보편적인 생각인 듯하다. 그러니 요즘 아이들이 책 읽는 일은 학습이나 수험의 중요한 방편이고 의무일 뿐이다. 의무로 하는 학습활동이 얼마나 괴로운 일인지 우리 모두는 잘 알고 있다. 이 시대의 대한민국에 아이들이 즐거운 마음으로 제약 없는 독서에 빠져드는 일을 방관하는 부모는 아무도 없다.

논술에 관계되지 않는 독서가 있을까만, 대부분의 부모들은 아이들의 즐거운 독서가 언젠가 논술이라는 열매로 맺힐 거라는 믿음을 가질 만큼 느긋하지 못하다. 당장 글 한 꼭지를 읽고 나면 주제, 소재, 논지를 분석해야하고 그로부터 써내려가야 할 생각의 갈래를 잡아야 한다는 이 가증스런 굴레를 이 땅의 아이들은 참으로 잘도 견뎌낸다. 그리고 그들은 참으로 착하기도 하다. 나 같으면 한 번쯤 반항이라도 해보았을 텐데 말이다.

도대체 제대로 책 한 권 읽어보지 않았을 성 싶은 이 땅의 논술 기술자들이 뿌려대는 소피스트적 억설에 천부인권으로 누려야 할 독서의 즐거움을 뺏기다니, 죽을 맛이 아니겠는가 말이다. 그래서 대부분의 아이들은 체념을 하고 만다. 그래서 되도록 책을 멀리하려고만 한다. 책은 논술 과외시간이나 그 과외선생이 내준 과제물을 해결하는 시간에만 잠시 만나면 그 뿐이다. 나머지 시간은 인터넷에 펼쳐진 가상의 바다에 빠져 허우적대는 것이다.

논술을 입학시험의 일부로 부과하고 있는 이 땅의 일부 대학들은 자라나는 세대들에게 씻을 수 없는 죄악을 저지르고 있다는 생각을 꿈에라도 해보았을까? 그들의 단세포적 두뇌로는 논술의 해악이 이미 우리 사회를 크게 멍들였다는 사실을 결코 깨달을 수 없을 테지만 말이다.

책을 유행에 따라 쉽게 만들다보니 그 생명성 역시 보잘 것 없다. 이것저것 짜깁기하여 만들어내는 책들도 많고, 그 짜깁기마저도 귀찮아 남의 것을 송두리째 베껴내는 것들 또한 많다. 안 걸리면 좋고, 걸려도 '배째라' 식으로 나가보겠다는 심보들이다. 치고 빠지기 혹은 한탕주의의 대표적인 사례들이다. 대학이나 어엿한 연구기관에 몸담고 있는 일부 인사들도 그러한데, 하물며 다른 사람들이야 오죽하랴!

책을 만들어도 안 팔리고, 팔려도 오랜 세월 서가에 애장될 만한 책이 없으니 비극이다. 아이들도 책을 외면하고, 어른들은 더더욱 책과 거리가 멀다. 가끔 인터넷 경매 사이트나 중고 매매 사이트에 들어가 책 코너엘 들르곤 한다. 그런데 놀라운 사실 하나를 발견했다. 언젠가 저자 사인본이라는 설명을 달고 나온 책들이 동시에 수십 권이나 출품된 적이 있었다. 사진을 자세히 보니 '장○○'이라는 평론가에게 시인, 소설가들이 자신의 이름을 곱게 적어 기증한 책들이었다.

그런데 그 평론가는 얼마 전 대학을 정년퇴임했으나 앞으로의 삶이 창창한 인물이다. 시인이나 소설가들은 자신들이 심혈을 기울여 써낸 작품들을 그가 혹시 한 줄이라도 소개해줄까 기대하며 달필의 헌사와 함께 그에게 바쳤을 것이다. 그러나 소개는 고사하고 '저자 사인본'이라는 달콤한 유혹의 문구를 달아 경매 사이트에 올려놓은 그였다. 내가 그 작가들 가운데 하나였다면 아마 전화를 걸어 그에게 대판 욕이라도 퍼부어 주었을 것이다. 문학을 업으로 한다는 자의 소행이 이럴진대 아파트 쓰레기장에 수북수북 쌓이는 책들을 보며 누구를 욕하고 누구를 원망하랴?

***

　세상은 이렇게 책과 멀어지고 있으니, 그나마 나마저 그 책들을 건사하지 않으면 누가 있어 바야흐로 사라져가는 책들의 모습을 후손들에게 전해줄 수 있으리? 그래서 나는 오늘도 눈에 불을 켜고 아파트 쓰레기 분리 장을 훑고, 인터넷 경매 사이트를 누비고 있는 것이다. 한 권의 책이라도 더 구해내려고. <2002. 10. 20.>

역사의 진화(進化)는 완성되었는가?
-프랜시스 후쿠야마의 『역사의 종언』을 읽고-

엄혹(嚴酷)한 냉전체제 속에서 내 삶은 시작되었고, 30대 중·후반이 되어서야 공산진영은 무너지기 시작했다. 배고프고 암울하던 어린 시절. 등굣길에 나서는 아침마다 북으로부터 날아온 삐라를 줍는 게 일이었다. 동네 어귀까지 바닷물 들어찬 어느 보름사리 한밤중엔 간첩선이 들어와 마을사람을 죽인 일도 있었다. '야수 같은' 공산당을 저주하며 우리는 온몸에 소름 돋는 나날을 보내야 했다.

틈날 때마다 너덜거리는 세계지도를 보며 빨갛게 칠해진 공산주의 국가들이 왜 그리도 넓고 위압적인지, 걱정하느라 잠을 설치기도 했다. 실체를 보지 못한 공산당이 내 실존을 위협하는 불안과 초조의 근원이었다. 라디오에서는 툭하면 간첩단 사건이 보도되고, 툭하면 '북괴타도 궐기대회'가 열리곤 했다. 거동이 수상한 사람들을 지체 없이 신고해야 했고, 여차하면 얇은 고무신 벗어들고 달아날 태세를 갖춘 채 산길을 가야 했다.

그렇게 유년기와 소년기를 보내면서 산업화 사회로 진입했고, 갖은 우여곡절 끝에 올림픽도 치러냈다. 그 무렵 공산주의 종주국 소련이 해체되고 동유럽이 소련의 손아귀로부터 빠져나가기 시작했다. 공산주의 몰락의 대서사시가 전 세계에 거짓말처럼 펼쳐졌다. 장년을 눈앞에 둔 내 정신세계에도 드라마틱한 파도가 일었다. 그때 이미 우리는 정보화 사회를 거쳐 고도 정보화 사회에 진입하려던 차였다.

그 무렵 우리는 어린 시절의 굶주림을 거의 완벽하게 잊어버린 상태였다. 자본주의의 폐단을 역설하며 좌익사상에 빠져든 친구들도 배고픔을 참으려 하지는 않았다. 눈앞에서 공산주의의 몰락을 보면서도 그들은 스스로 누리는 자본주의의 풍요를 저주하는 모순을 범하곤 했다.

그렇게 '도둑처럼' 찾아온 세계의 변화를 설명해줄만한 선생님이 내겐 없었다. 그 때 프랜시스 후쿠야마가 한 권의 책을 들고 내 앞에 나타났다. '역사의 종언(終焉)과 최후(最後)의 인간'이란 충격적인 제목이었다. 헤겔이 신봉한 자유민주주의 체제야말로 후쿠야마가 명쾌하게 설명한 바로 그 '역사의 종말'이었다.

5공, 6공, 문민정부, 국민의 정부, 참여정부를 거치면서 권력자 못지않게 우리 스스로도 존엄한 존재임을 비로소 깨닫게 되었다. 프랑스 혁명처럼 인류평등의 보편적 가치를 지향한 '멋진 사건'을 경험해보지도 못하고 우여곡절 끝에 얻은 행복이었다. 흡사 길바닥에서 말라가던 물고기가 알 수 없는 힘에 의해 연못으로 던져진 격이었다. 연못 안에는 뱀도 있고, 생활쓰레기도 있으리라. 그런 것들을 몰아내고 치워가면서라도 살아야지, 이곳을 떠나면 갈 곳 없는 우리들이다.

보라, 북에 있는 우리의 반쪽은 아직도 진화의 물결을 벗어나지 못하고 있다. 내 유년시절의 굶주림과 절망이 그들의 산하를 덮고 있는데, 그들 스스로 '노동자 농민의 천국'임을 강변하고 있다. '이밥에 고깃국' 타령을 얼마나 더 읊어야 그들이 소원(所願)하는 '역사의 종말'은 올 것인가. <2008. 6. 1.>

죽음을 모르는 자, 삶을 논하지 말라
-『옥같은 너를 어이 묻으랴』를 읽고-

죽음을 모르는 자, 죽음을 생각해보지 못한 자는 삶을 논할 수 없고, 죽음의 심연을 유영해보지 못한 자는 삶의 아름다움을 노래할 수 없는 법. 조강(糟糠)을 씹어가며 한 몸이 된 아내의, 내 피와 살을 덜어 만든 자식의, 마음을 나눈 친구의, 깜깜한 밤길에 등불 같던 어른들의 죽음을 당해본 적이 있는가?

아니 우주보다도 소중한 그대 자신의 죽음을 꿈결에라도 생각해본 적이 있는가? 그 고운 이들이 떨어지지 않는 발길로 이승을 하직할 때 우린 어떻게 그들의 등을 떠밀어 보낼 것인가? 아니, 내가 멈칫거리며 이승을 하직할 때 이승에 남은 고운 이들의 섭섭한 마음을 어떻게 달래줄 것인가?

"너는 비록 편해졌지만, 내가 죽으면 누가 울어줄 것이냐? 컴컴한 흙구덩이에 차마 어이 옥 같은 너를 묻으랴?" 사랑하는 여동생을 저승으로 보내며 하늘 땅 가득 쏟아놓는 오빠의 통곡이 목석같은 이내 가슴을 가리가리 저며내는 것을, 어찌 참아낼 수 있단 말인가?

이 작은 책 속에서 죽음의 연금술사들은 한 바탕 초혼굿을 벌인다. 아니, 죽음의 종말성에 대한 저주스런 그 주문들은 그대로 넋두리, 즉 환혼(還魂)이다. 초혼에 환혼이라, 죽은 자들을 부르는 외침은 이승에 메아리로 서려 끊임없이 산 자들을 위로해왔다. 삶의 환희가 갖는 순간성은 죽음의 침묵이 갖는 영원성에 대적할 수 없을지니, 그래서 죽은 자는 험한 이승에 살아남은 자들을 위로해야 한다. 그런 점에서 이 책에 살아 숨 쉬는 선각자들의 피 묻은 넋두리는 그대로 산 자들을 다독여주는, 어머니의 자장가다.

이 곱디고운 넋두리를 남긴 선각자들이나, 그들의 가쁜 숨결을 우리의 버전으로 전해준 번역자는 '겁나는 죽음'을 '아름다운 죽음'으로 탈바꿈시킨 연금술사들이다. 우리 모두 읽어서 삶을 아름답게 꾸며나갈 일이다. 죽는 날까지... <2001. 5. 5.>

내 인생의 책 한 권

　　뼈얼건 황토와 파아란 초목이 어울려 빚어내는 적빈(赤
貧)의 황량함 속에서 나는 내 어린 시절을 보냈다. 가끔 비료 부대
혹은 사카린 봉지에 쓰여 있는 글자들이나 보면서 그것들이 모여
이룰 수 있는 상상의 바다에서 헤엄치곤 할 뿐이었다.

　언제던가. 아마 초등학교 5학년쯤이었을 게다. 대처에서 공부하
다 방학을 맞아 내려온 장형의 가방 속에서 '도무지 재미없고 알기
힘든' 책 한 권과 처음으로 조우하게 되었다. 조잡한 교과서에 물려
있던 나로서는 그 책이 신기하여 밤늦게까지 내처 반나마 읽었다.
물론 내용은 모조리 까먹고 말았지만.

　그 후 나도 대처에 있는 고등학교에 진학했을 때, 학교 도서실의
서가 한켠에서 보얗게 먼지를 뒤집어 쓴 채 널브러져 있는 책 한

권을 보게 되었다. 한참 읽다보니 어디서 읽은 기억이 어슴푸레 살아나는 것이었다. 바로 그 책이었다. 당시 웬만한 애들치고 무협지나 '꿀단지' 류의 외설스런 이야기책 한 권쯤 책가방 속에 숨겨가지고 다니지 않으면 간첩으로 몰리던 시절, 나는 당당하게(?) 그런 책들을 외면할 수 있었다. 나는 시험 공부하는 틈틈이 그 책과 함께 주변의 유사한 책들도 더러 읽게 되었다. 이 책을 읽는 동안 가난한 사춘기 소년은 '연한 배맛'같은 서정시의 향기를 맡을 수 있었다. 그러나 그 때에도 이 책의 깊은 뜻은 알 수 없었다.

알 수 없는 고뇌에 빠져 허우적대던 대학시절, 나는 비로소 이 책의 깊은 뜻을 읽을 수 있었다. 이 책을 읽고 나서야 "세상과 현존을 사랑하되 탐착을 버리자"는 내 나름의 좌우명을 제법 굳히게까지 되었다. 어떤 성인의 초기 생애를 그린 이 작품이 그의 이름을 제목으로 달고 있긴 했으나, 읽어보니 적어도 특정 종교의 도그마를 강요한 것은 아니었다. 다만 인간 내면의 진실을 말하고 있을 뿐이었다. 내가 만약 탐착을 버리고 우주와 자연에 순응하며 성실하고 착하게 살아갈 수만 있다면, 결국 육신과 영혼의 안식을 얻을 수 있지 않겠는가? 그러니 주인공은 바로 오늘을 착하고 성실하게 살아가는 너와 내가 아니던가. 그 책의 메시지는 대략 이런 것들이었다.

작가에 대한 호기심 때문에 나는 우리나라에 알려진 그의 작품들도 거의 대부분 맛을 보게 되었다. 모두 기가 막히게 좋았다. 내친 김에 작가의 이력까지 뒤져보곤, 그가 바로 동양정신에 매료되어 있던 서양인이었음을 알았다. 동양에 선교사로 와 있던 아버지 덕분이었을까? 그는 동양을 여행했고, 동양정신에 흠뻑 빠져들었던 것 같다. 물론 서양의 식민지배에 허덕이고 있던 동양에 실망은 했지만, 어쨌든 동양인보다 오히려 더욱 근본적인 동양정신에 물들어 있었음은 이 책을 통하여 확인할 수 있었다. 그리고 그의 고향이라는 독일의 칼브(Calw)에 가서 그의 영혼과 만나고 싶다는 생각까지 하게 되었다.

나는 지금 불혹의 중반에 들어서 있다. 이 책의 의미를 어렴풋이나마 깨달은 대학시절로부터 무려 20여년이나 지난 지점에 서서 가래침 뱉듯 몹쓸 시절에 대해 불평이나 마구 토해내는 얼간이일 뿐이다. 한 순간도 내 마음속을, 나의 내면적 본질을 관조하지 못하고 있는 것이다. 그저 인상되는 월급 한두 푼에 희희낙락하고 가증스러운 이기주의의 흙탕물 속에서 허우적대고 있을 뿐이다.

***

사랑하는 벗들이여! 단 한 순간만이라도 자신의 내면을 바라보자. 그리고 탐착과 이기의 늪에서 벗어나 보자. 그러기 위해서라도 오늘 조용히 발을 씻고 책상 앞에 앉아 헤르만 헷세의 『싯다르타』를 읽어볼 일이다. <2002. 1. 3.>

제3부

내가 읽은 내 마음

스승의 날 유감

'작년에 왔던 각설이'마냥 어김없이 다시 찾아온 5월. 달력을 본다. 15일, 붉은 색이 선명한 일요일이다. 선홍색 카네이션 한 송이 받아든 채 어정쩡한 자세로 일어서서 <스승의 은혜>란 노래를 들어야 하는 고문을 면하게 되었으니, 이보다 더 신나는 일도 없다. 세상은 변하고 사람들의 생각도 변했건만, 놀랍게도 스승의 날만큼은 챙겨야 한다는 믿음들은 사그라질 기미가 보이지 않는다.

우리에게 그나마 스승의 날이라도 있어서 '선생 할 맛 난다'는 사람도 있긴 하다. 학생이나 학부모로부터 대접 받아도 좋을 만큼 제대로 교육자 노릇을 한다고 자부하는 분일 것이다. 그러나 누가 뭐래도 교육의 현장에 있으면서 '스승 노릇'하기 쉽다고 말하는 사람을 찾아보기 어려운 시대인 것만은 분명하다. 신문 기자들은 고등학교에서 내신이 강화된다는 신문기사를 쓰면서, 극성스런 '치맛바람'이 걱정된다고, 없어도 그만일 사족을 꼭 끼워 넣는다. 치맛바람이란 무엇인가. 그 속엔 '제 자식에 대한 불합리한 편애의 강요'와 촌지문화가 구렁이처럼 똬리를 틀고 있다.

학기가 시작될 즈음이나 스승의 날 전후, 촌지의 지저분한 소식들이 언론매체들을 장식하기 시작하면 내 일이 아니면서도 곤혹스러움을 금할 수 없다. 촌지 교사의 집을 급습하여 포장도 뜯지 않은 채 싸여있는 각종 명품들을 TV 화면에 비춰댈 땐 같은 선생으로서 말할 수 없이 비참해진다.

대학을 졸업하던 해 첫 발령을 받은 시골 고등학교에서의 일이다. 말썽꾸러기 영수(가명)의 어머니가 찾아온 날이었다. 햇볕에 까맣게 탄 얼굴로 시종 어쩔 줄 몰라 하는 어머니의 표정을 보며 나 또한 쩔쩔 맬 수밖에 없었다. 작별 인사차 밖으로 나간 내게 그 어머니는 계단 밑에 숨겨둔 콜라 두 병을 건네곤 도망치듯 내빼는 것이었다. 그 콜라는 유독 달고 맛있었다. 참으로 감동적인 '촌지'였다.

그러나 대학에는 학부모가 찾아 올 일도, 학부모를 부를 일도 없다. 그래서 촌지로부터 자유로운 곳이 대학이기도 하다. 그 대신 곤혹스런 일이 하나 있다. 해마다 스승의 날이 되면 교수들을 세워놓고 <스승의 은혜>라는 노래를 부르곤 한다. 그런데 부르는 학생들도 듣는 교수들도 참으로 공감하기 어려운 내용이다.

물론 노래를 통해 당위나 이상을 표현할 수는 있다. 그렇다 해도 그 노래에 표현된 '스승'과 나 자신을 비교해보면서 마음이 결코 편치 않은 것은 왜일까? 오늘날의 대학이 완성된 인간을 기르는 수양의 공간은 결코 아니다. 그러니 기능적 일꾼들을 길러내기 위해 안간힘을 쓰는 이 시대의 대학교수들이 스승을 자처하기란 좀 계면쩍은 일일 수밖에 없다.

'의식(衣食)이 족한 뒤에야 예절을 안다'는 것은 예나 지금이나 진리다. 더욱이 물질이 정신을 확실하게 지배한다고 믿는 요즈음, 정신적 양식만으로 현실적인 허기를 채울 수는 없는 일이다. 대학이란 직업 양성소가 아니라고 제 아무리 고담준론(高談峻論)을 펴 보아도, 현실을 외면할 도리는 없다.

스승의 날을 목전에 둔 지금, 4년간 기른 제자들이 학교 울타리 밖에서 할 일 없이 서성대는 모습들을 바라보며 대부분의 교수들은 좌불안석이다. 죄인이 따로 없다. 그러니 무슨 기분으로 <스승의 은혜>를 들을 수 있겠는가. 그래서 '일요일인 5월 15일'이 고맙고도 고마울 뿐이다. <2005. 5. 9.>

가을밤, 곰보 스크린, 그리고 가족

　　울긋불긋 헝겊 쪽 나풀대던 성황당, 그리고 검푸른 솔숲 너머 십리 거리에 판자로 얽어 엮은 두어 동의 학교건물. 내 유년시절의 고통과 꿈들이 아스라한 추억으로 마음속에 아롱져 있는 공간이다.

　　산기슭을 울퉁불퉁 깎아 만든 운동장의 한쪽 면에 구멍 숭숭 뚫린 광목천을 내어걸고, 릴 소리 요란한 영사기를 갖다 놓으면 환상 속의 서사체험은 시작된다. 예닐곱 무렵부터 누구의 시혜였는지 우리는 1년에 한 번, 추석을 전후하여 학교의 마당에서 상영되곤 하던 영화를 볼 수 있었다. 형이나 누나의 동행이 없으면 마당가의 변소간에도 못 가던 나였으나 영화가 오는 날이면 그 오싹하던 성황당과 솔숲 10리길을 마다하지 않고 달려가 김희갑과 김지미, 문오장,

허장강 등의 일거수일투족을 침 흘리며 훑어 내리곤 했다.

참으로 신기했다. 필름과 스크린이 낡아서 화면 가득 구멍투성이요, 가끔씩 필름이 끊어지거나 자가발전기가 꺼질 때면 관객들은 한숨을 쉬며 한참동안을 기다리기도 했으나 그저 좋을 뿐이었다. 내가 밤마실을 갔다가 조금만 늦어도 불호령이시던 어머니께서도 영화만은 무조건 오케이이셨다. 어머니는 가마니를 짜시며 늦도록 기다리시다가 내가 돌아온 뒤 들려드리던 가슴 뛰는 영화 이야기에 재미를 붙이셨고, 관심 없는 척 하시던 아버지께서도 은근히 내 구변을 사랑하셨다. 이렇게 추석 전후 우리 가족은 우리 고장을 찾아온 영상예술의 전령사들 덕분에 화기로운 몇 날을 보낼 수 있었다.

구멍 뚫린 스크린 위에 펼쳐지는 서사구조는 내 미래의 삶을 압축하여 보여주는 것 같았다. 뿐만 아니라 뻔한 해피엔딩과 권선징악, 그를 통해 영웅으로 등극하는 주인공의 모습은 내 가슴을 공명심으로 가득 채우곤 했다. 그곳에서 한 번 상영된 영화는 다음 영화가 들어올 때까지 우리 꼬마 관객들의 입에서 떨어질 날이 없었다. 심지어 우리들 사이에서는 많은 내용들이 덧붙어 새로운 이야기들이 태어나기도 했다. 덩달아 우리네 가족들의 마음도 풍성해질 수 있었다.

최근 헐리웃 인근 도시에서 꿈처럼 주어진 미국생활을 즐길 수 있었다. 우리 아이들은 주말마다 센추리시티 몰의 안락한 극장 AMC에 갈 궁리만 했다. 한 해 한두 번 기십 리 밤길을 걸어 운동장으로 향하던 그 옛날의 내 모습이나 AMC의 프로를 뒤지며 끈질기게 전화를 해대는 아이들의 모습이 닮았다 생각은 하면서도 부대

만한 봉지에 팝콘을 가득 담고 양동이만한 종이컵에 콜라를 가득
담아 든 채 안락의자의 편안함을 탐하는 즐거움이 그 옛날 자갈마
당 위의 불편함보다 크게 낫다고 생각되지 않은 것은 왜였을까?

아이들은 배우의 연기를 평하고 화면의 질과 스토리의 짜임을 비
평한다. 그러나 뻔한 해피엔딩의 멜로드라마에 길들여진 나는 그들
과 아주 먼 거리에 있음을 문득 깨닫는다. 콧등 시큰한 이야기는 그
저 교묘하게 설정된 복선과 기발하게 짜여진 이야기의 밀도에 있는
것이 아님을, 나는 짧지 않은 내 인생살이에서 느꼈고 그 지혜는 이
미 내 유년시절의 엉성하던 우리 영화에서 터득한 바 있다!

***

때맞추어 시드니 올림픽에 중추절이 닥쳐온다. 이런 때 우리의
때깔 고운 영화를 통하여 어긋나 있는 식구들 간의 주파수나 맞추
어볼 일이다. <2002. 7. 20.>

공공장소의 유실수들

언젠가 어떤 학회에서 답사를 간 적이 있었다. 고궁 터에는 살구가 보암직하게 열려 있었다. 그걸 보자마자 교수들도 박사들도 우르르 달려들어 낄낄대며 마구 흔들어댔다. 어른들의 행태를 목격한 학생들도 덩달아 나섰다. 그러나 그들은 아직 덜 익어 시금털털한 열매들을 몇 개 씹어보곤 내동댕이쳤다. 바닥에는 익다 만 살구들이 허옇게 널려 있었다.

또 다른 답사회에 합류하여 동해안 북단을 다녀온 적이 있었다. 그곳 뽕나무들엔 오디가 불긋불긋 익어가고 있었다. 노소를 막론하고 아줌마 아저씨들은 낄낄대며 뽕나무를 마구 흔들어댔다. 불쌍한 오디들은 익기도 전에 그들의 우악스런 손아귀에 짓이겨지고 말았다.

몇 년 전의 일일 것이다. 종로 어디쯤 길가에 사과나무(감나무인지도 모른다)를 심었다는 보도를 접한 기억이 있다. 삭막한 서울의 중심가에 주렁주렁 열매들을 달고 있는 과일나무를 상상해보라. 그것만으로도 가슴 뜨거워지는 일 아닌가. 그런데, 얼마 후 한 알도 남아 있지 않은 과일 나무의 보도 사진을 보게 되었다. 눈으로 보면서 마음의 풍요를 느끼는 단계까지 우리의 의식은 높아지지 못했던 것이다.

5년 전쯤인가, 미국에 머물 기회가 있었다. 그곳에서 학교나 거리의 유실수에 매달린 열매를 건드리는 사람을 본 적이 없다. 그것들이 빠알갛게 익어 떨어질 때까지 따내려는 사람이 없었다. 간혹 다람쥐나 청설모, 까마귀 등이 찾아와 먹이로 삼을 뿐이었다. 심지어 나중엔 지난해의 열매를 매단 채 새로이 꽃을 피우는 모습까지 볼 수 있었다. 신기하고도 부러운 광경들 중의 하나였다.

***

내가 봉직하는 대학의 캠퍼스는 좁지만 아름답다. 잘만 가꾼다면 어느 대학 못지않을 환경이다. 누가 심었는지 모르지만, 언제부턴가 유실수들이 제법 자라고 있다. 매화, 복숭아, 모과, 감, 은행, 꽃사과, 등등. 꽃 피고 열매 맺고 익어가는 과정에서 내 마음을 흐뭇하게 해준다. 그러나 유감스럽게도 지금까지 이곳에 재직해오는 십 수 년 동안 그것들이 나무에 매달린 채 빨갛게 익어가는 모습을 본 적이 없다. 대부분 외부인들의 행위로 보이지만, 대학 내에도 그런 짓을 하는 사람들이 상당수 있다는 소문은 나를 대단히 실망시키고 말았다. 대학 역시 우리나라의 안에 있는 작은 공간에 불과하다는 사실을 새삼 확인하곤 했다.

건물 짓고 청소하는 것만으로 학교 당국의 임무가 끝나는 것은 아니다. 교정의 나무에 매달린 과일 하나 제대로 간수하지 못한대서야 말이 되겠는가. 최소한 학교의 관리를 맡은 사람들만은 그런 일을 하지 못하도록 철저히 교육을 시켜야 할 것이다.

***

나는 지독한 촌놈이다. 그리고 너나없이 못 먹고 헐벗던 시절을 '깡촌'에서 보냈다. 집 근처에 뿌리박고 있던 쇠복숭아, 개살구 등 배고픈 우리들의 공격 목표는 꽤 많았다. 그 뿐인가. 등하굣길 친구들과 어울려 산판을 헤매며 각종 열매들을 따먹곤 했다. 등하굣길에 가게에 들러 군것질을 하는 요즈음 아이들처럼 말이다. 앞에서 '낄낄대며' 과일나무를 사정없이 흔들어대던 그들 역시 나와 같은 성장과정을 거쳤을 것이다. 그러니, 어디에 서 있든 과일나무만 보면 달려가 '낄낄대며' 따낼 수밖에 없도록 되어 있는 것 아닌가.

그러나, 백보를 양보해도 지금 배고파서 교정의 열매들을 따는 사람들은 없을 것이다. 시장에 가보라. 싼 값의 잘 익은 과일들이 산처럼 쌓여 있지 않은가. 그럼에도 왜 우린 채 익지도 않은 교정의 과일들을 무자비하게 짓씹어 버려야 하는가. '다 익은 걸 남 주느니 차라리 내 손으로 버리자'는 심보인가. 공부에 지친 머리와 몸을 쉬기 위해 나무에 앉아 익어가는 열매를 바라보는 즐거움을 대학인들로부터 앗아가는 사람들은 누구란 말인가.

아직도 우리는 못 먹어 배고프던 시절의 행태를 버리지 못하고 있다. 학교의 비품을 도둑질하는 일이나 교정과 길가의 열매를 마구 따가는 행위는 같은 일이다. 아니, 많은 사람들에게 즐거움을 주는 게 열매라는 점에서 교정이나 길가의 열매를 따는 행위는 비품의 절도보다 더 못된 행위다. 이젠 우리의 수준을 높여야 할 때다. 공공장소의 나무 열매가 지닌 정서적 가치·미적 가치에 눈을 돌리고, 보면서 즐기는 수준으로 높아져야 할 때다. <2003. 11. 5.>

공부하러 집 떠나는 아들을 보며

그 옛날 최치원이 12살의 어린 나이로 당나라에 유학을 떠나게 되었을 때, 그의 아버지 견일은 "10년 안에 과거에 합격하지 못하면 내 아들이 아니다."고 못을 박았다. 아무리 최치원이 불세출의 천재이긴 했으나 천만리 물 건너로 유학 보내면서 아버지가 한 말 치고는 좀 지나쳤던 게 아닌가 싶기도 하다. 그러나 세상의 아버지라면 누구나 갖고 있는 애틋한 마음을 숨기면서까지 강하게 '격려해준' 그 아버지의 훌륭함과, 그 말을 '약으로' 잘 받아들여 끝내 성공한 그 아들의 훌륭함이 잘 어울려 천년 뒤인 오늘날까지 미담으로 전해지는 듯하다.

예로부터 우리 민족의 교육열은 지나치게 뜨거웠고, 그런 교육열 덕택에 좁고 척박한 땅덩어리로도 다른 민족들과 어깨를 나란히 할 수 있었다. 최치원 아버지의 교육열은 지금도 이 땅에서 반복되고 있다. 20세기부터 구미권 대학으로의 유학이 본격화 되더니 20세기 말부터는 꽤 많은 수의 초중등학생들까지 그 대열에 합류하기 시작했다. 교통과 통신의 수단이 좋아졌다고는 하나, 미국이나 캐나다는 비행기로 10시간이 훨씬 넘게 걸리는 먼 땅이다. 산 설고 물 선 그곳. 말도 통하지 않고 사고방식마저 너무 다른 그곳으로 고사리 손을 흔들며 떠나는 자식들을 보는 부모의 안타까운 마음이야 오죽하랴!

배고픔도 추위도 모른 채 매사를 부모의 보살핌에만 의존해 살던 철부지들을 저 먼 나라에 보내야만 하는 이 땅의 부모들이 가슴 가득 안고 있는 불안과 수심을, 비행기에 몸을 싣고 '룰루랄라' 휘파람 불며 떠나가는 그 녀석들이 과연 얼마나 알고 있을까.

최치원의 아버지가 그랬듯이 지금의 아버지들도 "열심히 노력하여 성공하라!"는 강한 주문을 내놓곤 하지만, 그들의 가슴 그득 고이는 눈물이야 자식놈들이 어이 알 수 있으리?

***

내일이면 큰 아이가 공부하러 집을 떠난다. 공부가 웬만하면 모두들 의대며 약대 등 돈 될 분야만을 찾는 시속(時俗)과 달리 '자신이 좋아하는' 이공학에서 꿈을 이루겠다며 KAIST를 택한 그가 든든하다. 뿐이랴? 멀쩡한 청춘만 썩일 뿐 아무짝에도 쓸모없다고 생각되는 고3을 건너 뛴 사실은 생각할수록 '곰지다.' 이제 만으로 열여섯. 집 떠나던 최치원보다는 서너 살 많지만, 어리기는 매 일반이다. 그의 면전에 대고 "10년 안에 박사학위를 못 따면 내 아들이 아니다."라고 매몰차게 말할 용기는 없다. 그러나 제 생각으로 그곳을 선택했다면, 분명 그 정도야 심중에 두고 있을 것이다. 아니, 그보다 훨씬 멋진 인생의 계획을 갖고 있으리라 믿기 때문에 나는 담담한 마음으로 그의 건강과 행운만을 빌어줄 뿐이다.

나도 그랬다. 나는 만 열네 살에 공부한답시고 고향을 떠났다. 고향 떠난 지 30년이 훌쩍 지났다. 무슨 공부를 어떻게 했는지 지금의 나 자신을 생각하면 한심할 때가 없지 않다. 과연 그 나이의 나를 떠나보내던 아버지는 무슨 말씀을 하고 싶으셨을까? 평생 두 지겟머리 사이에서 땀 흘리며 살아오신 나의 부모는 부푼 마음보다는 걱정과 불안이 한 가슴 가득했을 것이다.

전화가 있나? 교통이 좋은가? 한 번 소식을 전하려면 20일 넘게 걸리던 편지가 유일했다. 30리길 면소재지의 우체국에나 가야 볼 수 있던 손잡이 돌리는 방식의 전화기도 우리에겐 무용지물이었다. 내가 전화를 받을만한 곳에 있지 않았으니 말이다. 거우 십대 초반의 '생 촌놈'을 '눈 감으면 코 베어간다는' 대도시로 무작정 보내놓고 가슴앓이를 하셨을 부모님의 노심초사를, 지금 내 아들을 '내 집보다 더 좋은 곳에' 보내면서 비로소 깨닫는다.

***

그래, 그렇다. 자식이 어찌 부모의 마음을 알 수 있으랴? 그리고, 알아주기를 바란들 무엇 하랴? 그러나, 세상의 아들들이 이것만은 알아야 할 것이다. 세상의 부모들 대부분은 공부하러 집 떠나는 아들들에게 물질로 호강시켜줄 것을 바라지 않는다는 사실을 말이다. 험한 세파 속에서도 자신의 두 발로 서서 당당하게 자신만의 목소리를 내는 것. 그러나 이왕이면 가정과 사회, 그리고 국가와 민족에게 보탬이 되는 삶을 살아감으로써 부모에게 자부심을 안겨 주는 것. 이 시대의 부모로서 그 이상 무엇을 바란단 말인가? <2002. 2. 16.>

나이를 먹는다는 것

 이번 설날엔 두어 가지 일로 제주에 오게 되었고, 한라
산엘 올랐다. 비교적 평탄한 성판악 코스를 산책하듯 오르며 많은
생각을 하게 되었다. 고도에 따라 달라지는 수목대(樹木帶). 그 사이
에서 내 눈을 끈 것은 이미 죽었거나 죽어가는 나무들이었다. 삶의
윤기를 잃어버린 채 나신(裸身)으로 서 있는 것들, 줄기에 큰 구멍
이 뚫려 껍데기만 간신히 유지하고 있는 것들, 뿌리와 연결된 밑동
이 부러져 가로 누운 것들, 다 썩어 문드러져 몽당연필처럼 외로이
서 있는 것들, 중동이 꺾여 옆의 생생한 나무에 기대고 죽은 것들...
무수한 나무의 시신들이 그렇게 넉넉한 산을 그득 채우고 있었다.
 물론 간간이 나이를 많이 먹은 것 같으면서도 당당한 자태로 서
있는 나무들도 있었다. 그러나 그것들도 밑동부터 중간까지는 주검

의 빛에 사로잡혀 있음을 알 수 있었다. 그냥 삶에 대한 강한 집념과 오기로 버틴다는 인상을 줄 뿐이었다.

버썩 마른 겨울이기 때문일까? 산은 온통 나무들의 시신들로 채워진 것 같고, 간간이 진녹색의 침엽수들이 그 사이에서 외로워 보일 지경이었다. 그런데 죽어가거나 죽은 나무들은 그런 녹색의 젊음이 사랑스러운 듯 그를 옹위하고 서 있거나 벌렁 누워 있기도 했다. 어떤 나무는 슬그머니 젊은 그에게 기대어 있기도 했다. 그런데 갖가지 자태의 노사목(老死木)들은 그들이 그런 상태로 될 수밖에 없었던 사연들을 '몸으로' 말하고 있었다.

오늘 내가 오를 수 있었던 곳까지 7km의 거리를 왕복하면서 그들이 들려주는 추억의 서사시를 실컷 들을 수 있어서 감동적이었다. '평계 없는 무덤 없다'는 속담이 있다. 나무들의 세계도 그러함을 비로소 깨닫게 되었다. 왜 그런 모습으로 누워 있느냐고 물어볼 필요도 없었다. 그들은 자진하여 그들이 겪은 삶의 신산(辛酸)함을 내게 토로하는 것이었다. 갖가지 사연들이 너무도 진솔하고 서러워 눈물이 나올 지경이었다.

그러나 결론은 한 가지. '내 곁에 있는 저 녹색의 젊음을 보시오. 나는 저 친구가 저리도 당당한 모습으로 내 꿈을 나대신 실현시켜주는 것이 너무도 좋소. 그러니 내가 죽어 저 젊은 친구의 거름이 되는 거야 영광 아니겠소?' 라고들 말하는 게 아닌가? 그래서 그간 한라산을 여러 차례 오르면서도 만나지 못한 감동을 드디어 올해 설날 만나게 된 것이었다.

***

참으로 이상한 것은 올해 따라 유난히 이미 죽었거나 죽어가고 있는 나무들의 모습이 내 가슴에 와 닿는다는 사실이다. 그것들이 푸르름의 천지인 산 속에서 참으로 절묘한 위치를 차지하고 있음을 깨닫게 된 것이다. 이제 나도 그런 이치를 이해할 만큼 나이가 들었다는 증거이리라.

오늘 내가 만난 노사목들의 공통점은 욕심이 없다는 사실이었다. 세상을 살면서 터득한 진리라면 '나이 들면서 욕심을 버려야 한다'는 것이다. 몇 해 전인가? 어느 정치가가 '마음을 비웠다'는 말을 우리에게 던진 적이 있다. 그가 진정으로 마음을 비웠는지는 알 수 없지만, 그 말이야말로 속이 텅 빈 채 죽어있는 노사목들이 내게 들려준 삶의 서사시, 그 핵심적 주제였다. 탐욕에 가까운 욕심을 부리다가 추한 모습으로 스러져가는 주변의 선배들이 '몸으로 보여주는' 역설의 가르침 역시 '마음을 비워야 한다'는 것이다.

그렇다면 어떻게 해야 마음을 비울 수 있을까? 법정스님의 말씀대로 '무소유(無所有)'의 단순명료한 철리(哲理)를 깨치는 것도 그 한 방법일 것이다. 살아오는 동안 생겨난 재물, 지위, 명예 등이 모두 우리 자신을 부자유스럽게 만드는 것이니 그것들을 소유하지 않음으로써 자유로워지자는 것 아닐까?

그러나 나 같은 필부필부들이야 목숨이 붙어있는 한 거추장스런 육신을 건사하기 위해서라도 그런 것들로부터 아주 떠날 순 없을 것이다. 그래서 우리가 할 수 있는 것은 '베푸는 일과 물러서는 일' 정도이리라. 후배들을 위해 기꺼이 지갑을 여는 일, 후배들의 말을 들어줄 뿐 가급적 입을 열지 않는 일, 알량한 이해관계를 놓고 후배들과 다투지 않는 일, 노후를 대비하여 꼼수를 부리지 않는 일, 후배들을 믿고 모든 걸 맡기며 넌지시 도와주는 일 등등.

회갑이 되어서도, 칠순 팔순이 되어서도 세속적 욕망의 속박으로부터 자유롭지 못하다면 그보다 더 불쌍한 경우가 또 있을까?

***

나는 언젠가 '나무처럼 살고 싶다'는 글을 쓴 적이 있다. 그 때는 나무들의 푸르름만 눈에 들어왔었다. '거침없는 힘'과 무지갯빛 희망에 들썩이던 시절이었다. 그러나 이제 노사목들이 비로소 눈에 들어오기 시작한 것이다. 더 이상 추해지지 않기 위해 '마음을 비우는' 연습에 돌입할 때가 된 것이다. '더 이상 망설이며 시간을 끌지말라'는 한라산 노사목들의 다그침이 이 깊은 밤 아직도 내 귓가를 맴돌고 있다. <2007. 1. 1.>

늙음의 미학

봄이 오는 길목의 어느 하루.

나는 두 사람을 몇 시간 간격으로 만났다.

한 분은 정년을 맞이한 노교수, 또 한 분은 갓 육십의 예인(藝人).

내가 두 분을 가까이 만나기 시작한 것은 노교수 쪽이 10년 이쪽 저쪽, 인간문화재이신 그 예인 쪽은 3~4년 남짓이다. 두 분 모두 그 분야에서는 내로라하는 경력과 실력을 갖춘 분들임은 물론이다. '내 나이 아직 어리다'는 착각에 사로 잡혀 지내는 나로서는, 두 분을 만나면 재롱(?)을 떨기 일쑤다. 그저 '이쁘게' 보아 주는 그 분들의 순수한 심성 때문이리라. 그런데, 오늘 드디어 나는 두 분으로부터 일생일대의 테러(?)를 당하고 말았다.

***

캠퍼스 앞 노상에서 우린 우연히 만났다. 그리고 찻집에서 한담을 나누었다. 자연스레 정년이 화제로 올랐다. 그 분은 내년 2월말 정년을 앞두고 있었다.

그 분 왈, "조교수도 이제 한 5~6년 남았지요?"

아뿔싸, 그렇다면 노교수는 나를 59 아니면 60으로 보고 있었단 말인가?

일순 당황한 나, "아직 20년이나 남았어요!"라고 절박한 심정으로 외친 건 당연지사. 그러나 그 외침이 그 분에겐 '농담'으로 들릴 뿐이었다.

"에이, 그러면 2년 남았다는 말이군요? 하기사 대학교수가 정년으로 밀려나는 일이 억울허긴 허지. 허나 그 2년도 잠깐이란 말이오. 눈 두어 번 껌뻑거리면 2년이 훌쩍 지나가요. 그러니 빨리 정년 이후의 삶이나 준비허시오."

모처럼 파릇파릇한 젊음들로 만원인 그 찻집에서 나는 허허롭게 웃었지만, 속으로는 미칠 지경이었다. 이제 40중반의 팔팔한(?) 내가 졸지에 환갑노인으로 비쳐지고 있는 현실이 비애스러웠고, 매일 만나는 사이는 아니나 가끔씩 만나서 환담을 나누는 처지에서 내 나이조차 제대로 파악 못한 노교수의 무신경과 아둔함이 원망스러웠기 때문이다. 머릿속에 번개처럼 스치는 생각.

"아, 전화로 동사무소에 팩스민원을 신청하여 주민등록초본이라도 보여 주어야 하나?"

그러나 민원서류가 도착하려면 적어도 하루는 걸릴 것이니, 노교수를 그 자리에 묶어둘 수도 없는 노릇이었다.

머리털은 거의 다 빠져버린 상태이나, 팽팽한(?) 피부와 몸의 상태만은 20대 못지않다고 용기를 북돋워주는 마누라의 말만 믿고 자만에 빠져 있던 나였다. 그야말로 눈앞이 캄캄해지는 최종 판결문을 그 노교수는 눈 하나 깜짝하지 않고 읽어 내려간 것이다.

대법원의 최종심에 끌려나온 사형수마냥 애타게 소명하려는 내 마음과 말을 불신하는 듯한 노교수의 눈치. 그게 더 미칠 노릇이었다.

그러나, 어쩌랴! 내 나이가 몇 살이든 그가 그렇게 믿지 못하겠다면 할 수 없는 일 아닌가? 더구나 내 나이가 십대이든 육십 대이든 그 사실이 그 분에게 무슨 상관이란 말인가?

그런 판단이 서자, 비로소 나는 마음의 평정을 찾을 수 있었다.

***

20대 초중반, 대학에 전임으로 자리 잡은 나로서는 지금까지의 대학 재임 기간만을 따져도 지금 정년하시는 분들보다 오히려 길 수 있을 것이다. 그러나 대학에 오래 재직한 것이 무슨 훈장이란 말인가? 하나의 공동체를 위해 얼마나 기여했는가가 평가의 척도일 뿐이다. 그런 점에서 본다면 40중반을 넘기고 있는 지금도 나는 대학에 전임으로 진입했던 20대의 착각 속에 살고 있음이 분명하다.

'인생의 기념비는 50전에 마무리되어야 한다'고 연전에 작고하신 은사 원정선생은 늘 되뇌이셨다. 그러나 나는 인생의 기념비를 준비하기는커녕 아지랑이 자욱한 20대의 꿈에 젖어 50대의 늪을 향해 질주하는 이 고갯길의 번뇌마저 잊고 있었던 것이다. 가련하고도 미련한 내 인생이여!

오늘 눈치 없는 노교수의 한 마디에 충격을 받고, 비로소 내 모습을 되돌아볼 기회를 가졌다.

***

밥상머리에 붙어 앉은 내게 그 인간문화재는 선포하셨다.

"내 이제 그대에게 와서 대학원 공부를 할 테니 그리 알라!" 라고. 놀라움뿐이었다. 누가 이 분의 예술을 따라잡을 수 있단 말인가? 도대체 왜 이 분은 가련한 내게 가르침을 청하시는가? 더구나 국문학도에게. 일순 고난의 가시밭길이 파노라마처럼 머리를 스쳐 갔다. 외국어시험, 종합시험, 논문계획서, 기말세미나, 논문심사, 엠티, 국어문법론, 고대국어특수연구, 문예사조론, 현대소설사, 작가작품론, 문예비평론, 고대소설론, 고대작가특수연구 등등. 저 무수한 늪지대들을 어떻게 통과하여 광채 찬란한 '월계관'을 쓰시려는 건지, 눈앞이 캄캄해졌다. '내 직권으로 국문학 박사학위를 드릴 수 있는 길은 없을까?' 대책이 없었고, 지금도 풀 수 없는 과제를 그 분은 성큼성큼 건네시는 거였다.

사실, 얼마나 아름답고 거룩한 일이냐? 배움에 어찌 나이가 대수일 것이며, 사회적 지위가 무슨 걸림돌일 것이냐? 우리가 제도라는 미명으로 만든 형식 논리 만이 그걸 못하도록 막는 장벽들일 뿐이다. 내실과 전혀 관련 없는, 껍데기뿐인 형식과 절차. '그 형식논리에 안주하여 진짜 실력 있는 아웃사이더들을 핍박해온 주체가 혹시나 아닌가?'라는 깨달음에 나는 일순 당황해지기 시작했다. 일생 제도의 바깥에서 예술의 최고봉을 이룬 이 대가에게 제도권의 허상을 '상처 없이' 알려드릴 순 없을까? 형식논리와 제도의 허울 속에서

날마다 '자괴(自愧)'의 다이어리를 채워가는 이 가련한 인생의 실상을 가감 없이 알려 드릴 순 없을까?

***

사정없이 내 살갗을 쪼는 초춘(初春)의 양광(陽光) 속에 만난 두 분. 두 분의 일갈 속에 눈을 떠 보니 내 인생의 한낮은 이미 기울어 있었다. (2003. 4. 3.)

단옷날

내 생애 쉰 두 번째의 단옷날이자 내 생일이다.

분주하게 살다보면 깜빡하는 수도 있으나, 대개 하루해가 저물기 전에 단옷날임을 알게 되고, 내 젊음이 허무하게 지나가고 있음도 깨닫게 된다. 이 날만 오면 반드시 한 토막씩 행사소식이나 기사를 내 보내는 언론 매체들 덕분이다.

어릴 적 이맘때쯤은 이른 보리 베기와 모내기가 대충 마무리되는 시점이다. 산에 들에 살진 고사리며 수리취 등이 지천으로 자라긴 하나 집집마다 쌀독들은 밑바닥을 드러내던 때이기도 했다. 이른바 보릿고개. 어른 아이 할 것 없이 사람들 얼굴에 허옇게 버짐 피어오르는 춘궁기가 바로 이 때였다. 제사 때 메를 지어 올릴 요량으로 숨겨 두었던 몇 홉들이 쌀도 죽음 문턱의 허기에는 남아날 재간이 없었다.

밥 굶지 않을 정도의 집들에서는 거칠거칠한 수수로 수수팥떡을 만들어 아이들로 하여금 생일을 기억하게 하거나, 나처럼 단옷날에 태어난 친구들은 간간이 수리취떡을 얻어먹는 수도 있었다. 가뭄이 들어 모내기를 못하는 해에는 그나마도 생략하는 게 관례였다. 지금 4, 50대 이후 세대들의 어린 시절 이야기, 호랑이 담배 피우던 시절의 이야기다.

50의 문턱을 넘고도 작은 언덕 둘을 넘었다. '무정함'이 아니라 '무서움'으로 탓할 만한 시간의 빠름이다. 이루는 것 없이 앞뒤로 몇 번 두리번거리다 보면, 뚝딱 한 해가 저 멀리 사라지곤 한다. 읽어야 할 책들은 안두(案頭)에 쌓이는데 눈은 침침해지고, 채워야 할 원고지의 칸들은 빈 바둑판처럼 정연한데 펜 잡은 손에 힘이 빠지고 있으며, 술잔으로 챙겨야 할 친구들은 늘어서 있는데 몸의 나약함은 술을 이기지 못한다. 이기지도 못할 술을 마셔놓곤 "어허 이것 봐라 하늘이 도는구나/뱅글뱅글 물매아미같이/하늘이 돈단 말이/저 놀랍고도 새로운 천문학적 진실 위에/세대의 윤리는 성좌같이 찬연하다"고 너스레를 떤 시인 김동명. 그 역시 술의 힘을 빌려 덧없는 세월의 시름을 달랜 것이나 아니겠는가.

***

이번 생일엔 제자 아들의 돌잔치에 들렀다가 강화도 전등사를 찾았다. 묘한 대조였다. 터질 듯 말랑말랑한 아가의 볼은 무한한 미래를 잉태하고 있었다. 그러나 꺼칠한 내 볼은 공동체의 미래를 위해 무엇을 약속할 수 있단 말인가.

가버린 내 청춘을 조상(弔喪)하듯, 여름 장마 같은 궂은비에 흙탕물이 튀었다. 날아갈 듯 호젓한 전등사의 대웅전은 옛날 보던 그대로였다. 세월의 때를 고스란히 보여주는 빛바랜 단청. 소박하고 솔직해서 좋았다. 그 대웅전은, 칠이 벗겨지기 시작하자마자 냅다 원색으로 덧칠해대는 우리네의 천박함과 달랐다.

이 절의 주지는 누굴까. 그는 어쩌면 그 속진(俗塵)의 굴레로부터 멀리 벗어난 존재인지도 모를 일이었다. 비 오는 날 오후여서였을까. 그 흔한 목탁소리조차 들려오지 않았다. 비에 젖어 몸을 떠는 까치들의 울부짖음만이 가끔 빗소리의 고즈넉함을 깨고 있었다.

경내 안의 찻집을 찾았다. '참 좋은 인연'이라든가, 이름 한 번 그럴 듯 했다. 통나무를 어슷비슷 잘라내어 만든 다탁과 의자에는 선남선녀들이 마주앉아 속삭이고들 있었다. '솔 바람차'를 시켰다. 그 이름을 누가 지었을까. 수면에 어렸다가 풀어지는 솔향기가 가슴을 적셨다.

찻집의 인테리어를 뜯어보며 마음속으로 열심히 설계도를 그리는 아내. 새 집 지을 꿈에 부풀어 있으리라. 배산임수의 명당에 그림 같은 집을 짓고 토방 있는 다실(茶室)을 만들겠노라는 푸진 꿈을 솔향기 속에 갈무리하고 있었으리라. 모처럼 우리는 호사스런 백일몽을 즐길 수 있었다.

***

50대의 생일은 어떠해야 할까. 선배들은 50대의 생일을 어떻게들 보냈을까. 이 물음들의 해답을 찾기가 갈수록 어려워지는 것은 우리네 삶의 무게가 갈수록 더해지기 때문이다. 내가 짐 지고 걸어온

길. 자식들에겐 더 큰 짐을 지워주고 싶은 욕망. 아니 그들에게 그런 욕망을 강요하는 우리네 삶. 내 몸에 얽힌 삶의 사슬이 무자비하고, 그들의 어깨 위에 걸린 삶의 무게가 안쓰럽다. '훌훌 털고 가볍게 살다 가자!'고 무소유의 삶을 주창한 어느 노 선사를 아는가. 지금 과연 그는 가벼움을 즐기고 있을까. 무거운 짐들을 잔뜩 지고 길 가득 걸어가는 중생들의 땀 흘리는 얼굴을 보며, 과연 그는 홀가분함을 즐기고 있을까.

갈수록 두 어깨의 짐은 무게를 더하고, 길의 끝 부분 저 먼 곳이 자꾸만 궁금해지는 것은 무엇 때문일까. <2008. 6. 6.>

육안(肉眼)을 넘어 심안(心眼)으로

　　서화담(徐花潭) 선생이 길을 가다가 집을 잃어버린 채 길가에서 울고 있는 사람을 만났다. 그는 화담선생에게 "저는 나이 다섯에 눈이 멀어 지금 20년이나 되었는데요. 오늘 아침에는 밖으로 나왔는데 갑자기 천지만물이 환히 보이기에 기뻐 어쩔 줄 몰랐지요. 그러나 집으로 돌아가려고 하니 길은 여러 갈래이고 대문들이 서로 비슷비슷하여 제 집을 분별할 수가 없군요." 하는 것이었다. 선생은 "도로 눈을 감으시오. 그러면 곧 당신의 집이 있을 것이오." 하고 집 찾는 방법을 알려 주었다. 그러자 그 맹인은 다시 눈을 감고 지팡이를 두드리며 익숙한 걸음걸이로 곧장 자기 집을 찾아갈 수 있었다 한다.

　　조선조 영조 때 연암 박지원 선생이 인간의 본분을 그르치는 망상의 위험을 깨우치기 위해 끌어온 서화담의 일화가 바로 이 이야기다. 외부에 드러나는 색깔과 형상에 정신이 혼란스러워지고 슬픔과 기쁨에 마음이 쓰여서 망상이 되기 때문에 차라리 맹인으로 돌아가 지팡이를 두드리며 익숙한 걸음걸이로 걷는 것. 그것이 바로 우리가 본분을 지키는 도리임을 깨우치기 위한 비유의 목적으로 연암선생은 이 일화를 인용했겠으나, 어쩜 화담선생의 일화에 나오는 스토리는 사실일지도 모른다는 생각을 이번에 불현듯 하게 되었다.

***

우리는 왜 '보이는 것들'에만 집착할까? 우리가 만나야 하고, 소유해야 하는 것들 가운데 보이는 것은 과연 몇 %나 되는가? 젊은이는 젊은이대로 '제 눈에 보이는' 아름다운 형상과 '제 귀에 들려오는' 달콤한 말들에만 집착한다. 젊음은 덧없는 시간에 밀려 머지않아 주름이 지고 소멸의 나락에 떨어지련만, 우리 모두는 흡사 그것이 영원히 지속되리라 착각하고 산다. 달콤한 말이 바람결에 흘러가 버리면 배신과 회한의 암종으로 변할 수도 있는 것을.

그런데도 우리는 그것을 '움켜잡아야 할' 구원의 노끈으로 착각한다. 세상의 모든 반목과 대립, 욕망과 집착이 바로 '육체의 눈'을 통해 '보이는 것'으로부터 연유된다는 사실을 단 한 순간만이라도 깨닫는다면, 우리네 삶이 이토록 각박하고 힘겹진 않으리라. '육안'으로 확인할 수 있는 세계보다 '심안'으로 확인할 수 있는 사물이나 세계가 훨씬 넓고 가치 있다는 점을 깨닫기만 한다면, 우리네 삶터가 이토록 삭막하진 않으리라.

그러나 나와 대부분의 내 이웃들은 육안만을 지닌 채 그렇게 살아왔고, 특별한 계기가 없는 한 앞으로도 '육안만으로 그렇게들' 살아갈 것이다. 육안으로 확인한 사실만 모든 것의 표준으로 착각하면서 세상의 이익을 송두리째 삼키기 위해 혈안(血眼)들이 되어 날뛸 것이다.

'혈안'은 '분노와 흥분으로 핏발이 선 눈'이다. 인간의 욕망과 배신, 갈등으로 점철된 '육체의 눈'이다. 그 검붉게 충혈된 '육안', '혈안'을 가지고 우리가 '심안만을 가진 우리의 이웃들'을 만났던 것이다. 우리와는 너무나 멀리 떨어진, 그래서 가끔 이야기 속에서나 볼 수 있었고 더욱 더 띄엄띄엄 아득한 뉴스 속에서나 보던 사람들을 만나게 된 것이다. 이 세상은 육안만을 가진 사람들이 자기네들 위주로 꾸려나가는 공간이다. 이 세상의 주인이라 착각하는, 육안뿐인 우리들은 자신들이 진짜 시각 장애인인 줄을 모른다.

앞에서 말하지 않았던가. 세상에 육안으로 볼 수 있는 것이 얼마나 되더냐고. 안타까운 일이다. 육안만을 지닌 우리가 '심안만을 지닌' 우리네 이웃들을 도와준답시고 육안만을 지닌 사람들이 가급적 적게 오고 가리라 생각되는(그들에게 방해를 덜 주겠다는 배려인가?) 문경 새재를 함께 넘었다. 그리고 풋풋한 솔바람 속에서 그들의 밝고 건강한 의지를 배우게 되었다. 아, 나야말로 그동안 영락없는 시각 장애인이었던 것이다! 함께 팔짱을 끼고 새재를 넘은 서른다섯의 최 양도, 쉰셋의 김 씨 아저씨도 모두 내 선생님들일 뿐이었다.

시도 때도 없이 내 안에서 부글거리곤 하는 불평과 불만, 좌절은 대체 무어란 말인가. 글을 쓰기 위해 컴퓨터를 익힌다던 최 양, 의료정책이나 세상의 부조리 등을 당당하게 성토하던 침구사 김씨, 아들딸들을 모두 훌륭하게 키워내고 손자들의 재롱 속에서 세상을 즐겁게 살아가고 있다는 주부 김 씨 등등. 그들은 '육안뿐인' 우리보다 더 깊고 넓은 세계, 더 높고 많은 것들을 보고 있었다.

서화담이 만난 그 맹인은 육안이 없기 때문에 오히려 자신이 걸어갈 길을 정확히 알 수 있었다. 육안은 우리 자신의 내면과 본질을 그르치는 욕망과 탐욕의 창일 가능성이 많다. 그러나 심안은 우리의 내면을 진리가 숨 쉬는 평화로운 초원으로 인도하는 길잡이일 가능성이 더 많다. '육안 없는 자들이 무얼 볼 수 있으랴?' 라는 편견 속에서 우리는 우리의 삶터를 이루고 있는 또 다른 면을 '백안(白眼)시' 해왔다. 그 일면을 바라보지 못하는 한 '육안만의 우리'는 영원한 불구자들일 수밖에 없다. 무섭고 안타까운 일이다.

앞으로 더욱 열심히 이들의 벗이 되어야겠다고 다짐하는 가족들의 표정에서 육안과 다른 심안이 비로소 열리고 있음을 나는 보았다. <2002. 5. 4.>

말이 많아 탈도 많은 세상

　몇 해 전의 일이다. 자료 관계로 헤매다가 ㄱ대학 ㄱ교수와 전화접촉을 하게 되었다. 그는 머뭇거리며 부탁하는 내 말이 끝나기도 전에 자료문제라면 걱정 말라고 시원스레 약속하는 것이 아닌가. 잠시 기분이 좋았고, 나도 남들에게 그런 식으로 친절을 베풀어야겠다는 생각 또한 하게 되었다. 그러나 그 후 좀처럼 소식은 오지 않았다. 이 날 저 날 기다리다가 몇 개월 만에 '조심스럽게' 다시 연락을 했다. 그런데 그는 자신이 한 말을 까맣게 잊어버리고 있었을 뿐 아니라, 궁색한 변명까지 늘어놓는 것이었다. 그 일이 있고 나서야 지인(知人)들로부터 그의 말이나 약속은 믿을 게 못 된다는 충고를 들을 수 있었다. 그는 나로부터 걸려온 장거리 전화의 반가움 때문에 앞 뒤 생각지 않고 쾌락(快諾)했을 것이다. 그러나 곰곰 생각한 다음 그 자료를 내게 양도할 경우 큰 손해라는 판단을 내린 것이 분명했다.

지키지 못할 말과 약속은 그것을 주고받은 사람들을 모두 우습게 만든다. 그가 처음부터 말에 좀 더 신중했더라면, 나도 그다지 서운하지는 않았을 것이다. 결국 그는 내게 거짓말을 한 셈이었다. 이처럼 최근 들어 말과 관련하여 염증을 느끼게 되는 경우가 많다. 신의를 담지 않은 말 뿐만 아니라 거친 말이나 말실수가 범람하는 세태가 우리 모두를 짜증나게 한다.

***

말이 거칠면 세상이 험악해지는 법. 바야흐로 말 때문에 세상은 각박해지기 시작했다. 그러나 말이 처음부터 거칠게 나오는 건 아니다. 대수롭지 않게 던졌어도 상황에 따라서는 큰 반향을 불러일으키는 것이 말이다. 그것은 사람들의 이해관계와 입장이 다르기 때문이다.

말의 중요성이 사람들의 관심사로 떠오른 것은 이른바 참여정부가 출범하면서부터다. 정치인들 사이에 거친 말들이 오고가는 것은 그간 일상화 되다시피 했으므로 그리 놀랄 일도 아니다. 그러나 국정을 책임 진 사람들이 수시로 저지르는 말실수나 때에 따라 달라지는 말들은 당혹스러울 정도다. 때와 장소에 따라 달라지는 말이나 말실수로 인해 빚어지는 정책의 혼선이 이익집단들 사이의 갈등을 불러일으키기 일쑤다. 그런데, 유독 참여정부에 들어와서 말로 인한 논란이 심해진 이유는 무엇일까. 무엇보다도 말이 많기 때문이다.

말이 많으면 실수도 많기 마련이다. 먼저 자신의 말을 실천할 수 있느냐의 여부를 따져보아야 하고, 그게 안 되면 적어도 그 말의 여

파 정도는 미리 고려해야 하는 것이 국정을 맡은 자들의 기본이다. 이것저것 따질 여유 없이 다급하게 내뱉는 말들에 실수가 없다면 오히려 이상한 일 아닌가. 그러지 않아도 세상인심은 여유롭지 못하다.

"열 마디 가운데 아홉 마디가 맞아도 신기하다고 칭찬하지 않으면서 한 마디 말이 맞지 않으면 원망의 소리가 사방에서 들려오니 군자는 차라리 입을 다물지언정 떠들지 않아야 하고 서툰 체 할지언정 재주 있는 체 하지 않아야 한다"는 『채근담(菜根譚)』의 경구(警句)는 우리나라의 상황에 적절한 가르침이다. 가뜩이나 혼란스럽고 인색한 세상살이에 정권 담당자들의 다변(多辯)과 실언(失言)까지 가세해서는 안 될 일이다.

누구든 말실수를 할 수는 있다. 그러나 자신의 말이 실수임을 깨닫지 못하거나, 깨닫지 못함으로 인하여 말실수가 거듭되는 것은 큰 문제다. 설사 자신의 말이 실수임을 깨닫는다 해도 그것을 자꾸만 덮으려 한다면, 그것은 더 심각한 문제다. 그것은 단순한 실수가 아니라 질(質) 나쁜 거짓과 위선(僞善)이기 때문이다. 말실수를 거듭하는 사람은 대개 경박한 성품의 소유자인 경우가 많다. 이런 사람들일수록 말실수를 인정하려 들지 않는다. 자꾸만 자신의 실수를 감싸려 하고 장황하게 변명하려 한다. 처음에 실수를 인정하고 반성한다면 문제는 그것으로 끝날 수 있다. 그러나 처음의 실수를 변명하거나 합리화 하다보면 그것은 눈덩이처럼 불어나기 마련이다. 얼마 안가 자신의 짤막한 혀로 막아낼 수 없는 단계에 이르고, 결국은 파탄의 비극으로 끝나고 만다. 가족·친지·친구들에게 피해를 준다는 점

에서 평원(平原)의 필부(匹夫)일지라도 말실수로 인한 파탄의 결과
는 비극적인데, 하물며 수천만의 생령(生靈)들을 책임져야 하는 공
인(公人)인 경우야 더 말해서 무엇 하리.

***

공자(孔子)는 "글로는 말을 다 표현할 수 없고, 말로는 사람의 의
사를 다 표현할 수 없다"(『역(易)-계사 상(繫辭 上)』)고 했다. 말과
글은 사람의 생각을 드러내는 수단이지만 그 한계 또한 뚜렷하므로
말조심을 해야 한다는 뜻이다. 불교에서도 선문 수행의 첫 과제가
묵언(黙言)이다. '침묵이 금'이라는 격언은 말을 통해 말하는 자의
진심이 왜곡될 수 있음을 지적한다. 그래서 '아는 자는 말하지 않는
다'는 잠언(箴言)의 진의야말로 지혜로운 자만이 깨달을 수 있는 것
이다.

그렇다고 모든 말이 부덕하거나 부정적인 것은 물론 아니다. 말
이라는 도구를 빼놓고 공동체를 유지하거나 인간의 지혜를 전승하
는 일은 생각할 수 없기 때문이다. 그러나 말은 언제나 경박함이나
허세, 거짓으로 흐를 수 있는 개연성을 지니고 있다. 그런 만큼 말
에서 경박함이나 거짓을 불식(拂拭)할 수 있는 유일한 수단은 말하
는 자의 덕이다. 덕을 바탕으로 하는 말만이 실행으로 옮겨질 수 있
다. 난무하는 말들 가운데 덕을 실었거나 행동으로 옮겨지는 것은
극히 일부분이다. 덕을 함양하는 일, 실천으로 옮기는 일이 쉽지 않
기 때문이다. 그래서 대부분의 말은 튀어나오는 즉시 허공으로 흩어
지고 만다.

덕과 실천의 무게를 지닌 말만이 오래도록 살아남는 법이다. "말

을 삼가서 덕을 기른다"(『근사록(近思錄)』)거나 "묵묵(黙黙)한 가운
데 이룰 뿐 겉으로 말하지 않아도 백성이 믿는 것은 오직 그 덕행
에 있다"(『주역』)는 등 경구들 속의 '말'은 이를 지적한 내용이다.
조심스럽고 무게 있는 말이 나 자신과 나라를 구하는 요체임을 절
실히 깨닫게 되는 요즈음이다. <2004. 4. 10.>

망둥이의 추억

얼마 전 후배 K교수가 쇼핑백 하나를 들고 연구실에 들어섰다. 허겁지겁 열어 본 즉 곱게 말려 다듬은 망둥이들이 그득 들어 있는 게 아닌가! 내 '망둥이 타령'이 생각나 고향 간 김에 모친께 부탁하여 얻어 왔노라는 고마운 설명이었다.

어제 집에 들어가니 태안의 서예가 동포 림성만 선생이 부쳐온 마른 망둥이 한 상자가 거실에서 주인을 기다리고 있었다. 깨닫지 못한 사이에 내가 망둥이 타령을 흘렸고, 동포 선생 또한 그걸 잊지 않고 있었던 모양이다. K교수의 고향은 부안이니 나와 동향인 동포 선생과 함께 우리는 서해바다 갯벌 출신이란 공통점을 지니고 있다. 어쩌면 우리는 망둥이에 관한 추억까지 공유하고 있는지도 모를 일이다.

그런데, 어찌하여 나는 가는 곳마다 망둥이 타령이나 하게 된 걸까?

40 중반을 넘어서면서 잊고 있던 어린 시절의 추억, 그 가운데 미각과 관련된 추억들이 새록새록 되살아나는 이유를 알 수가 없다. 누군가는 말했다. 사람의 입맛이란 지문(指紋)보다 더 정확한 것이라고. 나이 먹어가면서 음식의 취향은 점점 어린 시절의 그것으로 되돌아간다는 것. 그러니 그가 좋아하는 음식을 보면 그가 보낸 어린 시절의 삶을 짐작할 수 있다는 것이다.

***

생각해보면 어린 시절 내 음식의 취향을 결정지은 것들 가운데 망둥이를 빼놓을 수 없다. 망둥이는 주로 바닷물과 민물이 합쳐지는, 갯벌이 발달된 연안에서 사는 물고기다. 좌우에 발달된 지느러미를 빨판처럼 사용하여 뻘탕을 기어 다니기도 한다. 사실 망둥이처럼 못 생긴 물고기도 없을 것이고, 그것처럼 '별 맛 없는' 물고기도 없을 것이다. 오죽하면 똑똑하지 못하고 좀 멍청한 사람을 가리켜 '얼간망둥이'라고 할까.

사람들은 망둥이가 무언지는 몰라도 "숭어가 뛰니까 망둥이도 뛴다"든지, "장마다 망둥이 날까", "망둥이 제 새끼 잡아먹듯 한다"는 등 망둥이를 두고 만들어진 속담들은 잘도 쓴다. 그만큼 어느 시절까지는 우리 주변에서 흔하디흔했던 물고기들 중의 하나가 망둥이였을 것이다.

내 고향은 갯벌이 잘 발달된 서해안에 있다. 그곳에서 가장 흔하면서 맛도 있고, 잡는 재미 또한 느낄 수 있는 것이 망둥이였다. 어느 집에나 망둥이 낚싯대 한 두 개쯤은 갖추어져 있었다. 투박한 낚시와 납으로 만든 봉돌을 청울치 노끈에 달아매고 짤막한 왕대나무 낚싯대에 묶으면 낚시 도구로는 만점이다. 갯벌에 널려 있는 갯지렁이는 최고의 미끼였다. 낚싯대를 통해 전해오는 망둥이의 힘찬 몸부림, 그 손맛 또한 그만이었다.

당시 고향의 장정들은 틈만 나면 망둥이 낚시질에 나섰다. 물때를 맞추어 수십 리나 되는 바다로 나가서 하루 종일 물에 하반신을 담그고 망둥이를 낚는 것이 농한기의 일과였다. 돌아오는 그들의 다래끼에는 번들번들 윤기 나는 망둥이들로 그득했다. 그들은 집에 돌아오자마자 망둥이의 내장(내장이래야 별 것 없다. 망둥이의 턱 밑에 왼손의 엄지손톱을 대고 오른 손 엄지손톱으로 망둥이의 아랫부분에서부터 밀어 올리면 병아리 똥 만한 내장은 쉽게 빠져 버린다)을 빼고 다듬는다. 다듬질이 끝난 망둥이에 설렁설렁 굵은 소금을 뿌린 다음 댓가지에 가지런히 꿰어 햇볕에 말리면 가공은 끝나는 것이다.

***

어른들처럼 아이들의 일과도 대개 망둥이 낚시였다. 학교에 모인 아이들은 망둥이 낚시에 얽힌 무용담과 전과(戰果)에 대한 자랑으로 긴 하루를 보내곤 했다. 어떤 녀석은 가끔 팔뚝을 홀렁 까 보이며 자신이 잡은 망둥이의 크기를 과장하기도 했다. 그러다가 경쟁이 지나쳐 주먹다짐을 나누는 일이 예사였다. 어쨌든 꽁보리밥과 밥솥에 쪄낸 간 망둥이 몇 마리가 그들 도시락 내용물의 전부였다. 도시락에서 꺼낸 망둥이들의 길이를 재보며 무용담의 진위 여부를 가리는 것이 당시 점심시간에 일상적으로 벌어지던 풍경이었다.

나는 망둥이 잘 잡는 그들이 너무나 부러웠다. 그들로부터 가끔씩 망둥이를 얻어먹으며 나는 결국 '멋진 망둥이 낚시꾼'이 될 수 없을 거라는 좌절감에 젖기도 했다. 별 볼 일 없던 내 망둥이 낚시 실력 때문이었지만, 아버지 역시 망둥이 낚시에 별반 관심이 없으셨던 관계로 다른 아이들에 비해 망둥이 맛을 볼 기회는 거의 없었다. 그래서 망둥이와의 만남은 학교 점심시간이 고작이었다. 그 시절의 점심시간에 맛본 친구들의 망둥이가 유년기의 상처 받은 자존심과 함께 미각의 지문으로 이토록 오랜 동안 남게 될 줄은 꿈에도 몰랐다.

'순갱노회(蓴羹鱸膾)', 곧 '순채국과 농어 회'라는 뜻의 고사(故事)가 있다. 진(晋)나라의 장한(張翰)은 고향의 명산인 순채국과 농어회를 잊지 못해 관직을 사퇴하고 고향에 돌아갔다. 그 고사로부터 나온 '순갱노회'의 성어(成語)는 '고향을 잊지 못하고 그리워하는 정'을 뜻한다. 순채국과 농어회가 무엇이관대 소중한 벼슬까지 버렸는지 세속의 때에 찌든 나로서는 이해할 수 없지만, 나이가 들수록 잊기 어려운 게 고향의 맛임을 보여주는 사례가 아닐까.

***

망둥이는 참으로 물고기 중의 '촌놈'이다. 숭어나 농어 등 귀족적인 물고기들에 비하면, 생긴 것도 맛도 지독하게 촌스러운 녀석이다. 궁벽한 고향을 떠나 도회에서 30년 세월을 보낸 나 역시 아직 촌놈의 티를 벗지 못하고 있다. 그래서 나는 망둥이고, 망둥이는 바로 나인 셈이다. 근래 되찾은 망둥이의 추억은 그간 잊고 있던 고향

의 맛이요, 따라서 '망둥이의 추억'은 바로 '나'에 관한 추억이기도
하다.

　망둥이들의 서식처인 고향의 갯벌은 이미 사라졌고 망둥이들도
저 멀리 사라져 버렸다. 지금, 말린 망둥이를 잊지 못해 모든 걸 팽
개치고 고향으로 돌아가고자 하나 어디서 '잃어버린 고향'을 찾을
수 있단 말인가? <2003. 5. 11.>

태안의 절망, 그리고 작은 희망

무지갯빛 기름띠 두른 바닷물이 바락바락 밀려드는 태안군 신두리 갯벌.

오늘도 그곳엔 검게 착색된 돌들을 닦고 훔쳐내는 손길들이 분주합니다. 이마에 숏는 땀방울마냥 표면에 기름방울 송글송글 달고 있는 돌들이 안타깝습니다. 흡사 식은땀 흘리며 병상에 누운 자식을 바라보는 부모의 마음이라 할까요? 지금껏 고향 바닷가의 돌들을 이렇게 조심조심 어루만지며 그들의 몸을 소중하게 닦아본 경험이 없습니다. 지금껏 바닷물은, 바닷가 모래사장과 돌들은, 드넓은 갯벌은, 그저 사람들을 위해 존재하는 소품으로만 여겨왔습니다. 몹쓸 것들을 함부로 버려도 금세 정화시켜 우리에게 뛰어난 아름다움과 맛으로 되돌려 주는 '무한 희생의 어머니'로만 여겨왔지요.

함부로 집어 던지고, 깨고, 침 뱉고, 툭하면 찾아와 욕설을 퍼부어도 그 바닷가의 돌들은 말 없는 고요함으로 우리를 맞아준 '묵언(默言)의 성자'였음을 비로소 깨닫습니다. 자식 놈들 얼굴 닦아주는 일도 귀찮아하던 제가 바닷가의 돌들을 정성스레 닦아 주면서 터져오르는 회한의 오열을 삼키고 또 삼킨 것도 그 때문입니다.

울컥 치밀어 오르게 하는 기름 냄새와 끊임없이 들려오는 물소리. 그것들을 빼면 지금 그곳엔 살아있는 게 없습니다.

낮이면 늘 그곳엔 새까맣게 몰려나와 해바라기를 즐기던 능정이, 쇠발이, 황발이, 송장망둥이 등이 널려 있었습니다. 그저 멀리서 다가서는 시늉만 해도 그들은 잽싸게 저들의 구멍으로 몸을 숨기곤 했지요. 그러나 기름 벼락을 맞은 이후 그곳엔 아무런 움직임이 없습니다. 아마 모두들 제 집 속에서 죽어있을 겁니다. 제 어린 시절의 삶터이자 놀이터였던 그 바닷가는 그렇게 숨을 놓아버리는 중입니다. 어린 시절 저는 그 바닷가 모랫벌에서 달랑게와 경주를 하며 몸과 마음을 키워왔습니다. 그런데 그들 역시 깡그리 자취를 감추고 말았습니다.

***

저를 아시는 분은 '저 촌놈이 또 고향타령을 시작했구나!' 하시겠지요. 그러나 아무리 오일펜스를 쳐도, 아무리 흡착포를 갖다 붙여도 물길이 이어져 있는 한, 네 바다와 내 바다의 경계는 없습니다. 기름 덩어리는 거침없는 해류를 타고 남으로 북으로 동으로 서로 마구 번져가, 결국은 우리 모두의 마음까지 황폐화 시킬 것이기 때문입니다. 삶터에 '독약'을 쏟아 붓고도, 달랑 흡착포 한 장 들고 걸레질이나 하라고 하는 우리의 '대책 없는 원시성'이 그저 놀라울 뿐입니다.

기름 절은 자갈밭을 걸레질하며 비로소 깨닫습니다. '자연은 선택이 아닌 삶의 필수조건'이라는 점을 말입니다. 너무나도 자명한 진리를, 아니 상식을 비로소 깨달은 것입니다. 그런 점에서 우린 상식조차 제대로 갖추지 않은 채 살아오고 있었던 셈입니다. 그러나 그건 저만의 깨달음은 아닐 겁니다. 그런 깨달음을 얻었기에 이미 다녀간 자원 봉사자들이 또 찾아오는 게 아닐까요?

물론 한 뼘씩 걸레질을 해본들 우리가 바다에 가한 폭력의 상흔을 다 씻어낼 수는 없을 겁니다. 그래서 기름이 절어있는 바다엔 절망만 그득한 듯합니다. 그러나 이제부터라도 소중한 자식들의 낯을 닦아주듯 바다와 자연을 소중히 다루는 마음만 갖게 된다면, 머지않아 바다는 다시 숨을 쉬게 될 것입니다. 우리의 젊은이들이 자연과 환경이 우선이라는 인식만 갖게 된다면, 앞으론 많이 달라질 수 있겠지요.

오늘 걸레질을 하던 중 바위틈에서 살곰살곰 움직이는 아가 능정이를 발견했습니다. 분명 그건 희망이었습니다. 비록 그의 체구는 몹시 연약했지만, 조만간 그는 숨 쉴 만한 갯벌의 공간을 찾아낼 것입니다. 저는 실낱같은 희망일지라도 위대한 힘을 발휘할 수 있으리라 믿기로 했습니다. 지금 이렇게 죽어가는 태안의 바다가 여러분의 아낌없는 응원과 기도를 기다리고 있습니다.

고맙습니다. <2007. 12. 23.>

모정

군 복무 중인 작은 녀석. 부대에 배치받자마자 거의 하루에 한두 번씩 전화를 걸어온다. 아침저녁으로 모자가 통화하는 모습은 최근 생겨난 우리 집의 풍경이다. '요즘 군대 참 좋아졌구나!'라는 느낌 이외의 다른 생각은 할 여지가 없었다. 그런데 작은 모임에서 활동하던 아내는 최근 구성원들과 함께 실크로드로 여행을 떠났다. 여행 떠난 날로부터 아들 녀석의 전화가 '딱!' 끊어지고 말았다. 비로소 아내의 부재를 실감하게 되었다. 왜 아들 녀석은 전화를 하지 않는 것일까. 답은 하나. 바로 그의 엄마가 집에 없기 때문이었다! 그래서 요즘은 약간 서운하다.

나도 그랬다. 도시에서 공부하다가 방학을 맞아 고향에 내려갔을 때, 어머니가 집에 계시지 않으면 그렇게 서운할 수가 없었다. 그리고 어머니 대신 맞아 주시는 아버지가 그토록 어색할 수가 없었다.

어머니가 집에 계시면 방 안에 발갛게 불이 담겨진 화로가 놓여 있는 듯한 느낌이었다. 반대로 어머니가 안 계시면 전체적으로 썰렁했다.

***

최근 어떤 잡지로부터 청탁 받은 글을 탈고했다. 어쩌다 보니 향가 <도천수관음가>를 지극한 모정의 측면에서 바라보는 글을 쓰게 되었다. 쓰는 과정에서 고려노래 <사모곡>을 다시 보게 되었고, 신달자 시인의 <사모곡>과 가수 태진아의 <사모곡>도 살펴보게 되었다. 어쩜 그리도 모두 살뜰하게 어머니를 그리는 절창들인지!

물론 <도천수관음가>는 눈이 보이지 않게 된 아들을 위해 관음보살에게 빌고 있는 어머니(희명)의 심정을 표현한 노래다. 희명의 아들도 당시는 몰랐겠지만, 어른이 되어 어머니의 은혜를 깨닫곤 태진아처럼 절규하듯 '사모곡'을 불렀으리라.

아버지의 사랑을 호미로, 어머니의 사랑을 낫으로 각각 비유하고, '호미보다 낫이 훨씬 잘 든다'는 말로 어머니 사랑이 훨씬 '거시기함'을 말하고자 한 것이 고려노래 <사모곡>이다. 그렇다. 옛날부터 어머니의 사랑에 비해 아버지의 사랑은 그토록 '별 볼 일 없었던' 것이다. 가끔 TV의 화면에 비쳐지는 장면이 있다. 불치의 병에 걸려 신음하는 아들의 병상에 붙어 있는 어머니의 모습. 도대체 아버지들은 모두 어디에 간 걸까.

***

아무리 기다려도 전화하지 않는 '군바리' 아들을 내심 원망하며 새삼 어찌 해 볼 수 없는 모정의 위대함을 되씹어 본다. 그도 내 나이가 되면 이 심정 알게 될까? <2007. 4. 19.>

부정(父情)

동물의 생태에 관한 TV 프로그램을 즐겨 보는 편이다.
미국에 잠시 체류할 때 '애니멀 플래닛(Animal Planet)'이란 채널을
즐겨 보았다. 식구들과 가끔 채널 다툼(?)이 생겨나곤 했던 것도 그
때문이다. 그들의 삶의 원리나 방법이 인간의 그것과 별 차이 없다
는 것이 내가 동물의 세계를 즐겨 보는 이유다. 구체적으로 그들의
삶의 원리는 무엇일까. 첫째는 약육강식 등 힘의 논리에 대한 승복
이고, 둘째는 자식에 대한 애틋한 정이다.

　약자를 지배하는 유일한 근거는 힘이다. 그 면에서 적어도 동물
계의 불확실성은 없다. 윤리나 양심 등 약간의 예외를 빼면 인간 세
계의 원리 역시 약육강식이다. 사실 윤리나 양심 등도 약육강식의
잔인성을 포장하거나 합리화하기 위한 수단일 뿐, 늘 그것들이 인간

행동에 적용되는 것은 아니다. 그럴 경우 그것은 가식으로 비칠 가능성이 훨씬 크다. 그리고 보면 인간은 동물보다 불순한 존재임에 틀림없다. 그래서 나는 동물들을 좋아하고, 그들의 삶을 훔쳐보기를 좋아한다. 한국판 애니멀 플래닛의 출범을 고대하는 것도 그 때문이다.

동물의 애틋한 자식사랑도 인간과 마찬가지고, 아버지보다 어머니가 헌신적인 점도 인간과 마찬가지다. 부모 모두 자식 기르는 데 헌신적인 모습을 보여주는 동물도 있긴 하다. 그러나 대충 수컷들은 육아에 무책임하다. 어떻게든 암놈을 차지하여 씨를 뿌리는 데만 혈안이 되어 있다. 일단 씨를 뿌리고 나면 낳고 키우는 건 암놈의 몫이다. 아버지가 누구인지 대충이라도 알기 어려운 것이 초원에 펼쳐진 동물들의 세계다.

인간도 그렇다. '깊은 정은 부정(父情)'이라지만, 그건 모정에 비해 하나도 애틋하지 않은 부정의 실상에 대한 수사(修辭)일 뿐이다. 그래서 그런가. 아들들은 대충 아버지가 되어서야 아버지의 입장을 깨닫고 자식들을 가까이 하려한다. 그럴 수밖에 없었던 '어린 시절 아버지의 무정함'을 다 늦어서야 알아차리기 때문이다. 그나마 다행이랄까.

***

국내 굴지의 재벌 H그룹의 모 회장이 술집에서 얻어맞고 온 아들의 복수를 위해 끔찍한 활극을 벌였다. 아들의 나이가 스물셋이니, 일찍 장가들었다면 아들이라도 보았을 나이다. 이제 육체적으로도 사회적으로도 다 큰 녀석 아닌가. 그럼에도 밖에서 얻어맞고 들어온 아들이 그리도 애처로웠을까. 회장의 나이를 잘은 모르지만, 아마 지천명(知天命)이나 이순(耳順)의 언저리를 맴돌고 있을 텐데. 이제 세상 물정 알 만큼 알고, 철이 들었을 만큼 들었을 그가 다 큰 아들이 얻어맞고 들어왔다고 경호원들을 대동하고 직접 응징에 나섰다니, 어안이 벙벙해진다.

옛날 내 인척 가운데 한 분도 자식 사랑이 끔찍했었다. 그러나 같은 경우의 대처방법은 회장과 달랐다. 애가 밖에서 맞고 들어왔을 때, 자초지종을 물어 억울하게 맞았으면 아들을 다시 보내 스스로 복수하고 사과까지 받아오게 했다. 만약 아들이 잘못이었다면 그를 엄하게 꾸짖었다. 그런 교육을 받은 그는 책임감 강한 인간으로 자라날 수 있었다.

애들이 밖에서 놀다 보면 사소한 다툼이 있을 수 있고, 툭탁거리며 싸우기 일쑤다. 회장의 아들은 어쩌면 어린 시절부터 곱고 귀하게 자랐을 것이다. 애들과 티격태격하다가 한 대 얻어맞으면 또르르 달려와 부모에게 일러바치고, 부모 또한 참을성 없이 달려가 주먹다짐을 하곤 했으리라. 그러니 스물셋이란 나이를 먹고도 몇 대 밖에서 얻어맞았다고 싸움판에 부모를 끌어들이지 않았겠는가. 참으로 안타까운 일이다.

***

그 회장이 경찰 등 나라의 공권력을 우습게 만든 점은 따로 따져야겠으나, 필자 같은 일개 필부의 눈으로도 그 부자의 행실이야말로 정상적인 경우는 아니다. 초원에서 늘상 보는 무책임한 수컷의 범주는 벗어났으니, 그나마 다행이라고 할까. <2008. 4. 30.>

버리고 떠나기

　　우리는 살아가면서 얼마나 많은 쓰레기들을 버리는가.
자고 일어나면 집안 곳곳은 물론 마을의 공터마다 쓰레기로 넘쳐난
다. 급기야 쓰레기 전쟁이 일어나게 된 것도 무리는 아니다. 수도권
에 1천만이 넘는 인구가 모여 살면서 이 쓰레기의 문제는 심각하다.
김포 어디엔가 서울시민의 쓰레기장이 있다고 하는데, 그곳 주민들
이 툭하면 쓰레기차가 들어오는 것을 금하는 모양이다. 그 때마다
언론에서는 집단이기주의니 뭐니 하면서 비판을 해대지만, 생각해
보라. 조상 대대로 살아오는 내 고향 땅이 타 지역 인간들의 쓰레기
나 모아두는 곳으로 전락해버렸다면, 그 누가 유쾌하겠는가. 그러니
섣부르게 입 싼 말들을 해댈 일도 아니다.

　　우리 몸도 필요 없는 물건들을 쉼 없이 밀어낸다. 대소변은 말할

것도 없고 깨끗한 옷을 적시는 땀이나 가끔씩 뿜어대는 방귀 역시 우리 몸이 방출하는 쓰레기들이다. 물론 그 쓰레기가 토양을 비옥하게 하는 거름으로 쓰이기도 하지만, 사실 그것도 적당한 양일 때 가능한 말이다. 요즈음 우리의 강과 바다, 공기나 지하수를 오염시키는 주범이 바로 이 배설물들임을 생각하면 끔찍하기만 하다.

오랜 세월 쓰레기를 방출하다보면 난지도와 같은 인공 섬이 생겨 난방용 가스도 만들어내고 온갖 나무도 키워내기는 하더라만. 그렇게 되기까지 얼마나 많은 우리의 자연이나 생활환경이 오염되었을까를 생각해보라. 그러니 쓰레기로 인한 삶의 괴로움은 이만저만이 아니다.

우리는 버리기를 좋아하기도 하고 싫어하기도 하는 이중성을 갖고 있다. 어떤 경우에는 정작 버려야 할 것은 한사코 쥐려하고 버리지 않아도 좋을 것은 선선히 놓아버리는 광경 또한 목도하기 어렵지 않다. 다 버림으로써 더 많은 것을 얻는 경우도, 애써 잡으려다가 많은 것을 놓쳐버리는 모습 또한 심심치 않게 볼 수 있다.

무엇을 버리고, 무엇을 잡을 것인가. 한 인간이 꾸려나가는 삶의 가치를 결정하는 척도가 바로 이 문제와 직결되어 있다. 우리는 보잘 것 없는 명성이나 부, 권력을 한사코 부여잡으려 한다. 그러나 그럴수록 그에 수반되는 욕됨은 영화로움을 뛰어넘기 마련이다. 부와 권력을 헌 신짝처럼, 아니 쓰레기처럼 내팽개친 옛날의 은사들이 요즈음까지 존경받는 것을 보라. 한 가닥 명예와 부, 권력을 좇아 부나비마냥 얼찐대다가 오늘날까지 역사의 더러운 페이지를 장식하는 그 옛날 치욕의 군상들을 보라. 무엇을 버리고 무엇을 움켜쥐어야 하는지는 명백해지지 않는가.

우리는 흔히 쓸모없는 것, 값없는 것 버리길 좋아하고 비싸고 귀한 것 움켜쥐기를 좋아한다. 그러나 무엇이 값나가는 것이며 무엇이 쓸모없는 것인지를 전혀 알지 못한다. 그것이 바로 유한한 존재, 인간이 운명적으로 갇혀버린 한계다.

인간은 쉴 새 없이 '떠나는' 존재다. 태어나는 순간 그 안락하던 어머니의 자궁을 떠나야 했고, 유치원에 초등학교에 중학교에 고등학교에 대학교에 가면서, 외지로 유학을 가면서, 어머니의 자궁처럼 편안하던 집을 떠나야 했다. 결혼하면서 부모 형제를 떠나야 했고, 아이들을 기르면서 옛날의 자기처럼 아이들이 떠나는 모습을 보아야 했으며, 늙으신 부모의 죽음을 지켜보고 떠나보내는 주체가 되어야 했다.

그 사이에 '100년도 못 사는 인생'이라지만, 8·90 살기는 어디 수월하던가? 그래서 옛날 어른들은 "죽기 전엔 몸을 백년 보존하기 어렵고, 죽고 나면 무덤을 백년 보존하기 어렵다(未歸三尺土 難保百年身/旣歸三尺土 難保百年墳)"고 한 것이다. 석자 깊이의 무덤에 묻히면 그 뿐인 인생, 무엇을 바라서 그리도 아웅다웅 욕심들을 부리는가. 버리면 마음이 편해지고, 마음이 편해지면 세상이 모두 내 집안 같은 것을. 그래서 부처는 '무소유(無所有)'의 즐거움을 어리석은 중생들에게 깨우치려 한 것이다.

그렇다면 무엇을 버리고, 무엇을 잡을 것인가. 하루살이같이 허무한 인생살이에 붙잡아 둘 것은 그래도 친구들의 정겨움과 후배들의 존경이다. 친구와 후배들로부터 호감과 존경을 받기 위해서는 욕심을 버려야 한다. 자신의 자그마한 이익을 취하기 위해 '해서는 안될 일'을 하지 말아야 한다. 가끔은 후배들과의 술자리에서 지갑을 먼저 내어놓는 여유와 호기도 부릴 줄 알아야 한다. 후배와 후학을 위해서라면 슬그머니 자신의 자리를 비켜 줄줄도 알아야 한다. 후학이나 후배들과 한 덩어리가 되어 자그마한 이익을 취하기 위해 아등바등하는 모습이야말로 가장 추악하고 가련하다. 도리에 맞지도 않은 욕심을 내려다가 실패한 뒤, 후배들을 원망하는 모습 또한 말할 수 없이 추하다.

***

'말없이' 떠나는 자에게서 철학적인 아름다움을 발견할 수 있다. 후배들이 힘써 잡아도 미소 속에 조용히 뿌리치고 휘적휘적 걸어가는 어른의 모습을 보고 싶다. 자신이 몸 담았다하여 그곳이 바로 자신의 소유는 아니다. 후배들이 자유롭게 그들만의 시대정신으로 새롭게 고쳐나가야 할 그들만의 보금자리이기 때문이다.

물론 후배들 역시 그곳은 잠시 의탁한 장소일 뿐이다. 내가 몸 담았던 곳이니 내게 연고권이 있다거나 내 사람을 들어 앉혀야 한다는 주장은 참으로 쓰레기 같은 욕망의 노출일 뿐이다. 더구나 내가 네게 잘 해 주었으니 너도 내게 똑 같은 방식으로 보답하라고 강요하는 것은 말할 수 없이 치졸한 일이다. 그래서 예로부터 사람의 높고 낮음은 떠날 때와 이익을 만났을 때 알아볼 수 있다고 하였다. 미련 없이 떠나는 것과 이익을 흔쾌히 포기하는 것이 아무에게나 쉬운 일은 아니다. 그러기 때문에 이 세상엔 훌륭한 사람이 드문 법이다.

머릿속에 든 것이 많다고, 호주머니에 든 것이 많다고 훌륭한 사람은 아니다. '미련 없이' 버릴 것을 버릴 줄 아는 사람이야말로 훌륭한 사람이다. 내가 버리면 후배가 그것을 주워 소중하게 가꾸다가 그 또한 때가 되면 버려야 한다. 그것을 그의 후배가 또 받아서 소중하게 가꾸어갈 것이다. 그런 과정에서 세상은 점점 나아지게 되는 것이다.

우리는 버려야 한다. 생활 쓰레기를 마음대로 버리라는 말이 아니다. 얻기 힘든 것을 버림으로써 더 귀한 것을 얻을 수 있어야 한다는 말이다. 가치 없는 생활 쓰레기는 가급적 버리지 말고 재활용을 거듭하다가 최후의 순간에 이르러서야 버릴 일이다. 그러나 자신이 가진, 가치 있는 것들은 쓸모없어지기 전에 버릴 일이다. 누군가가 주워서 소중히 간직할 수 있을 때 버릴 일이다.

누구든 때가 되면 버리고 떠날 일이다. <2002. 8. 19.>

소 이야기

미국산 쇠고기 수입 자유화에 대한 논란이 가열되고 있다. 미국이나 유럽에서 광우병이 빈발했고, 미국산 소에 광우병의 인자가 들어있을 가능성이 크다니 미상불 걱정이 아닐 수 없다. 급기야 어느 방송에서는 우리나라 사람들이 서구인들에 비해 광우병 발병 가능성이 두 배 가량 높은 유전인자를 갖고 있다는 내용의 보도까지 했다. 불난 집에 기름 부은 꼴이다. 한쪽에서는 문제없다 하고, 다른 한쪽에서는 큰일 났다 하는데, 우리 같은 서민들은 어느 장단에 춤을 추어야 할지 알 도리가 없다.

그 뿐 아니다. 광우병에 온통 신경을 쓰다 보니 우리나라 축산 농가들의 어려움은 뒷전이 되어 버렸다. 미국 쇠고기 들어오는데 광우병 논란만 해소되면 축산 농가들 줄 도산하는 건 큰 문제 아니라는 뜻일까. 국민 전체가 참으로 풀기 어려운 문제를 안고 끙끙대는 형국이다.

미국 쇠고기에 관련된 학술용어들의 복잡성 또한 도통 알기 어렵고, 마땅히 따져 물을 곳마저 없다. 검역주권이니 프리온 단백질이니 MM형이니, 나같이 무식한 사람들은 매우 곤혹스럽다. 뿐만 아니다. 이 사람 저 사람에게 귀동냥을 하는 과정에서 알게 된, 은근히 걱정되는 일 하나가 있다.

한 10년 전쯤인가. 1년 남짓 미국에 체류한 적이 있다. 그곳에서 값싼 LA갈비를 배불리 먹은 우린데, 들어보니 광우병의 잠복 기간이 10년이란다. 그간 우리 몸속에서 숨죽이며 잠복해 있던 광우병의 바이러스란 놈들이 발광할 시점인데, 그렇다면 이것 참 야단 아닌가. 배고픈 동족들 몰래 미국 땅에서 허리띠 풀어놓고 갈비 뜯은 죗값을 비로소 받는 게 아닌가 하여 은근히 켕기는 나날이다.

***

우리 국민 전체가 광우병의 볼모가 될 판에 무슨 한가한 타령이냐고 핀잔하실 분이 계시겠지만, 그래도 소 이야기를 끄집어내지 않을 수 없다. 내 부모는 농사꾼이셨고, 나는 흙 속에서 자랐다. 그 시절 우리 가족에게 소는 반려(伴侶)로 대접받던 '동물 아닌 동물'이었다. 새벽같이 일어나시어 소죽을 끓이시던 아버지의 기침소리와, 사방으로 번져가던 구수한 소죽 냄새에 우린 덜 깬 잠을 털고 일어나야 했다.

배부름에 만족스러운 누렁이의 고삐를 거머쥔 채, 나는 차가운 이슬을 온몸으로 받으며 아침마다 백사장으로 달리곤 했다. 남들보다 먼저 무성한 풀밭의 성찬을 누렁이에게 맛보이기 위해서였다. 길게 쇠 바(소고삐에 이어 묶은 밧줄)를 늘이고 쇠말뚝으로 고정한 다음 부리나케 달려 이십 리나 떨어진 학교로 달려가는 것이 오전 중의 내 일과였다. 학교가 끝나자마자 집으로 달려와 책보를 집어던진 다음 백사장의 누렁이에게 달려간다. 하루 종일 시달렸을 누렁이의 갈증과 허기를 풀어주기 위해서였다. 언덕 너머로 달랑거리며 내 작은 체구가 나타나면, 누렁이는 '음메~'소리를 길게 뽑으며 반가움을 표하곤 했다. 쇠말뚝을 뽑자마자 쇠 바를 서릴 사이도 없이 나와 누렁이는 언덕 너머 둠벙으로 내달렸다. 누렁이는 '쭈욱 쭉' 소리를 내며 촘촘히 자라난 부들 풀 사이로 고개를 박은 채 한 배 가득 물을 마셨다. 물을 마시고 난 큰 체구의 누렁이가 초등학교 3학년 꼬마를 지긋이 바라보던, 그 촉촉한 눈망울을 지금도 잊지 못한다. 그땐 몰랐지만, 아마도 고마움의 표시였으리라. 서해바다를 물들이던 황혼을 등지고 우리가 다정한 친구처럼 앞서거니 뒤서거니 하며 소죽 끓는 집으로 돌아오면, 내 일과는 끝이었다.

***

그 시절 소는 우리의 가족이었다. 그는 봄철이면 논갈이와 써레질을 해야 했고, 틈틈이 밭도 갈아야 했다. 그 뿐인가. 한 해에 한 번씩 발정기가 되면 아버지는 누렁이를 이웃 동네의 수소에게 데리고 가셨다. 농사일이 끝나는 겨울이면 어김없이 '이쁜' 송아지 한 마리씩을 우리에게 안겨주곤 했다. 누렁이가 보여주던, 일에 대한 철저함과 자식에 대한 지극한 사랑은 어린 내 눈에도 경이로웠다. 세상만사를 달관한 고행의 수도자처럼 누렁이는 땡볕에도 싫은 내색 한 번 보이지 않고 묵묵히 쟁기를 끌었다. 그의 희생 덕에 우리는 한 섬지기가 넘는 농사를 지을 수 있었고, 고단한 삶이나마 그럭저럭 이어 나올 수 있었다.

***

그 옛날 우리네 부모들은 소를 상전으로 모셨다. 그들이 있는 한 하루 이상의 출타는 불가능했다. 그들에게 아침, 저녁으로 따뜻한 먹이를 만들어 먹이는 일이 무엇보다 중요했기 때문이다. 이제 우리의 누렁이는 가고 없다. 그의 빈자리는 굉음을 울려대는 경운기와 트랙터가 누빌 따름이다. 시원한 목장에서 맛난 풀을 뜯으며 노역(勞役)의 신산함을 잊어버린 새로운 누렁이들. 그러나 그들의 눈망울엔 새로운 불안감이 가득하다. 주인을 위해 죽도록 일하고, 마지막엔 한 점 살코기로 변해 주인의 몸으로 스며들던 우리네 누렁이들. 그러나 그들도 이젠 사람들의 잔인한 탐욕과 무절제를 어떻게든 경고할 수밖에 없으리라. 살신성인(殺身成仁)의 수도자처럼 그렇게 묵묵한 표정으로... <2008. 8. 5.>

워낭소리

고정관념을 뛰어 넘은 영화 <워낭소리>가 우리사회 중장년층의 누선(淚腺)을 자극하며 파문을 일으키고 있다. 그 뿐 아니라, 전통정서에 쉽사리 호응할 것 같지 않은 2, 30대 청년들의 마음까지 움직이고 있다. 중장년층이야 어린 시절 향촌에서 워낭소리를 듣고 자란 세대라서 그럴 수 있다지만, 의외로 청년들이 이 영화에서 감동을 받는다는 것은 다소간 의외라 할 수 있다.

날마다 새벽같이 워낭소리에 잠을 깨던 꼬마들이 50대 장년으로 성장한 지금, 어린 시절의 추억이 화면으로 재생되어 나타난 것이다. 시절은 마구 변하여 산업화와 정보화를 지나 고도 지식정보화의 시대로 접어들었지만, 우리의 정신적 촉수는 아직 산업화 이전의 농경사회에 머물러 있음을 영화는 역으로 보여준다.

그렇다면 누렁소와의 추억을 공통으로 갖고 있는 우리는 왜 영화 속의 장면들을 보며 눈물을 떨구는가. 화면을 점령하고 있는 '느림, 늙음, 낙후'가 빚어 만드는 그 시절 삶의 진실이 '아직도 그곳에' 존재하고 있음을 확인하기 때문이다. 영화를 통해 산업의 패턴이 변화하는 와중에서 길을 잃고 헤매던 우리가 먼빛으로나마 다시 제 길로 접어들 가능성을 발견했기 때문이다.

우리가 제 길로 접어들었다는 것을 무익한 '원점 회귀'로 평가절하하는 사람들도 있을 것이다. 그러나 그 경우의 원점 회귀는 잃어버린 본향의 회복일 뿐 낙후한 상태로의 후퇴는 아니다. 물질적 개념 아닌 정신적 공간이 바로 본향이다. 현실 공간에 존재하는 모든 사람들을 나그네 혹은 이방인으로 보는 것이 특정 종교의 전유물은 아니다.

누렁소와 말없이 교감하며, 소 때문에 농약을 뿌리지 않고 기계 영농마저 거부하는 노인이야말로 생명을 중시하던 우리의 전통적 인간상이거나 그동안 잊고 지내던 우리의 원래 모습이다. 사실 본향속에서만 그런 인간상은 존재할 수 있고, 체현될 수 있다. 매일 바꾸어야 할 만큼 우리들의 삶이 가벼운 건 결코 아니다. 우리의 삶에 의미를 부여하는 한 주변의 하찮은 물건 하나도 그냥 버릴 수 없다. 그런 점에서 생명은 바로 존재의 이유다. 비록 한 마리의 소일지라도 생명이 있는 한 인간이나 다를 바 없는 것은 그것이 존재해야할 소중한 이유를 지니고 있기 때문이다.

첨단의 디지털 기술로 번쩍이는 오디오, 비디오 기기가 넘쳐나지만 두 노인은 아직도 아날로그 시대의 고물 라디오에 기대고 산다.

비록 낡았으나, 아직도 흘러간 그 시절의 노래들을 잘도 들려주는 그 자체가 그 라디오의 존재 이유다. 라디오처럼 늙은 노부부의 얼굴에 깊게 파인 주름은 시절이 아무리 변해도 우리의 삶이 바뀌지 않음을 보여주는 기호다. 시절이 아무리 변해도 '변하지 않는 것들'을 추구해 가는 삶의 진실은 주름이라는 기호의 심층구조다.

따라서 이 영화를 관통하는 정신은 '변하지 않음' 혹은 한 번도 단절된 적이 없는 지속 그 자체다. 우리는 살면서 수시로 단절을 경험한다. 어제와 오늘, 작년과 올해, 국민의 정부와 참여정부 등 늘 단절을 통해 변하는 것이 세상인 것처럼 인식한다. 그러나 우리네 삶의 이면은 한 번도 단절된 적이 없다.

영화는 변화에 대한 거부나 비판을 바탕에 깐 채 '불변, 느림, 지속'의 철학을 말하고자 한다. 우리가 수시로 경험하는 변화나 발전은 허상일 뿐이고, 그 이면에 지속되고 있는 농경사회의 정서가 우리의 본향임을 이 영화는 보여주고 있다. 영화를 보며 조용히 눈물을 흘리는 우리의 마음이 그래서 소중한 것이다. <2009. 3. 3.>

영안실에서

후배의 부음을 받고 영안실로 달려가는 밤길은 멀고도 험했다.

번잡한 도회를 벗어나 접어든 꼬불꼬불 산길은 흡사 저승길 같았다.

그랬다. 몇 발짝만 벗어나면 저승이었다. 그게 바로 삶과 죽음의 거리였다. 깜깜한 산길을 달리는 동안, 영안실에 도착해서는 크게 울리라 생각했다. 한 줌의 재로 우리 곁 어딘가에 내려앉을 그의 영혼을 위해 크게 울어 주리라 생각했다.

그런데, 내어걸린 영정이 너무 화사하고 깨끗했다. 그 미소에서 죽음의 그림자를 읽을 수 없었다. 가슴 저 밑바닥에 준비해간 울음은 작은 신음으로 축소되어 눈자위만 붉히고 말았다. 말없이 이승을 떠난 그와 산 속 영안실에서 그렇게 만나고, 헤어졌다.

영안실에 다니면서 죽음을 수 없이 배운다. 아니 '죽는 연습'을 한다. 죽음을 받아들인 그들의 마지막 며칠을 떠올리면서 죽는 연습을 한다.

어떤 이는 숨을 놓는 그 순간까지 살려고 버둥대는 통에 살아있는 사람들을 더욱 애처롭게 만든다. 지푸라기라도 잡고 싶은 마음에 초조해하고 당황해한다. 문 밖에 기다리고 있는 저승사자들의 모습을 보면서도, 그들이 그냥 빈손으로 돌아가기만을 애타게 소원한다. 그렇게 가고나면 살아남은 사람들의 가슴에 큰 못이 하나 박힌다. 어떤 마무리건 의연하지 못할 경우 남는 건 슬픔과 욕됨 뿐이다.

***

후배의 마지막 며칠을 지킨 또 다른 후배는 그의 마지막이 쓸쓸했다 한다. 아무도 만나고 싶어 하지 않았다 한다. 아름답지 못한 자신의 모습을 보여주기 싫어서였을까. 일종의 자존심이었으리라.

그러나 삶과 죽음의 교차로를 그토록 쓸쓸하게 건널 이유가 있을까. 그보다 먼저 간 사람들도 많았다. 그도 우리보다 좀 먼저 갔을 뿐이다. 먼저 가는 사람으로서의 소회도 있을 것이다. 살아남을 사람들에게 풀지 못한 서운함도 있을 것이다. 서운함을 넘어선 응어리도 있을 것이다. 그것을 풀어주는 거야말로 떠나는 자의 의무 아닐까. 하기야 선량한 그 친구는 누구와도 그런 서운한 관계를 맺진 않았을 것이다. 그러나 사람이 어찌 고운 관계만 맺으며 살아갈 수 있을까. 그러니 생전의 인연들을 불러 서운함과 응어리를 푸는 것은 떠나는 자가 잊지 말고 해야 할 일이다. 그것도 정신 있을 때 해야 할 일이다.

영안실은 살아남은 자들의 잡담으로 떠들썩했다. 흡사 살아있음의 행복을 확인하려는 듯, 밤이 깊어갈수록 그들의 목소리는 더욱 높아지는 것이었다. 그들을 내려다보며 후배는 의미심장한 미소를 머금고 있었다. 모두들 영안실에 가면 '죽는 연습'이나 한 번씩 해 볼 일이다.

수원 연화장 장례식장에서

<2003. 2. 19.>

촌놈

엊그제, 학회의 뒤풀이에서 있었던 일이다.

한 잔 또 한 잔 거래하는 사이에 주흥은 도도(陶陶)해져갔다. 중구난방(衆口難防)! 알콜 기 뚝뚝 듣는 대화들은 장마철 들판에 흙탕물 흘러가듯 거침없고 종잡을 수 없었다. 그 가운데 압권이 바로 '촌놈' 논쟁이었다.

50%쯤의 알콜에 점령당한 나와 90%쯤 넘어간 ㅈ대학의 ㅂ교수가 논쟁을 벌이게 되었으니. 그야말로 당사자인 내가 보기에도 가관이었다. 큰 체구만큼이나 목소리 또한 우렁우렁한 ㅂ교수와 가끔 흥이 일면 하늘 높은 줄 모르는 '하이 톤'의 내가 어우러진 '씨름판'이었다. 다섯 손가락 안에 꼽힐 세계적인 대도시 서울 한 복판에서 현직 교수 두 사람이 '누가 더 촌놈이냐?'는 문제로 자웅을 겨루게

되었으니, 그 모습 좀 상상해 보시라.

'자신이 더 촌놈임'을 입증해 보이는 것이 이 자리의 논점이었다는 사실은 더욱 더 기상천외한 일이었다. 우리는 좌중으로부터 자신이 더 촌놈임을 인정받으려 기를 쓰며 '되도 않은' 변설들을 늘어놓았던 것이다. 급기야 자신들의 주장을 뒷받침하기 위해 고향까지 들먹이게 되었다.

밤을 꼬박 지새워도 두 얼간이들의 입에서 흘러나오는, 별별 희한한 고향 이야기들은 끝을 보일 기색이 아니었던 모양이다. 어부인의 지엄하신 귀가명령에 똥줄이 바짝 타들어 가고 있던 ㅅ대학의 ㄱ교수가 기발한 제안을 했다. 고향마을에 언제 전기가 들어 왔느냐는 것을 촌스러움의 척도로 삼아 승부를 결(決)하자는 중재안이었다. 두 얼간이들의 촌스러움에 한 술 더 뜰 만큼 지극히 촌스러운 제안이었으니, 촌스러움의 혈투를 벌이는 링 위에서야 승부의 기준으로 이보다 더 좋은 아이디어가 있을 수 있을까? 자리를 가득 메운 심판들의 승인 하에 우리는 그 조건을 수락했다.

대학 4학년 시절이던 70년대 중반이나 되어서야 석유 등잔불의 고역으로부터 벗어나게 된 나는 내심 승리의 쾌재를 부르고 있었다. 득의만면한 표정으로 내 고향의 원시성(?)을 설파하고 난 나는 분명 주눅이 들어 있을 ㅂ교수의 표정을 훔쳐보게 되었다. 아니, 그런데 이게 웬 일이란 말인가. 풀 죽어 있어야 할 그의 얼굴에는 번질번질 환한 미소가 번지는 게 아닌가. 그리고 그는 냅다 외쳐대는 것이었다. "내 고향엔 아직도 전기가 들어오지 않았다!!!"라고.

설마 그럴 리가 있는가. "우째 이런 일이?"라는 탄식을 내뱉으면서도, 나는 물론 좌중의 누구도 그 말을 믿으려 하지 않았다. 그러자 그는 품속에서 세련되고 앙증스런 휴대전화를 꺼내서 우리의 코앞에 들이댔다. 지금 당장 자신의 고향마을에 전화를 걸어 확인해보라는, 최후의 일갈이었다. 그야말로 확인사살인 셈이었다. 보기 좋게 나는 KO패를 했고, 그간 자랑스럽게 차고 있던 촌놈의 챔피언벨트를 그에게 넘겨야 했다.

***

60년대 이후부터 우리는 가난하고 원시적인 고향으로부터의 대탈출을 시작했다. 매판자본(買辦資本)과 베트남에서 벌어들이던 달러 덕분에 가속화 되던 이 땅의 산업화는 우리의 고향을 텅텅 비게 만들었다.

식모살이나 여공으로 떠난 고향의 누이들, 건설 현장이나 공장의 잡역부로 떠난 고향의 아저씨나 형님들. 이들의 빈자리는 아직도 채워지지 않은 채 시간이 정지된 추억의 공간으로 남아 있다. 그러나 최근까지 우리의 집단 무의식 속에 고향은 자랑이나 자부심 대신 열등의식의 본향으로 각인되어 있었다.

내가 탈향의 대열에 합류할 수밖에 없었던 70년대 초부터 80년대 후반까지만 해도 '촌놈!'은 그 자체가 욕이었다. 하기야 서울 토박이를 제외하면 대한민국 국민치고 촌놈 아닌 사람은 누구일까. 그런데도 모두들 촌놈이란 호칭을 혐오했다. 말하자면 자기 정체성에 대한 부정인 셈이었다. 모두들 '촌놈 아니기 위해서', '촌놈이 아닌

척 하기 위해서' 무진 무진 애를 쓰던 '가련한 세월'을 공유하게 된 것이다.

갓 도회에 나온 우리의 선남선녀들은 자신들에게 늘어붙은 고향의 때를 벗기 위해 애를 쓰곤 했다. 사투리를 내팽개치고, 의상을 바꾸었으며, 화장술을 배웠다. 명절 때 고향에 내려온 이른바 상경족들의 모습은 경이로웠다. 생소하면서도 매력적인(?) 서울 말, 머릿기름 쳐 발라 곱게 빗어 제낀 각두기 머리, 원색적인 입술화장, 쫙 다려 입은 신사복과 숨 막히도록 짧은 치마... 이들의 변신과 '촌놈 콤플렉스'의 변증법적 상관작용은 고향의 파괴와 상실이라는 비극적 상황으로 나타났고, 그 상황이야말로 우리 모두를 돌아갈 곳 없는 '도시의 유목민'으로 몰아가고 말았다.

***

그러나 세월은 흘러도 인생살이는 돌고 도는 것. '손오공이 뛰어봐야 부처님 손바닥이듯' 우리가 제아무리 발버둥 쳐도 나를 낳아주고 길러준 본향을 벗어날 순 없는 일 아닌가. 멀어지려 할수록 자신이 빠져나온 본원에 끌려 들어갈 수밖에 없는, 운명적 존재가 인간인 것을.

이미 고향처럼 되어버린 타향에서 나는 많은 사람들을 접한다. 좀 뭣하지만, 나는 촌놈의 척도를 가지고 그들의 무게와 깊이를 재곤 한다. 그들은 세 부류로 나뉜다. 촌놈이란 말을 혐오하면서 자신의 '촌놈성(性)'을 한사코 부정하는 부류가 그 하나이며, 자신의 '촌놈성'을 병적으로 강조하는 부류가 그 둘이며, '촌놈성'의 의미를 내면화시켜 음미하면서 자신이 촌놈일 수밖에 없는 점을 담담히 받아들이고 감사하는 부류가 그 셋이다.

아까운 시간을 버려가면서까지 이 자리에서 거론할 가치가 없는 것은 첫 번 째 부류다. 이들은 촌놈 소리만 들어도 자리를 박차고 나가는 소인배들이다. '과유불급(過猶不及)'이란 점에서 그다지 소망스럽지 못하기는 두 번 째 부류도 첫 부류와 크게 다르지 않다. 그러나 촌스러움이나 촌놈이 갖는 긍정적 의미를 깨닫고 있으며, 그것들을 강조함으로써 오히려 자신들의 열등감을 해소해 보려는 적극적 의지를 갖고 있다는 점에서 그들은 첫 번 째 부류와 차원을 달리 한다. 그러나 세 번 째 부류만큼 이른바 포스트모던 시대의 소망스런 군상도 없을 것이다. 사라진 고향, 죽어버린 고향이 되살아날 가능성을 보여주는 것도 바로 이들로 인해서다.

겸허를 바탕으로 자신의 순수성을 자각한 자만이 스스로 촌놈임을 인정할 수 있다. 촌놈의 대립어는 도회놈이다. '산업화, 물신주의, 파편화, 비인간화'가 도회의 특징이라면, '공동체 의식, 인간주의, 자연환경' 등은 시골(촌)의 특징이다. 물론 그 동안 시골도 많이 변했다. 뿐만 아니라 전통적인 시골이 갖고 있던 미덕을 도시에서 발견하는 경우도 더러 있다. 그런 점에서 우리가 그간 펼쳐 왔던 촌놈의 담론도 바뀌어야 한다.

촌놈들 스스로 물리적인 촌놈으로부터 탈출하여 정신적인 촌놈으로 상승되어야 한다. 말하자면 '철학적인 촌놈들'의 시대가 되어야 한다는 것이다. 촌놈의 철학성을 인정한다면, 우리 모두 '나는 촌놈이다!'라는 구호를 입에 달고 다녀야 한다.

***

챔피언 전에서 상대편의 강한 스트레이트 펀치에 걸려 불의의 KO패를 당하긴 했으나, 나는 어쩔 수 없는 촌놈이다. 타향살이 30여 년, 많은 것들이 변했다. 나도 변하고, 세상도 변했다. 그 변한 것들 가운데 변할 수 없는 것은 우리는 모두가 촌놈이라는 사실이다. 어쨌든 촌놈 만세다. <2003. 5. 25.>

버려진 아가들, 거두어진 아가들

언제부턴가 문숙희 교수 부부의 권유로 한 사회복지 재단에서 '신생아 안아주기' 봉사에 참여하게 되었다. 내 입으로 '봉사를 합네'라고 말하기 면구스러울 정도로 미미한 일이지만, 이미 내 일상 가운데 최고의 스케줄로 자리 잡았다. '버려졌으나 가까스로 거두어진' 신생아들을 만나는 매달 셋째 토요일 오후. 설레는 마음으로 이 날을 기다리는 이유는 아가들의 눈빛에서 우리의 어제와 오늘, 그리고 내일을 읽을 수 있기 때문이다.

'아이들을 둘씩이나 낳아 키우며 그들을 안아 준 기억조차 아스라한 내가 남들이 낳아놓은 아이들을 제대로 안아 줄 수 있을까?' 더구나 '철없는 미혼모들이 버린, 그 아가들을 흔쾌한 마음으로 안아줄 수 있을까?' 처음에 한동안 망설인 것도 그 때문이었다. 그러

나 끌려가듯 찾아간 그곳에서 나는 조막만한 아가천사들을 만나게
되었다.

갓 태어난 아가에서 두 달쯤 된 아가들까지 하얀 강보에 싸인 채
각각의 침상에 군대 내무반에서 '취침점검' 받는 자세들로 누워 있
었다. 대부분 잠에 취해 있는 가운데, 어떤 녀석들은 지독하게도 울
어대곤 했다. 젖 먹을 시간이 된 경우, 쉬를 싼 경우, 몸이 불편한
경우 등 그들이 울음을 터뜨리는 이유도 대충 세 가지로 분류된다.
개중에 먹성이 좋은 녀석들은 식사 시간도 되기 전에 칭얼대지만,
단체생활을 하고 있는 몸이니 엄마와 같은 보살핌을 기대할 수는
없는 일. 안타까운 모습들도 없지 않았다.

대부분 녀석들은 안아주면 좋아한다. 어떤 녀석은 눈을 맞추며
배시시 웃기도 한다. 한참 안아 준 다음 울고 있는 다른 녀석을 안
아주려고 침상에 내려놓기만 하면 다시 울음을 터뜨린다. 그만큼 가
슴으로 살갗으로 눈으로 전해지는 사랑에 굶주린 때문이리라.

녀석들의 얼굴과 눈망울을 쳐다보노라면 많은 생각들이 떠오른
다. 그들의 엄마 아빠는 누구였을까. 이곳에 오기까지 나 어린 그
엄마가 겪었을 마음의 고통은 어땠을까. 그들이 나눈 사랑의 순간은
달콤했겠지만, 임신과 출산에 이르기까지 그들 사이에 일어났을 갈
등과 고통은 얼마나 씁쓸했을까. 오죽하면 이 천사 같은 아가들을
버려 이곳까지 오게 했겠는가.

그럼에도 불구하고 이 아이들의 표정은 모두들 얼마나 평화롭고
아름다운가. 이 아이들이 커서 홀로 서기까지 부모의 보살핌을 받는
아이들과 비교할 수 없을 만큼의 난관들이 기다리고 있겠지만, 어쨌

든 이들은 다양한 인물로 커갈 것이다.

그 옛날 우리네 영웅들은 하나같이 '버려짐'의 쓰라린 기억을 안고 자라난 인물들이었다. 많은 전설과 신화에 보이는 '기아(棄兒) 모티프'의 주인공들은 대부분 영웅으로 자라나 부족이나 민족을 이끈 지도자가 된 것이다. 최근 나는 이 아가들의 얼굴에서 숨어있는 대통령, 대기업 회장님, 판검사, 멋진 배우, 훌륭한 선생님, 뛰어난 운동선수의 모습들을 발견하게 되었다.

***

다만 그들을 어떻게 키워낼 것인가가 문제이리라. 내가 낳은 자식들에게만 사랑을 쏟아 붓는 우리네 사고방식으론 가능한 일이 아니겠지만, 골고루 햇볕을 쪼여주는 일이야말로 우리의 새로운 의무가 아닐까. 가뜩이나 아이를 낳지 않으려는 요즈음. 이 땅의 젊은 영혼들이 사랑을 나눈 결실로 태어난 아가들이다. 비록 비정상적인 상황이긴 하지만, 자발적인 노력으로 가능성을 지닌 다수의 인재들을 국가에 안겨준 셈이니 그 젊은 부모들이야말로 진정한 애국자들 아닌가.

그 아가들을 재목으로 키워낼 것인지 잡초로 버려둘 것인지는 국가와 국민들이 결정할 일이다. 이 틈 저 틈으로 새어나가는 국부(國富)의 물꼬를 이들의 양육에 돌려야 할 때다. 쓸데없는 싸움질들 그만 하고, 대통령도 국회의원들도 모두 한 달에 한 번씩은 보육원에 와서 아기 안아주기 봉사에 참여할 일이다. 나랏돈을 아낌없이 쏟아 부어 이들을 최고의 환경에서 자라도록 하는 것은 우리 모두의 책임이자 의무다. <2009. 2. 21.>

신화서점 화장실에서 만난 중국 소년

내 유년기의 콤플렉스들 가운데 하나는 화장실에 관한 것이다. 지금 4, 50대 이상의 장·노년들은 대부분 비슷한 추억들을 갖고 계시리라. 특히 나 같은 촌놈들은 좋든 싫든 그 기억으로부터 자유롭지 못한 게 사실이다.

지금 기준으로 생각하면 당시의 시골 화장실이 얼마나 원시적이었는가. 어릴 적 가장 싫고 괴로웠던 일이 화장실 출입이었다. 그래서 집 근처 공터에 적당히 실례를 하다가 무참하게 두들겨 맞은 경우가 허다하다. 오죽하면 그 어린 나이에도 '커서 내 집을 지을 땐 무엇보다 깨끗하고 멋진 화장실부터 지으리라'는 결심을 수없이 했겠는가.

사실, 최근 화장실 바꾸기 운동이 전 사회적으로 벌어지기 전까지만 해도 우리나라 역시 화장실 문화에서 큰 소리 칠 형편은 아니었다. 한 6~7년쯤 전이던가. 관광차 우리나라에 온 일본의 한 여성이 공중변소에 들어갔다가 질겁을 한 채 그냥 일본으로 돌아간 사건을 기억하고들 계시는지?

이 글을 읽으시는 독자들은 '지금이 어느 시댄데 이런 같지도 않은 말을 지껄이느냐'고 핀잔을 하실지 모른다. 그러나 그런 분들은 고속도로변 휴게소의 '삐까뻔쩍하는' 화장실, 향내 풍기고 고상한 음악 울려나는 그곳만을 경험하신 분들이리라. 지금도 시골 읍·면 단위의 버스 정류장 공중변소엘 가보시라. 여러분의 입맛이 떨어질까 우려되어 자세한 말씀은 생략하기로 한다.

***

내가 공적으로 사적으로 중국여행을 시작한 것은 벌써 10년이 훌쩍 넘었다. 지금이야 사정이 좀 나아져 평균 4성급 정도의 호텔을 이용하게 되었으니 화장실 관련 트러블은 별로 없는 셈이다. 그러나 답사를 다니며 어쩔 수 없이 만나게 되는 화장실들은 참 문제가 많다. 가까운 지인들 가운데 몇몇 특히 여성들은 화장실 때문에 중국여행의 기회를 포기하는 경우가 많다. 화장실의 구조, 청결상태 등 중국의 화장실 문화는 분명 문제가 많은 것이 사실이다.

지금 나는 화장실 문제를 따지려는 게 아니다. 오늘 중국 호남성 장사시의 신화서점엘 들렀고, 거기서 목격한 재미있는 광경을 이야기하려는 것이다. 주지하다시피 신화서점은 중국의 유명한 프랜차이즈 서점이며, 간판 글씨 또한 모택동의 친필로 유명하다. 북경대학의 간판글씨도 모택동의 친필이고 보면, 그는 중국의 지식사회에 그 나름대로 큰 희망을 걸고 있었음에 틀림없다. 신화서점의 본점은 북경에 있고, 북경에만도 30개에 가까운 점포가 있으며, 전국 대부분의 도시들에도 점포가 있다. 우리의 교보문고쯤에 비견될 수 있을까.

호남성의 성도(省都)인 장사시에 며칠 묵고 있느니만큼 신화서점을 들르지 않을 수 없었다. 30년 만에 찾아왔다는 한파로 유리판처럼 얼음이 깔린 거리를 조심조심 '즈려밟으며' 신화서점엘 들렀다. 어딜 가나 난방이 되지 않는 호남성. 신화서점도 예외는 아니었다. 썰렁하게 드넓은 점포. 책을 읽고 싶은 마음이 싹 달아날 만큼 추웠다. 입술이 새파랗게 질린 계산대의 점원 아가씨들도 우리들의 물음이 귀찮다는 듯 턱을 들어 가리킬 뿐이었다.

한참 동안 책을 고르고 계산을 한 다음 화장실이 가고 싶어졌다. 이렇게 으리으리한 신화서점에 설마 번듯한 화장실 하나 없을까. '측소(厠所 ; 중국의 화장실 명칭)'를 물으니 '쩌어기!'하면서 손가락으로 가리킨다. 서점의 한 쪽 코너였다. 그 쪽으로 다가갈수록 바닥에는 검정색 땟물 자국들이 널려 있고, 그 위에 '중딩'쯤 되는 한 녀석은 털썩 주저앉아 책을 읽고 있었다.

문을 열고 들어가니 과연 대변을 보는 '푸세식' 변기가 세 칸쯤 만들어져 있고, 그 앞으로 바짝 소변기들이 서너 개 붙어 있었다. 과연 지저분하기 짝이 없었다. 대변보는 칸에는 문짝도 없는 듯 했고, 엉거주춤 일어서면 옆 칸이 내려다보일 정도로 칸막이는 낮았다. 추위에 덜덜 떨면서 간신히 물건을 꺼내들고 소변을 보는데, 갑자기 '끙끙'소리가 내 뒤에서 들려왔다. 돌아보니 웬 '고딩'쯤 되는 녀석이 쭈그리고 앉아 그야말로 신나게 변을 보고 있는 것이었다.

그런데, 놀라운 것은 매장에서 들고 온 책을 읽고 있는 게 아닌가. 나 역시 소싯적 한동안 화장실 변기에 앉아 신문이나 잡지를 본 적은 있으나, 훤히 열려있는 서점의 화장실에 앉아 대변을 보면서,

더구나 '끙끙'소리를 내면서까지 책을 읽어본 적은 일찍이 없었다. 앞에서 소변을 보고 있는 사람을 아랑곳하지 않고 일을 보는 그가 더욱 고약했다. 그가 너무 당당하고 자연스러워 마음 한편으로는 '혹시 나를 무시하는 게 아닌가'하는 생각이 들 정도였다. 참으로 신기하여 목에 걸고 있는 카메라를 슬쩍 작동시켜볼까 하다가 봉변을 당할까 저어되어 가까스로 참고 말았다.

***

일을 보는 동안 잠시 생각해 보았다. 남들을 의식하지 않는 그들의 화장실 문화가 고약하긴 했지만, 그 열악한 상황에서도 책을 읽고 있는 그 친구가 범상치 않다는 생각을 하게 되었다. 설사 그 책이 하잘 것 없는 오락물이었다 해도 별 상관이 없다. 세상에 재미있는 일들이 널린 이 시대에 덜덜 떨릴 정도로 춥고 열악한 시설의 화장실에 쭈그리고 앉아 '책을 읽는' 중국의 내일을 나는 발견한 것이었다.

갑자기 중국이 무서워졌다. 그 녀석 혼자만 그럴 리는 없을 것이기 때문이었다. 어쩌면 그 광경은 중국을 이끌어가게 될 '창조적 소수들'의 모습을 보여준 것인지도 모른다는 데 생각이 미쳤다. 아, 나는 '신화서점의 화장실과 그곳에서 변을 보며 독서하는 소년'을 통해 무섭게 성장하고 있는 중국 지식사회의 미래를 훔쳐 본 것이나 아닐까.

참으로 기이한 체험을 하게 된 서점 나들이였다. <2008. 1. 28.>

눈 내린 산길을 걸어서 출근하며

출근길의 어려움에 고통 받는 분들은 '미친 놈!'이라 욕하시겠지만, 밤에 눈이 내리면 못 말릴 정도로 들뜬다. 아침 일찍 아이젠에 배낭차림으로 산길을 걸어 학교로 갈 수 있기 때문이다.

대도시의 한 구석에 둥지를 틀고 세상의 잇속으로부터 초연하려 애써온 20년 세월. 누항(陋巷)에 살면서도 그나마 위안이 되는 건 한겨울에만 서너 번쯤 맛볼 수 있는 '눈길 출근' 덕분이다. 노트북과 책을 잔뜩 우겨 넣은 배낭을 짊어지고, 등산화에 아이젠을 차고 나서면 좋게 보아 '산사나이' 서운하게 보아 '군밤장수'다. '배낭 속의 물건을 많이 팔고 오라'는 아내의 농을 뒤로 하고 산길로 접어들면 별세계가 따로 없다.

나보다 극성스런 사람들이 벌써 발자국들을 찍고 지나간 산길이지만, 봄맞이 집 단장에 열성인 까치들의 노래 소리 만큼은 내 독차지가 아닐 수 없다. 아, 4계절 지겹게도 사람들의 체취에 시달리던 나무들이 오늘은 참하게 순백의 화장을 한 채 '거울 앞에 선 순이'의 형상을 하고 있구나! 소담하고 정갈한 그 자태여!

***

내 어릴 적엔 눈이 많았다. 논바닥에서 아지랑이 피어오를 때까지도 차가운 바람은 내 작은 몸 곳곳을 파고들어 안절부절 못하게 만들었다. 그러니 눈과 얼음이 우리의 눈길을 벗어나는 적이 없었던 한겨울은 어떠했겠는가. 30리 들길과 산길을 걸어야 하는 등굣길의 고통이야 말하여 무엇 하리오. 얄팍한 고무신발의 밑창은 닳아 반들거리고, 가끔은 찢어져 너덜거리기도 했다. 얼음으로 판장 박힌 길에 나서자마자 앞·뒤·옆으로 곡예를 하거나 넘어지고 구르기 일쑤. 유도의 낙법(落法)은 그 시절 자연적으로 체득한 생존법이었다.

그러니 검은 때가 거북이 등처럼 더껑이 진 손등은 추위로 갈라져 늘 피가 비쳐 있고, 구멍 뚫린 장갑 밖으로 삐져나온 손가락들은 늘 쓰리고 아렸다. 자상하신 아버지는 발에 새끼를 둘둘 말아 '천연 아이젠'을 해주시곤 하셨지만, 성황당 재빽이['산둥성이'의 충청도 사투리] 초입에서 다 벗겨지기 일쑤였다. 그러니 아이들은 구르고 자빠지며 시퍼렇게 질린 채로 요즘 아이들 '용평 스키장에서 미끄럼 타듯' 학교엘 오고 갔다.

땀과 눈에 절었다가 다시 추위에 얼어 서걱거리는 솜바지 저고리는 참으로 감당하기 어려웠다. 조개탄의 눈물 나는 열기 속에 두어 시간 수업이 지나서야 참새 같은 우리들의 몸은 녹기 시작했다. 마룻바닥은 얼음물로 흥건하고, 얼었다 녹은 손발은 간지럽기만 했다.

***

그렇다. 그 시절 누군들 추위와 배고픔에서 자유로울 수 있었으랴. 그래서 하얀 눈은 아련한 설렘과 궁핍의 이미지로 나를 들뜨게 만드는 건 아닐까. 밤에 눈이 내리면 요즈음 젊은 사람들은 스키장 갈 생각에 잠 못 이루겠지만, 유년기의 상처로 남은 마음의 궁핍에서 자유롭지 않은 나는 연구실에 도달하기까지 그 30분 남짓의 호사 때문에 잠을 못 이룬다. 어쩌면 음력 그믐날 밤 설빔을 안고 잠 못 이루던 그 시절의 흥분이 이랬던가, 잠시 회상해본다. <2008. 2. 26.>

월드컵과 문화, 그리고 종로서적

우리가 월드컵 축구대회에서 4강에 오른 일은 아무리
자랑해도 지나침이 없다. 태극 전사들의 분투 덕분에 우리는 가위
눌려 왔던 정치, 외교, 경제, 사회적 질곡으로부터 얼마간 벗어날 수
있었다. 벗어나는 정도가 아니라 흡사 모든 분야에서 세계의 지도
그룹으로 부상한 듯 우리 모두는 '붕 떠 있는', 이른바 최면의 상태
에 몰입해 있다.

　그러나 과연 그럴까? 아무리 좋게 보아 주어도 지금의 상황은 우
리의 실제보다 많이 부풀어 있다. 축구가 떠 오른 만큼 우리의 모든
면들도 함께 떠올라 주었으면 좋겠는데, 실상은 그렇지 못하다. 뜻
있는 인사들이 월드컵 이후의 상황을 걱정하는 것도 바로 이런 점
때문일 것이다. 아무도 이 순간 우리의 암울한 현실을 말하지 못한

다. 흡사 말했다가는 매국노로 낙인찍힐지도 모른다는 불안감이 우리 주변을 맴돌기 때문이다. 그러나 이런 때일수록 말할 건 말해야 한다. 대통령의 아들 문제도, 겉도는 정치권과 민생의 문제도, 정신문화 퇴락의 현장도 더욱더 소리 높여 짚고 넘어가야 한다. 화려했던 축제가 끝나고 나면 우리는 보기 싫어 팽개쳐 두었던 현실을 다시 마주해야 한다.

월드컵의 환희가 우리의 현실로 직결만 된다면야 무어 걱정이겠는가? 그러나 기쁨의 절정에서 평균 이하의 나락으로 떨어지는 절망을 맛보는 일이 드물지 않음은 세상사의 이치다. 그런 점에서 남들이 모두 기뻐서 어쩔 줄을 모를 때 다시 마주치게 될 절망에 대비하는 사람들이 가급적 많아야 한다. 남들이 환호할 때 침착하면서도 단호하게 비판할 줄 아는 사람도 있어야 한다. 입 달린 사람들은 모두 월드컵의 경제적인 효과만을 말하니, 월드컵 이후의 경제사정에 대해서는 낙관하기로 하자.

***

우리가 계속되는 월드컵의 승전보에 도취되어 있는 순간, 그간 도서 유통의 한 축을 담당하고 있던 종로서적이 넘어졌다. 그곳은 필자가 학창시절부터 내 집 드나들 듯 하던 곳이다. 아직도 한국 문화산업의 중심은 도서의 출판과 유통이며, 그런 의미에서 새로운 경쟁 상대들이 많이 생겨났음에도 불구하고 그곳은 무시할 수 없는 한국문화산업의 한 부분이었다. 이 사건을 나라 전체로 확대시키면 어느 재벌 하나가 쓰러진 것과 맞먹는 의미를 지닌다고 보는 것도 그 때문이다.

사정이 이러함에도 이 사건을 크게 유념하는 이는 아무도 없는 듯하다. 월드컵으로 출판계는 철 이른 서리를 맞은 셈이고, 여기에 곧 닥칠 두 차례 선거(재・보선, 대선)는 '된 서리'로 작용할 것이다. 종로서적의 퇴출은 그 불행의 서막일 수 있다. 우리가 월드컵의 승전보에 도취되어 있는 순간 벌어진 이 사건은 바야흐로 쓰러져 가고 있는 우리 문화계의 현주소를 상징적으로 보여준다.

정확한 데이터를 입수한 것은 아니나, 종로서적이 퇴출된 이후 주변 대형 서점들의 매출이 크게 늘지 않았다는 말을 들은 바 있다. 정상적인 경우라면 대형 매장이 사라졌으니 인접 매장의 매출이 늘어야 정상이다. 그러나 그렇지 못한 현실은 책에 대한 수요가 갑자기 줄었거나 원래 수요 자체가 미미했음을 보여 준다. 동시에 그것은 월드컵 이후의 상황 또한 암울할 것임을 예고하는 지표이기도 하다.

월드컵이 끝난 후 사람들의 관심을 책으로 되돌릴 뾰족한 방책이란 있을 수 없다. 선진국은 지식과 교양을 기반으로 하는 사회를 말한다. 입만 열면 21세기가 지식기반사회임을 일컬으면서 출판 산업을 활성화시킬 아이디어 하나 내놓지 못하는 현실이다. 월드컵의 축제가 끝나고 나면, 화려한 폭죽 대신 온갖 비방과 중상모략이 판치는 무협소설과 같은 선거정국이 펼쳐질 텐데, 그 속에서 무슨 책을 읽을 것이며 우리의 문화를 꽃 피워갈 사색의 씨앗 또한 뿌려질 수 있겠는가? <2002. 9. 9.>

제4부

훔쳐 읽은 남의 마음

내 등짝에 죽비를 내려친 유럽
-그곳에 가서야 나는 내 키가 작음을 알았네!-

    2005년 9월부터 2006년 1월까지 6개월 가까이 유럽을 돌면서 '내 키가 작음'을 비로소 깨달았다. 내가 세계의 중심에 서 있지 않음도 비로소 알았다. 늘 '나'와 '우리', 그 존재의 절대성에 매몰되어 객관적 판단을 내리지 못하던 우리였다. 유럽인들은 우리를 몰랐고, 우리가 그들에게 그리 중요한 존재도 아니었다. 그간 우리는 '나'와 '우리'에게 지나칠 정도로 갇혀 있었다. 그러니 객관적인 시선으로 세상을 볼 기회란 없었다. 지금도 우리네 학교들은 '5천년의 찬란한 역사'를 강조하기에 여념이 없다. 외국사람 몇이 김치 맛을 칭찬이라도 할라치면, 우리의 언론들은 '한국의 먹 거리가 세계 식탁의 한 구석을 차지했다'는 식으로 과장보도하기 일쑤다. '우리가 최고'라는 자만과 무지는 세상으로 향한 통로를 막아버린다. 근거 없는 우월감의 소산이라는 점에서 자만은 자긍심과 다르다. 근거 없이 헛된 자만에 빠져버린 영혼을 구제할 길은 없다.

***

대학 강단에서의 20년 세월. 그동안 젊은 영혼들에게 나는 무엇을 가르쳐왔는가? 그들이 정신적으로 홀로서기를 할 만한 언턱거리 하나라도 제공했단 말인가? 5척이 갓 넘는 단구(短軀)로 내 키가 작다고 생각해본 적이 없는, 이 인식의 무사려(無思慮)한 원시성. '5천 년 역사를 그 누가 넘볼 수 있겠는가?'라는 오만한 무지 속에 안주해온 그간의 세월은 일종 '어릿광대의 한 세월'쯤이나 아니었을까?

아직도 살아 숨 쉬는 기원전 수백 년의 유물과 유적들을 만져보며, 그것들의 온기를 느껴보며, 상상과 신화의 탈을 벗지 못한 우리 역사의 실체를 비로소 깨달을 수 있었다. 긴 세월 쌓여 내린 정신사의 적층(積層)을 목격하며, 맹목으로 살아온 그간의 세월을 새삼 부끄러워할 수밖에 없었다. 누가 있어 '줏대 없는 언설(言說)'이라 꾸짖어도 좋다. 그러나 허구한 날 협소한 자아에 갇혀 세상을 내다보지 못하는 어리석음에서만은 벗어나 보자. 이것이 귀중한 시간과 돈을 투자하여 유럽을 다녀온 나의 솔직한 심정이다.

강단에 서서 이미 한 세월을 보냈고, 앞으로도 한 세월을 더 보내야 하는 내 입장이다. 그래서 인식 상의 전환적 계기가 절실했다. 할 수만 있다면, 우주선이라도 타고 달나라를 가든 화성을 가든 우리의 지구를 객관적 위치에서 바라보고 싶었다. 내가 그간 자라면서 배워온 서구세계. 경우에 따라서는 편향적 세계인식의 근원이자 주범이라 할 유럽. 내 인식의 큰 부분을 형성하고 있는 유럽의 정신적 질

량을 현지에서 느껴 보리라는 야심이 나의 내면에 그득 차 있었다.

내가 주로 찾아다닌 곳은 모든 도시의 알트슈타트(Alt Stadt). 옛날이 아직도 살아 숨 쉬는 공간들이었다. 그곳엔 그들이 가꾸어온 어제와 오늘, 그리고 이룩하고자 하는 미래가 한데 어우러져 있었다. 그들은 알트슈타트의 껍질을 잘 유지하면서 그 속에 들어있는 알맹이들을 하나하나 바꾸어 나가고 있었다. 우리가 배워야 할 것도 바로 그 지혜와 통찰이었다.

빽빽한 돌집들 사이엔 햇볕 한 줄기 들지 않았지만, 그들은 그 '남아있는 역사'에 자부심을 갖고 있었다. 도처에 널려있는 큰 규모의 박물관과 유적들은 그들이 지니고 있는 자부심의 근거였다.

크고 작은 각종 공동체의 중심에는 늘 교회가 자리 잡고 있었다. 가톨릭이든 개신교이든 굳이 가릴 필요 없었다. 그런 성소(聖所)들을 중심으로 공동체의 삶이 이루어지고 있다는 점, 모든 예술이나 사상, 심지어 형이하학적 물질문명까지 종교나 신앙에 근원을 두고 있다는 점 등이 중요했다. 그토록 거대한 유럽문명, 아니 세계 문명권들이 근원적으로 신앙 공동체로부터 출발한 것은 아니었을까 착각할 정도였다.

제대로 된 나라들은 관광 진흥을 자신들의 국가적 아젠다로 채택하고 전력투구하는 중이었다. 우리처럼 말로만 떠드는 관광이 아니라, 피부에 와 닿는 정책의 입안과 실천이 돋보였다. 그리고 그런 시책의 대전제는 예외 없이 '역사에 대한 인간의 책무'였다.

'역사와 문화의 산업 자원화'는 그것들에 대한 투철한 이해와 보존을 바탕으로 한다. 역사와 문화에 대한 이해는, 자신들의 역사가 근본적으로 인류 공통의 자산이라는 인식이 있을 때만 가능하다. 인류는 크게 보아 '하나의 역사'만을 공유해 왔을 뿐, 서로 다른 독자적 문화를 내세우며 아집과 독선으로 치달아야 할 이유가 없음을, 거대한 유럽 문화의 현장은 말해주고 있었다. 어느 시대에나 아집과 편견은 있었고, 지금도 일어나고 있는 세계질서의 파행이나 질곡 역시 그런 독선과 아집으로부터 나오는 것임은 분명하다.

로마제국이 거대하게 전개되고, 그것이 지금 지배적인 서양문명의 근간을 이룰 수 있었던 것도 따지고 보면 타 문명이나 타 지역의 정신적 소산을 충실히 수용한 덕분이었다. 독선과 아집, 배타와 갈등을 극복하는 유일한 길이 바로 그곳에 있었다.

유럽 각지에 흩어져 있는 고대문명의 폐허는 주로 로마문명의 흔적들이었다. 그러나 그 폐허는 말 그대로 멸망의 흔적이 아니었다. 탈피에 성공한 매미는 애벌레의 껍질을 남기지만, 그 껍질은 죽음의 흔적이 아니라 새로운 생명 탄생의 증거물이다. 계속되는 허물벗기를 통해 지금의 모습을 보인 유럽문명. 바로 그 근저에 로마문명이 있었다. 그들은 '역사청산' 혹은 '역사 바로 세우기'의 미명 아래 엄연히 존재하는 역사적 증거물들을 때려 부수지 않았다. 그 덕에 역사의 자취들은 오늘날까지 생생하게 살아남을 수 있었던 것 아닌가.

***

일제의 문화유산이 부끄러운가. 일제에 부역한 조상들의 행적이 부끄러운가. 그렇다면 그 자취나 흔적을 때려 부수기보다는 잘 보존하라. 그것도 소중한 역사다. 그 흔적들을 우리의 후손들에게 보여

줌으로써 파행의 반복을 피해가는 것. 그것이 '역사 바로 세우기'의
본질이어야 한다. 서울 한 복판에 선 총독부 청사가 부끄럽다고 쇠
톱으로 싹둑 잘라 버리는 문화적 야만성. 과거의 독재자가 밉다고
그가 쓴 현판들을 모조리 철거하고 수백 년 전의 임금 글씨로 바꾸
려는, 그런 행위보다 더 한 역사 파괴는 없다.

우리가 유럽 역사의 현장에서 읽어낸 이면적 코드는 '지배와 굴
종'이었다. 그리고 그런 코드가 구체화된 물증들은 도처에 남아 있
었다. 물론 어느 시기 지금 우리 내부에서 벌어지고 있는 '역사파괴
의 우행(愚行)'이 저질러졌을지도 모른다. 그러나 지금 그들은 역사
의 중거물들을 잘 보존하여 후손들에게 물려주는 것을 미덕으로 알
고 있었다. 물건만 없앤다고 역사가 사라지거나 바뀌는 것은 아니
다. 총독부 건물보다 더 좋은 관광자원과 교육 자료가 어디에 있는
가. 박정희 글씨의 현판보다 더 생생한 역사적 중거물들이 어디에
있는가. 반복되는 것이 역사라지만, 역사의 파행을 막는 방법으로 잘
못된 역사의 중거물을 보여주는 것 이외에 또 무엇이 있단 말인가.

***

객관적 근거를 바탕으로 남들에 의해 인정받는 만큼이 진정한 내
모습일 수 있다. 이 점을 깨닫기 위해 우리는 참으로 먼 길을 돌아
와야 했다. '나는 내 키가 이렇게 작은 줄을 몰랐다.' 이것은 깨닫기
이전에 갖고 있던 내 인식의 본질적 한계였다. 그래서 인식의 전환
을 경험한 일이야말로 유럽과 유럽문명이 우리에게 준 최고의 선물
이었다. 미래에 대한 우리의 프로젝트는 이 지점에서 새롭게 시작
된다. 우리의 다음 세대들에게 던져 줄 삶의 지표 또한 이 점으로부

터 모색될 것이다. 그래서 유럽은 지금까지 만난 어떤 선생님보다 훨씬 위대한 가르침을 내게 던져준 셈이다. <2006. 2. 15.>

데쓰밸리(*Death valley*), 그 영원한 삶을 잉태한 죽음이여!

김형!

처절한 죽음을 통해서만 진정한 삶의 의미를 깨달을 수 있다는 평범한 진리를 느꼈거나 목격해본 적이 있소? 아니면 죽음의 두꺼운 껍질 속에서 내연(內燃)하는 생명의 소리를 들어본 적이라도 있소?

나는 분명 보았고, 느꼈소. 억겁의 침묵 속에서 생명의 용광로를 한사코 안으로만 달구고 있는 죽음의 실체를. 그것은 윤회와 운명의 한 부분이었고, 오만한 인간에게 삶의 섭리를 보여주려 신이 베풀어 놓은 거대한 전시물이기도 하였소. 윤회라니 무슨 당치도 않은 말이냐고요? 그렇지 않습니다. 분명 삶과 죽음, 과거와 현재 그리고 미래. 존재하는 모든 것들의 모습이 한 고리에 얽혀서 돌아가는 모습을 나는 그 응축된 실체들 속에서 느낄 수 있었소. 언젠가 꽃과 나무, 풀들이 뿌리 내려 삶의 아름다움을 구가할 그 날을 그 죽음 속에서 확실히 읽어냈단 말이오. 계곡과 바위틈을 휘젓고 내려 달리며 살아 있는 모든 것들의 숨결을 잠재우는 거센 열풍의 포효는 죽어 있는 밸리의 재생을 예고하는 위대한 메시지임에 틀림없었소. 그 열풍 속에 즐비하게 늘어서 있는 봉우리들과 바위산들은 그저 인고의 수행자들인 양 말없이 고개 숙인 채 자신들에게 주어진 운명을 달게 받아들이는 모습들이었소. 나는 오랜 동안 관념 속에서만 캘리포니아 중동부 지역을 깔고 앉아 있는, 엄청난 자연의 이단자를 그려왔었소. 자연이란 생명을 의미하는 것이 아니오? 그런데 생명을 잉태한 죽음 자체도 자연의 큰 부분이란 사실을 비로소 깨달은 것이오.

***

4월 25일 아침 6시. 우리는 설레는 마음으로 장도에 올랐소. LA의 서부로부터 405번→5번→14번→190번 등의 프리웨이를 갈아타면서 황량하게 변해가는 자연의 모습에 불안감과 깨달음을 동시에 갖게 되었소. 끝없이 펼쳐지는 황량한 사막들은 거센 모래바람과 함께 자그마한 이방인에게 두려움의 침묵을 강요하고 있었소. 바로 그곳이 그 유명한 아마고사 사막(Amargosa Desert)이고 그레잎 바인 산맥(Grapevine Mountains)의 줄기이기도 하였소.

얼마쯤 달리자 거대한 소금벌판이 나타났는데, 자욱한 소금의 안개가 그 벌판을 누르고 있었소. 소금의 안개 위로는 뜨거운 태양이 이글거리고 있었는데, 그 때문인가 가련한 풀들은 고개를 들지도 못한 채 그 푸른 꿈을 한사코 안으로만 삭히고 있었소.

그런데 이게 웬 일이요? 그 소금의 왕국에 글쎄 거먹소들이 무리지어 살고 있는 것이었소. 도대체 무슨 운명들을 타고 났길래 이 모진 땅에 태어나 살아간단 말인가? 나는 할 말이 없었소. 그 큰 몸집의 까만 소들이 삼삼오오 무리 지어 느릿느릿 움직이고 있었소. 마침 그 때가 물 마시는 시간이었던가요? 이들이 서 너 마리씩 무리를 지어 우리가 달려가고 있는 길을 건너려 하고 있었소. 그런데 기가 막힌 일은 이들이 분명 무슨 말인가를 서로 주거니 받거니 하면서 길 넘어 멀리 보이는 호수(소금물의 호수?)로 향하고 있더란 말이오. 내 차가 속력을 줄이니 그들도 일단 멈춰 섭디다. 우리를 물끄러미 바라보면서 말이오. 나도 그들을 의식하고, 그들도 나를 의식하면서 잠시 우리는 서로의 의중을 탐색하고 있었던 것이오. 인고(忍苦)의 철학을 체득한 듯한 그들에 비해 한 없이 가벼운 존재인 내가 먼저 그곳을 뜰 수밖에 없었소. 세상에, 그 땅에는 소들마저 교통질서를 잘 지키는 듯하더군요. 우리가 지나고 나자 그들은 일제히 우리 쪽에 시선을 주면서 무어라 중얼거리며 길을 건넙디다.

소금의 벌판을 벗어나서 험한 산등성이 몇 개를 힘차게 오르락내리락 하던 우리는 갑자기 나타나는 거대한 분지에 넋을 잃어버렸소. 얼마나 거대한 용암이 휩쓸고 지나갔으면 그 높고 큰 산이 푹 파이고, 새까맣게 탄 돌멩이들이 저리도 처참하게 널브러져들 있을까? 그 계곡 사이로 태고의 바람은 사정없이 웅웅거리고 있었소. 우리를 날려버릴 듯한 바람은 분명 그 계곡에서 만들어지고 있었던 것이오.

데쓰밸리에 도달하기도 전에, 영혼을 흔들었을 천지창조의 굉음과 태고의 적막에 우리는 압도당하고 말았소. 간신히 몸과 마음을 추스른 다음 가던 길을 내쳐 달리기 시작했소. 분지의 밑바닥은 겁나게 넓고 황량한 벌판이었소. 거 왜 있지 않소? 바닷물이 빠진 서해안. 뻘건 나문재 풀만 깔려 있고, 그 사이로 소금 끼 하얀 진흙이 희끗희끗 내보이는 곳 말이오. 그 바닥은 바로 그 굳어진 개펄입디다. 그 순간 나는 묘한 착각을 하게 되었소. 흡사 부글부글 끓어오르는 열탕의 바다 밑을 지나고 있다는 느낌 말이오. 이곳의 이름이 무언지 아시오? 바로 머드 캐년(Mud Canyon)이었소. 그리고 머드 캐년의 입구가 바로 헬스 게이트(Hells Gate) 즉 지옥의 문이었소. 알만 하지요?

전속력으로 한동안 달리고 나니 가파른 고갯길이 나옵디다. 만약 차가 말을 들어주지 않으면 어쩌나 하고 불안해하면서 정말 힘들게 달려 올라갔소. 가도 가도 끝이 없는 길이었소. 초보시절 처음 차를 몰고 대관령이라는 델 가면서 느꼈던 두려움과 지겨움. 그러나 여긴 아름다운 대관령이 아닌 황량한 돌산에 규모 또한 대관령의 10여배는 족히 됩디다. 그러니 알만 하잖소? 겨우겨우 넘어가니 길은 비스듬히 내리막으로 끝도 없이 뻗어가는 것이었소. 말하자면 고개 넘기 전에 거쳤던 그 바다 밑보다도 훨씬 더 깊이 잠겨드는 것 같았소. 드디어 데쓰밸리에 도착한 것이오.

***

엄청난 곳이오. 이 계곡은 남북의 길이 225㎞, 동서의 길이 8~24㎞에 달하며 해수면보다 110m 이상 낮은 곳도 있었소. 우리는 모래바람 날리는 스토브파이프 웰스 빌리지(Stovepipe Wells Village)의 한 모텔에 묵게 되었소. 우리가 도착한 시각은 오후 1시. 4시부터 체크인할 수 있다고 하길래 매니저 노릇을 하고 있는 노파에게 트 렁크에 가득 실은 짐이라도 부려놓으면 안되겠냐고 사정을 하니 표 독한 얼굴로 일언지하에 "Absolutely not!"하고 외치는 것이었소. 여기나 거기나 사람 살기 힘든 관광지 인심은 마찬가지인 듯싶었소. 괜히 예약할 때 내 편에서 친절하게 굴었구나 생각하니 심통이 나 기도 했지만 할 수 없었소. 하는 수 없이 짐(주로 먹을 것)을 바리 바리 실은 채 관광에 나설 수밖에 없었소.

이 마을에는 슬픈 유래가 있습디다. 아시오? 서부개척시대의 일, 골드러쉬(Gold Rush) 말이오. 엄청난 부의 환상을 가득 안고 동부 로부터 오던 사람들은 1849년 이곳을 통과하며 큰 고통을 겪었던 모양이오. 그들이 타고 오던 마차가 더 이상 넘을 수 없는 곳 아니 겠소? 우리가 차로 달려온 그 그레잎 바인 산맥이 어디 예사로이 험준한 곳이오? 그러니 말과 마차가 더 이상 쓸 모 없었겠죠. 그래 서 이곳에서 마차를 버리고, 말을 잡아 마지막 파티를 벌였던가 보 오. 그들을 이곳에서는 49ers(fortyniners)라고 부르는 모양이오만. 등불을 따라 몰려드는 부나비처럼 황금을 좇아 몰려드는 허무한 인 간군상의 상징으로 받아들이면 어떻겠소? 그 마차의 잔해들이 아직 도 보존되어 있고 번드 왜건 포인트(Burned Wagon Point)라는 제목 의 기념비가 그 당시의 마차바퀴로부터 호위를 받으며 서 있더군요.

촌각이 아쉬운 우리는 즉시 길을 나섰소. 우선 모텔로부터 20여 분을 달리니 퍼니스 크릭 비지터 센터(Furnace Creek Visitor Center), 퍼니스 크릭 랜취(Furnace Creek Ranch), 보락스 뮤지엄 (Borax Museum) 등이 나오더군요. 박물관에 들러 이 지역의 역사와 유물들, 관광 포인트 등을 익혔소. 그런 다음 종려나무 우거진 그곳 캠프그라운드의 시냇가에 앉아 준비해온 음식으로 시장 끼를 지웠지요. 그 맑은 물과 나무숲, 참으로 인상적이었소. 그냥 떠서 마시고 싶은 충동이 날만큼 맑았소. 말하자면 그곳은 데쓰밸리의 오아시스인 셈이었소.

점심 후 우리는 부글부글 끓는 길을 달려 배드워터(Bad Water)라는 델 갔소. 그저 무엇엔가 '오염된 물'만 한 바닥 그득 고여 있으려니 기대한 나는 그냥 경악하고 말았소. 아, 끝없이 펼쳐진 소금밭. 그건 우리가 알고 있던 서해바다의 염전이 아니었소. 넘실대는 바다가 억겁 따가운 햇볕에 시달리다가 결국 하얗게 소금으로 변해 손들고 일어서 있는 곳. 지독한 소금의 광야였소. 발로 비벼보니 아직도 물기는 남아 있습디다만, 여하튼 소금천지를 나는 보았소. 그 드넓은 소금 벌판 사이로 아직도 흘러내리는 물길은, 글쎄요 그 속에 무슨 생명이라도 깃들어 있었을지요?

배드워터와 이웃하고 있는 곳이 바로 데블스 골프 코스(Devils Golf Course)라는 곳이었소. 이곳이 바로 해수면보다 110m나 낮은 곳이오. 이곳이야말로 엄청난 소금밭이었소. 참, 미국사람들도 이름을 지어내는 걸 보면 우리 못지않다는 것을 느낄 수 있었소. 악마들이 골프를 칠 만한 곳쯤으로 생각한 모양이오. 그곳에 도착하기까지 중간에서 만난 머스타드 캐넌(Mustard Canyon), 머쉬룸 락(Mushroom Rock) 등은 얼마나 그럴 듯하오? 캐넌을 이루고 있는 바위들이 머스터드를 발라놓은 듯 샛노란 색을 띠고 있었소. 길 가에 오도마니 서 있는 바위는 모양이 흡사 버섯 같았는데, 왜 있잖소? 우리나라에도 용두암이니 모자바위니 촛대바위 등 곳곳에 우리나라 사람들의 연상 작용이 만들어낸 바위들 말이오. 어쨌든 그들도 골프, 머스타드, 버섯 등 자신들이 일상생활에서 접하는 사물들이 그래도 친숙한 듯 그런 이름들을 붙여 놓았습디다. 우리나 그네들이나 그런 점에서 기본적인 생각과 느낌이야 같지 않겠소?

한동안 소금바다에서 헤매던 우리는 투웬티 뮬 팀 캐년(Twenty Mule Team Canyon)을 들렀소. 가파른 언덕의 중반쯤에 주차한 다음 우리 네 식구는 뜨거운 태양을 등지고 캐년을 트레킹하게 된 것이오. 그런데 거대한 바위틈으로 군데군데 구멍들이 뚫려 있기도 하고, 높은 산에 오를 수 있는 틈이 생겨 있기도 했소. 놀라운 건, 우리가 걸어 올라가는 양 옆의 바위벽에는 억겁 세월 물에 씻긴 흔적들이 제각각 아름다운 자태를 뽐내고 있다는 점이었소. 그 뿐이었겠소? 참으로 감격스러운 광경은 그 메마른 대지에서도 이름 모를 어떤 잡초는 꽃을 피워가지고 서 있었소. 참으로 아름다운 꽃이었소. 그 식물은 동양으로부터 온 어떤 이방인들을 기다리고나 있었던 듯, 고즈넉한 표정으로 우리를 반기는 것이었소.

나는 흡사 우리가 물속을 헤엄쳐 올라가는 물고기들이라는 착각을 하기도 했소. 갈라진 틈을 비집고 석산을 오르다가 지쳐 내려와 그곳으로부터 가까운 곳에 있는 아티스트 드라이브(Artist Drive)를 달리며 색다른 풍경들을 접하게 되었소. 아티스트 팔렛(Artist Palette)이라면 대충 무슨 뜻인지 아시겠지요? 경이롭게도 암석 군들마다 제각각의 색깔들을 뽐내며 흡사 팔렛처럼 총천연색의 장관이 펼쳐져 있었소. 제각기 다른 암석의 성분들이 햇빛을 받아 다양한 색깔을 연출했던 것이오.

미국인들의 명명술(命名術)이 기막히다고 생각하며 서부개척시대의 생생한 역사적 유물, 킨 원더 마인 앤드 밀 루인스(Keane Wonder Mine and Mill Ruins)에 들렀소. 말하자면 금을 채굴하고 제련하던 유적과 유물들이 그곳에는 깨어진 인간의 꿈을 웅변하면서 나뒹굴고 있었소. 벽돌도, 광석을 용광로까지 실어 나르던 궤도차도 그대로 놓여 있었소. 흡사 다시 시동을 걸면 푹푹 소리를 내며 달릴 듯한 자세로 말이오. 이곳을 그들의 말로 보락스(Borax)라고 하던가요? 어쩌면 그리도 우리말의 '버력'과 비슷한지. 놀라고 말았소. 그곳에서 한참을 서부개척시대의 노다지에 대하여 생각에 잠겨 있던 우리는 맞은편 머스타드 캐넌에 반사되는 저녁놀을 바라보며 숙소로 돌아가게 되었소.

스토브파이프 웰스에 도착하기 직전 오른편을 바라보니 황량한 벌판이 펼쳐져 있고, 그 너머엔 고운 모래밭이 펼쳐져 있었고, 그 위로 몇 그루의 사막 관목들이 보이는 것이었소. 이름 하여 샌드 듄(Sand Dune). 그냥 갈 수 없다는 생각에 어둑발이 밀려드는 그곳을 찾았소. 아, 그 고운 모래밭. 내 유년시절의 꿈과 슬픔을 스펀지처럼 빨아들여주던 내 고향의 그 모래밭이 이곳에도 펼쳐져 있었던 것이오. 얼마나 반갑던지요. 그래서 우리는 마구 소리 지르며 뒹굴었소. 그런데, 경고문에 보니 이 모래밭의 관목들 사이로 밤이면 먹이사슬의 향연이 펼쳐진다는 것이었소. 말하자면 낮 동안 뜨거운 햇볕을 피해있던 동물들이 이곳을 찾아 활동을 하고, 그들 사이에 생존경쟁의 엄연한 현실이 벌어진다는 뜻이겠지요. 그 가운데 뱀도 들어 있다는 말에 우린 내일 아침을 기약하며 서둘러 숙소로 돌아왔소.

　다음날 새벽같이 우리는 일출이 장관이라는 자브리스키 포인트 (Zabriskie Point)를 찾았소. 일출 시각이 닥쳐오면서 시시각각 변하는 형형색색의 산줄기들은 참으로 장관입디다. 열탕의 분지도 해 뜨기 전에는 쌀랑하기 그지없더군요. 그러니 태양은 위대한 예술가요, 대자연의 연금술사라 할까요? 어느 사진작가들은 망원렌즈를 들여다보며 차갑고 딱딱한 바위에 배를 대고 엎드려 그 황홀한 순간을 기다리고 있기도 합디다. 거짓말처럼 햇살이 밭이랑 모양의 갈래진 계곡 한쪽 면을 비추는 순간, 저 높은 봉우리에서는 이글거리던 어제의 그 태양이 솟아오르데요.

　참으로 장엄한 순간이었어요. 아마도 억겁을 두고 매일 이런 일이 반복되었겠으나, 내겐 이 일이 그날 처음으로 일어나는 역사적인 사건으로 기억된 까닭은 무엇인지 모르겠군요.

　해 뜬 이후 자브리스키 포인트를 떠난 우리는 근처에 널려 있는 나지막한 봉우리들의 사이 길을 숨바꼭질 하듯 드라이브 하며 그들에 각인되어 있는 세월의 흔적들을 찾아 나섰소. 어느 곳에는 광석을 캐기 위해 파 놓은 동굴도 있었고, 군데군데에는 생명력 질긴 열대식물들이 흡사 갈증을 참지 못하겠다는 듯 늘어져 있기도 하였소. 그리고 그 사이사이로는 이름 모를 여린 잡초들이 꽃을 피운 채 처량한 모습으로 숨죽이고들 있더군요.

***

　아, 더위와 피로에 지친 우린 많은 코스를 생략해야 했지만 험준한 산맥으로 둘러싸인 물 없는 바다를 헤엄친 것만으로도 너무 행복했었소. 우린 삶과 죽음이 어우러진 정밀(靜謐)의 공간을 처음으로 '만져 보았던' 것이오. 아니 정녕 죽음은 종말이 아니라 언제고 다시 깨어날 수 있는 생명을 잉태한 가능태였소. 나는 데쓰밸리의 열기 속에서 언젠간 터져 나올 생명의 코러스를 들을 수 있었단 말이오.

잘 계시오. <1998. 4. 28.>

북경에서 만난 천주교

겨울의 막바지 추위로 북경은 얼어 있었다. 살갗이 아린 건 고비사막으로부터 날아오는 모래바람 때문이었으리라. 심양에서 단동으로, 단동에서 다시 북경까지 짚어간 4천릿길. 그 옛날 조선조 연행사들이 도보로 오고가던 바로 그 길이었다. 조상들이 몇 달 걸려 걷고 또 걷던 그 길을 우리는 열흘 만에 주파했다. 감조차 잡히지 않을 만큼 드넓은 요동들판. 지평선에서 뜨고 지는 해를 바라보며 대국의 위용에 기가 막혔을 조상들의 마음을 우리가 과연 얼마나 헤아릴 수 있을까.

짚신 감발대신 최신식 버스에 몸을 싣고 두터운 옷으로 무장한 채 그 분네들의 노정을 추체험(追體驗)하겠노라 나선 길이 겸연쩍었다. 그러나 그 분들이 도처에서 놀라운 일들을 체험했듯이, 우리 또한 그랬다. 요녕성과 하북성을 가로지르는 동안 나를 괴롭히던 북만주의 칼바람, 그 바람에 얼어붙었던 내 마음이 스르르 녹아내리는 경이를 체험했다. 마지막 노정, 북경에서 천주교를 만난 것이다.

참으로 운 좋게도 우리는 마테오리치(Matteo Ricci)신부를 비롯한 명·청대 서양 선교사들의 묘역을 친견하고, 초기 중국 천주교의 긴장된 숨결을 느낄 수 있었다. 북경행정학원의 여삼락(余三樂)교수와 연결된 덕분이었다. 그곳은 마테오리치, 아담샬(Johann Adam Schall von Bell), 유송령(A. Hallerstein), 포우관(A. Gogeisl) 등 수십 명의 선교사들이 중국 천주교의 산 역사를 말없이 증언하고 있는 현장이었다.

마테오리치나 아담샬이 천주교의 씨앗을 중국에만 뿌린 것은 아니다. 천주교의 조선 전래에 가장 큰 영향을 미친 것이 바로 마테오리치의 『천주실의(天主實義)』. 세 번에 걸쳐 북경을 내왕한 실학자 지봉(芝峯) 이수광(李睟光)은 『지봉유설(芝峯類說)』에서 『천주실의』를 소개했고, 성호(星湖) 이익(李瀷)도 『천주실의』의 발문을 쓴 바 있다.

그 뿐인가. 병자호란 후 심양에 볼모로 잡혀 있다가 1644년 북경으로 옮겨가 아담 샬과 친교를 맺고 천문·수학·천주교 등에 흠뻑 빠져 들었던 소현세자, 서장관인 아버지를 수행하여 북경에 왔다가 1784년 그라몽(Gramont)신부로부터 조선인 최초로 영세를 받은 만천(蔓川) 이승훈(李承薰) 베드로 등은 한국 천주교의 뿌리를 가다듬은 장본인들이다. 그 마테오리치 신부가 1605년에 세웠고, 아담 샬

신부가 1650년에 다시 세웠으며, 1904년 새로이 중수한 북경 천주교 남당(南堂)에서 나는 조상들이 느꼈을 경이와 당혹감을 다시 느낀 것이다.

유창한 영어로 중국 천주교의 긍지를 설명하기에 바쁘던 중국인 장천로(張天路)신부는 우리의 손을 끌고 한국 천주교회 신자들이 새겨준 기념동판을 보여 주었다. 그 동판에는 하느님의 복음이 북경을 통해 조선에 전해진 지 200주년이나 되었음을 명시하는 글자들이 선명했다. 지금도 많은 한국인들이 수 없이 그곳을 방문하여 한국 천주교의 뿌리를 확인하고 간다는 장신부의 설명이었다. 중국 천주교에 대한 장신부의 자부심이 지나친 듯하여 오기가 발동한 나는 물었다. 공산당 지배하의 중국에 과연 종교의 자유가 있느냐고. 기다렸다는 듯 '완벽한 자유'를 누리고 있노라는 대답이 돌아왔다. 남당만 해도 신도 수 4천 여 명의 거대한 규모였다. 주일마다 미사에 참여하는 각국 외교관들을 위해 영어미사까지 드리고 있으니 중국 천주교야말로 세계화를 이미 이룬 게 아니냐는 사족까지 다는 것이었다. 답답하게만 생각해왔던 사회주의 중국은 그렇게 바뀌어 있었다.

조선조 당대에만 700여회. 연행에 참가한 삼사(三使)들 대부분은 벼슬로나 학식으로나 그 시대를 대표하던 식자들이었다. 경이로운 체험에 몸을 떨었을 선각자들의 마음자리. 그들이 남긴 상당수의 기행문에서 우리는 그 자취를 느낄 수 있었다. 동지사행에 서장관 홍억(洪檍)의 자제군관으로 수행하여 조선 지식인의 명민함을 과시한 담헌(湛軒) 홍대용(洪大容)이 연경을 방문했을 때가 1766년, 그로부터 32년 뒤에 서유문(徐有聞)은 동지사의 서장관으로 연경을 찾았다. 그리고 그들은 똑같이 북경에서 천주교를 만났다.

서유문으로부터 205년 뒤에 북경을 찾은 나도 천주교를 만났다. 독실한 천주교도 아내 덕분에 천주교가 생소하지 않은 나와 달리 그들이 받은 문화적 충격은 대단했을 거라는 점이 차이라면 차이일 수 있을까. 서유문의 표현을 빌어보자. "북쪽 벽 위의 중앙에 한 사람의 화상을 그렸으니 계집의 상이요, 머리를 풀어 좌우로 두 가락을 드리우고 눈을 치떠 하늘을 바라보니, 무한한 생각과 근심하는 거동이라. 이것이 곧 천주라 하는 사람이니, 형체와 의복이 다 공중에 떠워 서 있는 모양이요, 서 있는 곳이 깊은 감실과 같으니, 첫 번 볼 제는 조각상인가 여겼더니, 가까이 간 후에야 그림인 줄을 깨달았으니 나이 30세 남짓한 계집이요, 얼굴빛이 누르고 눈두덩이 심히 검푸르니, 이는 항상 눈을 치떠 그러한가 싶고, 입은 것은 소매 넓은 긴 옷이로되 옷 주름과 섶을 이은 것이 분명하여 움직일 듯하니, 천하에 이상한 그림의 격식이요…아이 안은 모양을 그렸으되 아이는 눈을 부릅떠 놀라는 형상이다. 부인이 어루만져 근심하는 모습이요…천상에는 사방으로 구름이 에워쌌으되 어린아이들이 구름 속에서 머리를 내밀어 보는 것이 그 수를 헤아리지 못하며…"

서양인들을 만나기도 힘들었으려니와, 서양인의 모습으로 그려진 예수와 성모 마리아, 천사들의 화상을 보고 놀란 마음을 그려낸 이 글을 보고 오늘날의 누군들 포복절도하지 않겠는가. 조선의 대표적인 실학자이자 과학사상가 홍대용은 천주당에서 천주교뿐만 아니라 서양의 과학문명과도 만났다. 자명종의 원리를 곰곰 생각하기도 하고, 파이프오르간의 원리와 연주법을 즉석에서 터득하여 멋진 연주까지 거뜬히 해낸 그였다.

담헌은 천주당에서 서양인 사제 유송령과 포우관을 만났고, 큰 깨달음을 얻었다. 그 때까지도 조선은 중화(中華)와 오랑캐를 나누어 보던 차별적 세계관인 화이관(華夷觀)에 사로잡혀 있었다. 그것은 당대 노론계 지식인들의 지배적 세계관이었고, 담헌도 예외는 아니었다. 그러나 중국에서 새로운 문물과 인물들을 만나면서 생각은 바뀌어갔다. 북경에 가기 전까지만 해도 오랑캐와 중화, 귀와 천의 구분은 아무리 세월이 흘러도 바뀔 수 없다고 그는 생각했다. 그가 화이론을 청산하고 북학(北學)의 기수로 변한 데에는 천주교와의 만남도 한 몫 했으리라. "하늘로부터 보면 사람과 사물이 마찬가지"라는 「의산문답(毉山問答)」 속의 단언이야말로 만물에 고루 비치는 천주의 사랑을 말한 것으로 해석할 수는 없을까.

북경에서 만난 과학문명이나 천주교를 통해 세계의 근원에 대한 반성적 인식에 도달한 사례가 어찌 담헌 뿐이었으리오. '말이 충성되고 미더우며 행실이 도탑고 공경스러우면 비록 오랑캐 지방이라도 가히 행하리라'는 공자의 말을 빌려 천주당 구경을 합리화한 것을 보면, 고집스럽고 자존심 강한 서유문이나 그에게 천주당의 소식을 전해준 치형에게도 얼마간 생각의 변화가 일었던 모양이다.

작은 나라를 보전코자 만 리 길을 마다 않고 드나들던 중원. 고심참담 속에 걸음걸음 떨구었을 피눈물과 함께 수시로 발동되던 호기심과 지혜는 조상들에게 깨달음의 지평을 열어 주었다. 담헌과 서유문이 친견한 북경 천주당의 예수고상과 성모마리아. 한 알의 겨자씨가 창대한 결실을 맺듯, 들불처럼 번져가던 한국 천주교 초기의 모습을 남천주당의 성모상에서 확인할 수 있었고, 분명 그건 내게 하나의 감동이었다. 그러나 북경에서 내 마음에 뿌려진 겨자씨는 언제쯤 싹을 틔울지... <2003. 4. 25.>

대만에서 만난 무덤들

'세상에서 가장 위험한 인간은 책을 한 권만 읽은 사람'이란 말이 있다. 또 '군대 안 갔다 온 놈이 군대 갔다 온 놈을 이긴다'든가 '서울 안 갔다 온 놈이 서울에서 살다 온 놈을 이긴다'는 등의 가시 박힌 농담들도 지금껏 우리 사회에는 통용되고 있다. 어느 모임에 나가 보아도 크게 영양가 없는 말로 언성을 높이는 사람이 있기 마련. 그 지식의 근원을 캐 보면 제대로 된 책 대신 인터넷이나 신문 등일 경우가 대부분이다. 해외여행이 보편화된 요즈음. 여행기들이 범람한다. 제대로 발품을 팔아 얻은 글부터 점만 찍고 돌아오는 패키지여행에서 얻은 인상기에 이르기까지 다양하다. 짧은 생각들이 범하는 어리석음일 뿐이지만, 모조리 무익하지만은 않을 터. 그러니 나도 이 자리에서 그런 어리석음이나 한 번 범해 볼

까나?

***

지난 연말 3박4일의 일정으로 대만을 다녀왔다. 지척에 두고도 '언젠가 마음만 먹으면 다녀올 수 있으리라'는 안이한 생각으로 미루어두고 있던 곳이었다. 기대와 실망이 교차하는 것은 세계 어딜 가나 마찬가지일 것이다. 사람들 득실거리는 관광지만 찾아 다녀야 하는 것이 여행객의 신세일 터. 어디 한 곳 차분하게 앉아 생각에 잠길 여유가 있으랴. 그저 '절에 간 새댁'마냥 능란한 가이드의 손에 이끌려 이곳저곳 숨차게 기웃거릴 뿐이었다.

여기서 둘째 날 들른 지오펀(九份)을 먼저 언급하려는 것은 그만큼 그곳을 보고 받은 충격이 컸기 때문이다. 가파른 고갯마루를 넘어 도달한 곳이었다. '九份'이란 이정표를 보고 나서야 가이드가 말 끝마다 '구인분, 구인분'하는 말의 뜻을 헤아릴 수 있었다.

지오펀은 원래 금광지대였다. 그 옛날 그 마을에 살면서 금광에서 일하던 광부 9명이 매몰되어 모두 죽은 사건이 있었다. 그로부터 9명 광부의 아내들 즉 살아남은 9명의 과부(寡婦)들은 산 넘어 시장에서 늘 '9인분'의 식량을 사가지고 고개를 넘어야 했단다. 그래서 이곳이 '九份'으로 명명되었다는 것.

지오펀의 금광박물관을 거쳐 들른 곳이 바로 도교사원으로 화려함의 극치를 달리는 성명궁이었다. 그곳에선 관우를 주신(主神)으로 모시고 있었다. 황금색 바탕에 온갖 화려한 장식들을 붙여 놓은 전각 안에서 관우신을 옹위하고 있는 많은 신들이 사람들의 소원을 들어주고 있었다.

그러나 정작 우리가 놀란 것은 성명궁이 아니었다. 성명궁을 나서서 둘러본 사방의 산중턱에 이르기까지 아파트처럼 보이는 주택들이 그득 깔려 있었다. 그러나 자세히 들여다 보고는 경악하고 말았다. 모두 유택(幽宅) 즉 무덤들이었기 때문이다. 충격이었다. 그무덤들은 흡사 시멘트로 잘 지어놓은 양옥집의 형태를 하고 있었다. 우리나라 같으면 거대한 아파트촌이 들어설만한 양지바른 산록. 그들은 그곳에 '죽은 자들을 위한 집들'을 그득하게 지어놓고 있었다.

어느 경우엔 경계가 모호할 정도로 산 자들의 집과 붙어있기도 했다. 좋게 말하면 '산 자와 죽은 자들'이 동거하는 형국이었다. 조부모, 선조들의 유택 아래쪽에 사는 후손들. 참으로 기이한 구도였다. 일찍이 베트남 메콩강 델타 지역 마을에서 뜰 안에 무덤을 만들고 조석으로 향불을 피우는 사람들을 본 적도 있었다. 대개 남방 풍속의 공통점일 수도 있겠으나, 대만의 공동묘지는 좀 색다른 점이 있었다.

딱딱거리는 가이드에게 사정하여 간신히 시간을 얻을 수 있었다. 무덤 탐색을 생략하고 돌아갈 수는 없었기 때문이다. 대략 두어 시간을 헤매고 다니며 무덤 속의 주인공들과 만난 셈이다. 무덤들을 대충 둘러보고 났을 때 뱃속 저 깊은 곳으로부터 구역질 같은 것이 치밀어 올랐다. 양지 바른 산자락을 점령한 채 늘어서 있는 무덤들. 어느 무덤에나 '욕망의 기괴한 그림자'가 드리워져 있었다. 형형색색 단장한, 아무도 없는 텅 빈 시멘트 구조물들을 가득 채우고 있는 냉기와 회한이 내 가슴에 사무쳐 왔다.

무덤들의 실체를 확인한 다음 우리는 빗방울 떨어지는 지오편의 언덕길을 서둘러 내려왔다. 더껑이 진 가난과 오욕의 현실 속에서 하루하루를 버겁게 살아가는 무덤 속 주인공들의 '살아있는' 후손들과 함께 하고픈 욕망이 강했기 때문이었다.

묘원(墓苑)이나 유택으로 표현될 만한 그곳의 무덤들은 자세히 보니 여러 층이었다. 호화로운 것은 치장도 그러려니와 규모 또한 웬만큼 잘 사는 집의 그것을 능가할 정도였다. 그러나 길 가 언덕 아래 쪽 구멍에 조막손만한 검은 오지그릇 하나로 남아있는, 초라한 무덤도 많았다. 살아생전 고대광실에서 부귀영화를 누린 자나 노숙의 굴레에서 벗어나지 못한 자나 죽은 다음에 심심산중 한 덩어리 봉분으로 남는다면, 그 얼마나 공평한 일인가. 그런 점에서 우리나라 묘제야말로 얼마나 철학적이고 인간적인가. 물론 호화분묘는 제외해야겠지만.

***

온갖 석물(石物)로 치장하고 산 자들이 머물러야 할 양지바른 곳을 점령한 대만의 무덤들은 그 자체가 폭력이었다. 물론 조상을 잘 모시려는 그들의 정성을 어찌 폄하할 수 있으랴. 그러나 내 한 몸 죽여서라도 자식들 살리고자 하는 것이 세상의 부모 마음일진대, '산 자들'이 차지해야 할 양지바른 곳에 자신들의 거대한 유택을 마련해준 자손들을 어찌 가상하게 생각해줄 수 있으랴. 우리는 지오펀의 무덤 군(群)을 만나면서 대만에 대한 기대의 반 이상을 접기로 했다. <2008. 1. 20.>

못 말리는 한국인의 낙서벽(落書癖)

　　유럽여행 중 들른 하이델베르크. 그곳 대학가에서 낙
서와 관련하여 기가 막히는 장면을 만났다. 그곳 학생감옥의 벽은
수감되어 있던 학생들의 낙서와 그림으로 가득 차 있었다. 모두가
예술이었고, 멋진 관광거리였으며, 소중히 관리되고 있는 그곳의 재
산이기도 했다. 휘갈겨 쓴 낙서들과 제멋대로의 그림들에는 학생들
의 패기와 울분, 낭만과 치기(稚氣)가 듬뿍 배어있었다.

　　그런데 거기서 그만 보지 말아야 할 것을 보게 되었다. 몹시 부끄
러운 체험이었다. 낙서예술의 원판에서 한글 낙서들을 다수 발견하
고야 말았던 것이다! 일본글자도 중국글자도 영어도 없었다. 오직
한글만이 당당하게 위용(偉容)을 자랑하고 있었다. 그 뿐인가. 한 층
위로 올라가자 벽엔 다음과 같은 경고문이 붙어 있었다.

- Please do not write on the wall

- Bitte nicht auf die wände schreiben

- 감시카메라가 지켜보고 있습니다. 낚서를 하면 처벌됩니다!!!

순간 나는 내 눈을 의심했다. 우리가 열심히 돈을 벌어 세계 굴지
(屈指)의 경제 대국이 되더니 드디어 우리의 글자까지 세계적으로
인정을 받게 되었도다. 저것 보라! 저들이 드디어 우리 한글의 우수
성까지 깨닫게 되었구나. 비록 '낙서'를 '낚서'로 잘못 쓰긴 했으나,
그게 무슨 상관이랴.

나는 그 경고문 앞에서 한동안 망연자실(茫然自失)해 있었다. 그
경고문 속엔 그렇게 많이들 다녀간다는 일본인들의 글자도, 직전에
이곳을 휩쓸 듯이 떼거지로 빠져나간 중국인들의 글자도 없었다. 하
이델베르크이니 독일어 경고문이야 당연하고, 세계 공용어처럼 되
어 있는 영어 경고문이 붙은 것 또한 당연하지 않은가. 독일어와 영
어를 빼곤 한국어만 남는다. 그렇다면 한글이나 한국어가 이곳 독일
에서 제 2의 공용어로 격상이라도 되었단 말인가.

그러나 그게 아니었다. 유독 한국인들만 툭하면 그곳에 낙서를
해대는 모양이었다. 그곳의 당국자들도 그것을 알고 있기 때문에 특
별히 한국어 경고문을 써 붙인 것이었다. 우리들의 못 말리는 낙서
벽(落書癖). 제대로 된 기록들은 남기지도 못하면서 우리는 어딜 가
나 그릴 데 못 그릴 데 가리지 않고 개발 새발 낙서들을 휘갈겨댄
다. 당당하게 제 이름 석자를 걸고 말이다. 그래 그곳에 왔다 간 것
이 그리도 자랑스럽더냐? 제 이름 곁에 애인 이름까지 써놓곤 큼지

막하게 하트를 그려놓은 녀석까지 있었다. 성당이나 교회의 벽에도, 성벽에도 우리의 한글은 멋진 자태로 국위(?)를 선양하고 있었다.

***

사실 우리는 얼마나 낙서를 좋아하는 민족인가. 심지어 가만히 있는 산 위의 바윗돌까지 쫓아다니며 낙서를 하는 민족 아닌가. 금강산 관광이 본격화 되면서 직접 가서 보거나 텔레비전의 화면으로 똑똑히 확인하는 사실이 있다. 우리 민족의 낙서벽은 북쪽 사람들이라고 예외가 아님을 말이다. 경치 좋은 산 위의 거대한 바위에 무슨 놈의 낙서들은 그리도 많이 휘갈겨 대는지, 통탄스러울 정도다. '경애하는 김정일 장군님 만세!' 매일 방송이나 신문들을 통해서 밥 먹듯, 아니 숨 쉬듯 뱉어내는 문구들 아닌가. 구역질나도록 유치찬란 (幼稚燦爛)한 어구들을 고결(高潔)한 자연 속에 대문짝만한 글자로 파놓을 건 무언가. 금강산의 그 아름다운 바위에 새긴 낙서들. 그것 역시 못 말리는 '낙서벽의 소산' 아니고 무엇이랴.

글자나 글은 꼭 써야 할 곳에 써야 한다. 써서는 안 될 곳에 쓰면, 아무리 고결하고 심오한 문구라 해도 그건 낙서에 불과하다. 우리의 조상들은 함부로 낙서를 하지 않았다. 물론 지금도 학생들과 학술답사를 다니다 보면 명승지의 바위에 새겨진 시구들을 간혹 보게 된다. 그러나 그건 그 경치에 합당한 문구, 그 자리에 꼭 있어야 할 문구들이다. 쓰는 사람 자신의 헛된 명예를 위해서가 아니라, 우매한 후손들이 이 경치를 보고 떠올려 주었으면 하는 생각, 그것을 기록하려 한 것이다. '경애하는 민족의 태양' 식의 유치찬란한 낙서가 아니란 말이다.

***

우리의 대통령들을 생각한다. 지금까지 이 사람들은 임기가 끝날 무렵이면 자기가 만들었거나 자기에 관한 기록들을 모조리 파기해 왔다. 뒤가 구리기 때문일 것이다. 그러나 좋든 싫든 대통령의 통치 기록은 한 나라 역사의 중요한 부분이다. 그러니 소중하게 남겨두어 야 한다. 정작 그런 것들은 파기하면서 각처에 개발 새발 남겨둔 친 필 휘호들은 자랑스레 남겨두려 한다. 그럴 경우 그것들 역시 낙서 의 수준으로 격하될 수밖에 없다.

사실은 나도 기록을 좋아한다. 어딜 가도 항상 '기록하는 일' 때 문에 몸과 마음이 고달프다. 내가 여행 중 기록을 남기는 것은 허무 함 때문이다. 우리의 일상이나 여행의 감동은 하루 이틀 만에 슬금 슬금 기억의 창고로부터 빠져 달아나기 마련이다. 아름다운 기억이 사라지고 남은 자리엔 삶의 피곤함이나 여행 중의 괴로움, 혹은 험 한 기억들만 괴물처럼 남는다. 나는 그게 싫어서 꼬박꼬박 적어두곤 한다.

도망치는 일상의 기억이나 여행의 추억들을 붙잡아매는 방법들 중의 하나가 기록이다. 사진도 있지만, 기록이 없는 사진은 큰 의미 를 갖지 않는다. 잠시의 여행이라면 그림만 보고도 기억해낼 수 있겠지만, 길고 복잡한 여행에서 단편적인 정지화면(停止畵面)만 으로 추억을 되살릴 순 없다. 그래서 나는 한사코 기록하려 하는 것이다. 그러나 지금, 한사코 기록하려는 일 또한 부질없음을 비로 소 깨닫는다.

세상 사람들은 모두 자기만의 척도를 갖고 있다. 모든 행위들 역시 그로부터 나온다. 나 역시 예외는 아닐 터. 그렇다면 내가 휘갈겨 놓은 책이나 논문, 단상들 모두가 한갓 낙서벽의 소산이 아니겠는가. 인생이 나그네길이라면, 그 여행 중에 지니고 다니며 유념해야할 하나의 화두(話頭)가 있다. 쓰고 싶을 때마다 반드시 떠올려야할 경구(警句)다. '나는 누구인가, 내가 쓰는 글들은 과연 낙서인가 아닌가?' <2007. 2. 25.>

베트남에 사랑의 씨앗을 뿌리고...

누가 베트남을 안다 하는가? 베트남 전쟁의 참혹했던 시간대에 머물러 있는 한국인이라면 그 누구도 베트남의 속살, 베트남인들의 속내를 알 수 없으리라. 그러나 우리는 보았다. 타고난 미소 뒤에 숨겨진 베트남인들의 자존심과 지혜, 그리고 끈기를. 우리가 머물렀던 시간, 비록 열흘에 불과했으나 우린 그들 마음 속 깊은 곳에 움트고 있는 웅비의 가능성을 보고야 말았다.

'똥 고기'들이 입을 뻐끔거리며 배설물이 떨어지길 기다리는 베트남 오지 주택의 재래식 화장실에 올라 앉아 일을 본 우리야말로, 사철 맨발의 그들로부터 함박웃음과 함께 머리통만한 코코넛을 받아 마신 우리야말로, 황토가 녹아 뿌옇게 흐려진 메콩강의 지류들을 현지인의 통통배로 누비고 다닌 우리야말로, 대책 없는 남루(襤褸)

에 감싸여서도 눈동자만은 해맑은 아이들을 가슴에 안아 본 우리야
말로 그 누구보다도 베트남의 깊은 속을 훔쳐볼 수 있었다고 자부
한다. 그래서 우리는 세속적인 관광과는 차원이 다른 '문화체험',
'문화공부'를 할 수 있었던 것이다.

***

빈롱성 밍밍현 떰빙면의 오지 마을에서 우린 가난하지만 때 묻지
않은 베트남의 삶을 만날 수 있었다. 호치민에서 육로로 4시간 거
리, 메콩강의 본류로부터 나뉜 전강(前江)과 후강(後江) 사이에 놓
인 전형적인 델타지역이다.

아홉 개의 지류들로 나누어지는 메콩강을 이 지역에서는 '구룡강
(九龍江)'이라 불렀다. 잠시만 눈을 돌려도 온통 물 천지. 갈가리 갈
라져 나간 샛강들 주변으로 전통가옥들이 늘어서 있다. 이곳의 자가
용은 작고 큰 무수한 배들. 노 젓는 배, 경운기 엔진을 장착한 동력
선, 지붕을 얹어 제법 호사를 부린 배들까지 살림 형편에 따라 다양
한 모습으로 메콩강을 누빈다. 떰빙면 중앙인민위원회로부터 통보
받은 지원 대상은 응우엔 호앙 투, 후인 티 뜨, 응우엔 티 한, 레 홍
바오 끼, 판 티 상 등을 각각 가장으로 한 다섯 가정. 꿈에도 만져보
지 못할 500만동의 건축 자재비와 한국의 귀한 노동력으로 만들어
진 아담한 집이 이들에겐 말할 수 없이 큰 선물이었다.

89세의 후인 티 뜨 할머니, 아들 하나만 믿고 청상으로 살아가고
있는 판 티 상 아줌마는 연신 상기된 표정으로 고마워 어쩔 줄 모
른다. 전쟁 통에 다리 하나를 송두리째 잃고 50 넘은 노총각으로 8
순의 노모를 모시고 사는 응우엔 티 한의 눈에는 삶의 고뇌가 걷힐

수 없는 그늘로 드리워져 있었다. 그러나 바닥에 이어 기둥과 골조가 세워지고 벽공사가 마무리되는 동안 이들의 얼굴에는 한동안 잊고 있던 웃음이 코코넛의 은근한 맛처럼 배어 나왔다.

***

그러나, 정작 우리의 심금을 울린 것은 삶에 찌든 어른들이 아니었다. 우리가 일터로부터 돌아오기만을 고대하며 인민위원회 앞마당에 진 치고 앉아있던 아이들. 바로 그곳에 어린 시절의 내가 있었다. 모두가 맨발이고 옷 또한 형편없었으나, 녀석들의 눈동자만은 영롱했다. 늘 가시지 않는 웃음기와 수다, 정겨운 스킨십은 나이 어린 우리 봉사단원들을 달뜨게 했다.

얼굴이 TV 탤런트 정태우와 흡사하다 하여 '정태우'로 명명된 악동 한 녀석이 있었다. 모든 일에 끼어들길 좋아하고 성깔 또한 대단하여 아무도 건드리지 못하던 그 녀석은 마주 잡은 두 손을 입에 대고 아름다운 새 소리를 내는 장기를 지니고 있었다. 그 솜씨로 우리의 탄성을 자아내면서 기고만장하곤 했다.

유독 정이 깊어 한 시도 떠나려 하지 않던 웅우엔 티 미 융이란 이름의 여자애도 있었고, 나누어 준 풍선들을 나무가시로 터뜨리며 아이들을 괴롭히던 또 하나의 악동 판 티 몽도 있었다.

율동으로, 풍선놀이로, 마술로, 가위바위보 놀이로 그들과 우리 봉사단의 학생들은 하나가 되었다. 떠나던 날, 울며 매달리는 그들을 가까스로 떼어 놓으며 말없이 돌아서서 눈물을 흘리던 봉사단의 대학생들. 흙바닥에서 함께 뒹굴며 정을 나누어 본 자만이 그들의 눈물에 녹아있는 의미를 알 수 있으리라.

***

우리는 '남을 섬김으로써 결과적으로 나를 섬기게 되는 것'이 봉사임을 깨달았다. 현지에서 우리를 도와주신 신주헌 목사님은 성서에 나오는 '겨자씨 한 알'의 비유로 우리의 봉사활동을 추켜 주셨다. 그러나 과연 우리가 겨자씨 한 알만큼의 사랑이나마 그곳에 심었는가. 아니다. 오히려 우리는 그들의 사랑을 우리의 가슴에 심은 것이다. 이제 그 씨앗은 움이 틀 것이고 꽃이 피어날 것이며 탐스러운 열매 또한 달릴 것이다. 그 씨앗이 거대한 나무로 자라나 세상에 드리우는 그 날까지 우리는 남을 위하고 나를 위하는 삶을 부지런히 가꾸어 가야 하리라. <2003. 2. 3.>

경박호에 잠긴 발해 역사

7월 26일 새벽 연길의 숙소를 출발, 드디어 발해의 고토
(故土)를 밟는다.

어제 밤늦게 호텔을 찾아온 김동훈 교수와 잠깐 동안의 논전을
벌인 바 있는 나는 감회가 더욱 새롭다. 그날 밤 그는 비아냥거리듯
말했다. 발해가 어찌 조선민족의 나라냐고. '무수한 민족이 거쳐 간
그곳이거늘 어찌하여 유독 한국 사람들만 자신들의 연고지인양 법
석대느냐'는 힐문이었다. 대조영도 고구려의 유민이긴 했으나 출신
이 불확실하다는 것이 그가 제기한 첫 번째 문제였고, 발해 역시 당
나라가 대조영을 '발해군왕'에 봉함으로써 국가적인 실체를 비로소
인정받았다는 것이 두 번째 문제였다.

그렇다. 그곳에서 웅거했던 나라가 어찌 발해 뿐이었으리오. 그러나 대조영이 건국 초기에 자신의 나라를 '진국(震國)'이나 '고려(高麗)'로 자칭하면서 고구려의 계승자임을 분명히 한 것이 역사의 기록에 나타나며, 고구려 멸망 이후 당나라가 평양에 세운 안동도호부마저 사라진 이후 요동을 중심으로 고구려의 유민들이 소 고구려국을 세운 사실 또한 역사에 뚜렷하다. 더구나 안동도호부가 쇠망해갈 무렵 요서지방의 요충인 영주(營州)에서는 당의 압제에 시달리던 거란족이 반란을 일으켜 이 지역을 혼란에 빠뜨리고 있었다. 이 무렵 고구려 멸망 후 이곳에 이주해오던 고구려 유민들과 함께 말갈인들이 대조영과 걸사비우(乞四比羽)의 지도로 거란족에 의해 혼란에 빠진 영주를 빠져나와 만주방향으로 이동하기 시작했다. 그 과정에서 당군의 저지를 받게 되고, 연이은 전투에서 걸사비우가 죽자 대조영은 말갈인들을 거느리고 당군의 추격을 물리치면서 동만주 지역으로 들어갈 수 있었던 것이다.

698년 당시 계루부(桂婁部)의 옛 땅인 길림성 돈화현(敦化縣) 육정산(六頂山) 근처에 성을 쌓고 나라를 세워 진국이라 하였다. 지금 남아있는 오동산성(敖東山城)과 성산자산성(城山子山城)이 바로 그 유허(遺墟)인 것이다. 이래도 대조영이 고구려인이 아니라 할 것이며, 우리가 발해에 대한 연고권을 주장해선 안 된다는 말인가.

김동훈 교수는 논전의 말미에 간청하듯 말했다. 제발 한국인들이 발해 땅에 가서 호들갑을 떨지 말라는 것이었다. 이유인즉 그럴수록 중국의 중앙정부에서 중국내 조선족에 대한 감시의 눈초리만 더 강화시킨다는 것이었다. 사실, 중국 정부가 만주 일대의 문화재나 역사적 의미에 대한 우리나라 학계와 정계의 지나친 관심에 촉각을 곤두세우고 있다는 점은 이미 들어 알고 있는 나로서는 굳이 그런 말에까지 토를 달 이유는 없었다. 바로 그곳을 가게 된 것이다.

***

해 뜨기 전에 서둘러 아침을 먹고 길을 나섰다. 멀기도 하려니와 우선 길바닥이 엉망이었다. 여러 날 염천 하의 여행에 지친 몸들이라 대단히 고달팠다. 차는 자갈길을 전속력으로 달리는 경운기마냥 마구 튀었다. 다행히 김동훈 교수 부인께서 맛있는 음식을 준비한 덕분에 그럭저럭 노독을 달랠 수는 있었다.

예닐곱 시간을 족히 달려 점심참도 지날 즈음에서야 동경성의 발해 고토에 닿았다. 미루나무 늘어선 한적한 길가에 차를 세우고 김밥으로 허기를 지웠다. 바로 옆에는 벼가 무성히 자라고 있는 들판이 끝 간 데 없이 펼쳐져 있었다. 아, 이 들판. 바로 내가 어릴 적부터 자라오던 그 시골구석의 들판 바로 그것이었다. 돈화현에 들어오면서는 왜 그리 푸근한 느낌이 드는지 이유를 알 수 없었는데, 이곳 들녘을 보고 나서야 바로 내 고향에 온 느낌의 근원을 깨닫게 되었다. 들리는 말에 의하면 이곳은 전통적으로 고려인들이 집단적으로 몰려 살아온 지역이라 한다. 그것에 위기를 느낀 중국의 정부가 한족들을 대대적으로 이주시켜 지금은 오히려 한족들의 숫자가 더 많아졌다는 것이었다. 말하자면, 민족의 분포 상으로 보아도 발해가 분명 우리 민족이 세운 나라였고, 중국 정부도 그런 점을 내심 인정하고 있었던 것일까?

어쨌든, 논농사의 형태나 관개의 방법, 논두렁의 형태 등이 전통적인 우리의 그것들과 흡사했다. 비로소 나는 한국 사람들이 중국에

오면 왜 반드시 이곳 발해의 고토를 밟아 보고자 하는가, 그 이유를 깨달을 수 있었다.

점심 후 우리는 '발해왕도 상경성 터'를 밟아 보았다. 입구에 '발해국상경용천부유지(渤海國上京龍泉府遺址)'라는 큰 비석이 세워져 있고, 좀 더 들어가니 초라한 관리소 앞으로 '발해국간개(渤海國簡介)'와 '발해왕도상경성지간개(渤海王都上京城址簡介)'라는 입간판이 서 있었다.

그곳 관리소에서는 한족 노파가 무어라고 지껄이며 우리를 제지하였다. 몇 푼 집어주자 들여보내주고, 우리를 '고정(古井)'이란 글자가 쓰여 있는 우물로 안내하였다. 물을 떠 마셔보라고 인심 쓰듯 두레박을 내미는데, 그 또한 돈을 달라는 제스처임에는 예외가 없었다. 내심 우리의 옛 궁터를 지키는 사람마저 조선족이 아닌 한족을 배치하고 있는 중국 당국의 주도면밀한 계산성에 불쾌감을 느끼면서도 어쩔 수 없었다.

배터지게 물을 마신 우리는 무너져가는 성벽을 쓸어가며 성 안으로 들어갔다. 온통 잡초 가득한 속에 군데군데 주춧돌들만 늘어서 있었다. 그 옛날 고려의 원천석(元天錫)이 은거지 원주 치악산으로부터 망해버린 개경에 돌아와 읊었다는 <회고가>를 떠올릴 수밖에 없었다. "흥망(興亡)이 유수(有數)하니 만월대(滿月臺)도 추초(秋草)로다 오백년 왕업(王業)이 목적(牧笛)에 부쳤으니 석양에 지나는 객(客)이 눈물겨워 하노라"고. 만일 원천석이 이곳에 왔다면, 피눈물을 쏟았으리라.

<선구자>의 시인 윤해영은 <발해고지(渤海古址)>란 시를 남기기

도 했다.

오월의 석양
발해 옛터에
집팽이와 나와
풀숲에 스다
역사란 모도다
거짓말 갓태서
육궁의 남은 자최
줏추들도 늘것는데
제일궁지 드놉흔곳
응령사 종이 울어 울어…
기와 편편 어루만저
회고에 잠기우면
저-- 언덕 밧가는 농부
그 시절 백성인 듯
멍에 민 소장등에

태고가 어리우다

이 얼마나 절절한 회고의 심정인가.

주춧돌만으로도 궁궐의 위용은 대단했다. 나란히 남아있는 그것
들은 거대한 회랑의 열주(列柱)들임에 틀림없었다. 그런 엄청난 회
랑으로 연결되는 건물들의 위용을 생각하며 한동안 마음이 착잡했
다. 더구나 엄청나게 큰 돌들을 쌓아올린 다음 그 위에 주춧돌을 놓

고 기둥을 올렸으니 건물의 높이 또한 대단했으리라. 그런데 그 돌들을 과연 어디에서 가지고 왔을까. 아무리 둘러보아도 평평한 농경지뿐인데 구멍이 숭숭 뚫린 이 엄청난 크기의 화산석들은 과연 어디에 있었단 말인가. 형태로 보아 백두산에서 왔으리라는 것이 김동훈 교수의 설명이었지만, 그 역시 의문이었다.

발해성터를 나온 우리는 동경성 시내 쪽으로 나오다가 도교사원과 발해의 흔적을 지니고 있음직한 불교 사찰을 방문했다. 모셔놓은 부처와 보살들, 공자, 도교의 종사들 모두 어디선가 본 듯한 얼굴들이었다. 뿐만 아니라 무격의 사원에는 흥미롭게도 우리나라 아주머니나 할머니들의 모습을 한 신들을 모시고 있었다.

하나 아쉬웠던 일은 일정 때문에 정효공주묘(貞孝公主墓)를 가보지 못한 일이다. 돈화시의 육정산 고분군에는 80여기의 무덤들이 있고, 이 가운데 32기의 무덤이 발굴되었다 한다. 1949년 이곳에서 정혜공주(貞惠公主)의 무덤이 발견됨으로써 이 고분군이 발해 초기 왕실과 귀족들의 무덤이라는 점이 확인되었다. 특히 서고성 근처 허룽현의 용두산 고분군에서 1980년 정효공주의 무덤이 발굴됨으로써, 이 고분군에 있는 10여기의 무덤들도 발해 왕실이나 귀족의 무덤들임이 확인되었다는 것이다.

아쉬움을 꿀꺽 삼키고 바쁜 일정 때문에 꿈에 그리던 경박호로 달렸다. 925년 12월말부터 다음해 1월초에 걸친 거란왕 야율아보기(耶律阿保機)의 공격으로 별다른 저항도 해보지 못한 발해의 마지막 인선왕이 대대로 전해오던 거울을 안고 이곳으로 달려와 이 호수 물에 뛰어들어 죽었다던가. 그래서 이 호수의 이름이 경박호(鏡

泊湖), 즉 ’거울이 빠진 호수’란다.

슬픈 유래에 비해 호수는 아름다웠다. 호수를 둘러싼 우거진 숲들 사이로 저마다 자취를 뽐내며 중국식 별장들이 박혀 있었다. 경박호에서 뱃놀이를 즐기는 그 많은 인파를 보아도, 이제 중국인들의 마음이 어디에 가 있는지를 분명히 알 수 있었다. 우리는 배를 타고 호심(湖心)을 가로지르며 해지는 경박호를 감상했다. 넘어가는 해를 등진 경박호의 선상에서 나는 일제시대 이 지역에서 문명을 날리던 시인 이욱(李旭)의 <경박호>를 나직이 읊조렸다.

호구(湖口)가 나팔(喇叭)처럼 틔어서
뽀얀 안개를 먹음고
빨간 놀을 토(吐)하오
구릉(丘陵) 뒤 밀림(密林)에는
천년전설(千年傳說)이 물드렀고
노흑산(老黑山) 푸른 이끼에
임포소(林布素)장군 넋이 스미었소
송을령(松乙嶺) 마루에
영란(鈴蘭)이 곱고
장가향(張家鄉) 섬과 섬에
두루미 날고
푸른 물낯에
은린(銀鱗)은 뛰어도
대묘령(大廟嶺) 허리에는
부처 꿈이 깊소
삼령둔(三靈屯) 왕릉(王陵)에

달빛도 처량한데
진주사(眞珠砂) 알알에
눈물이 아롱지오
사계통(四季通) 오르나리는 배는
오늘도 말없이 금거울 찾건만
노부(老夫)의 고혼(孤魂)은 흑진주에 숨은 채
반백척(半百尺) 조수루(弔水樓)에
낯낯이 옥쇄(玉碎) 되오.

시 속에 스며 있는 발해의 슬픈 역사와 시인의 감상이 바야흐로
떨어지는 태양에 오버랩되면서 젊은 나그네의 마음엔 안개가 서렸
다. 컴컴해질 무렵, 우리는 하릴없이 경박호를 하직하고 동경성으로
다시 되돌아 왔다. 길가에서 중국 돈 10원에 구입한 수박을 깨먹으
며 한밤이나 되어서야 우리는 칠흑 같은 동경성 시내로 들어왔고,
에어컨도 가동되지 않는 동방대주점(東方大酒店)에 여장을 풀었다.

거대한 간판에 비해 시설은 형편없었다. 2인이 쓰게 되어 있는
객실은 말만 방이었다. 양쪽으로 마루 비슷한 것을 높여 놓고 이불
과 베개만 덩그렇게 놓여 있었다. 화장실, 물 모든 게 불편했다. 간
신히 허기를 달랜 우리는 2층에서 울려대는 노래방의 소음을 자장
가 삼아 겨우 한 밤을 때우고 말았다.

***

1박 2일 간의 발해 탐사. 발해고적, 경박호, 동경성을 돌아 나오
며 과거와 현재의 분명한 단층을 느낄 수 있었다. 과거는 현재 속에
용해되어 없어지는 것이 아니고, 문헌으로만 확인되는 것도 아니다.

피 속에 용솟음치는 한 줄기 감상이 바로 기록되지 않은 역사의 씨줄이요 날줄이다. 내 피의 속삭임을 마음 깊이 갈무리해 두고, 그 기억을 대물림해가다보면 그 속삭임이 언젠간 웅혼한 포효로 바뀔 날도 있을 것이다. 발해국 유허에서 유적을 발굴하는 모습을 카메라에 담던 우리에게 핏대를 세우고 달려드는 한족 관리의 못난 콤플렉스도 확인했다. 앞으로 언젠간 그런 것들이 폭포수처럼 이 민족의 오지랖으로 안겨 들어올 날도 있으리라. 그 때를 끈질기게 기다릴 일이다. <2002. 9. 1.>

조선 통신사와 함께 한 '사행 길 1만리'

　　'심심풀이 땅콩'처럼 온천 하러, 쇼핑하러 비행기에 몸을 싣는 이웃들의 일본행을 시큰둥하게 여겨오던 차였다. 그러나 더이상은 미룰 수 없었다. 변하는 게 세상이라지만, 고전을 통해 현재와 미래를 찾아내는 일을 업으로 삼고 있는 내 입장에서야 '변하지 않는 것'을 확인하는 일이야말로 무엇보다 중요했다.

　　동북공정이란 불순한 명분으로 우리네 영광의 역사를 왜곡하기에 바쁜 중국의 행태를 보라. 우리가 바야흐로 몰두하고 있는 연행록의 문명사적 의미에 대한 탐구가 그들의 미개한 역사인식을 바꾸어 놓을지 여부도 불투명한 지금이 아닌가. 그 옛날 조일(朝日) 간의 외교 관계에서 혹시 유사한 구조로 전개되던 조중(朝中) 외교 관계의 본질을 찾을 수 있을지 모른다는 생각을 꽤 오래 전부터 갖고 있었다.

그래서 망설임 없이 현해탄을 건너는 행차에 끼어들었던 것이다.

격군(格軍)들이 '어영차' 노를 젓거나 바람의 힘을 이용하던 통신사 일행의 범선 대신 우람한 여객선 팬스타호에 몸을 의지하여 현해탄을 건넜다. 한여름 태평양에서 불어오는 저기압성 강풍으로 거대한 선체조차 요람처럼 흔들리는데, 나뭇잎 같았을 당시의 배들이야 오죽했을까.

오리엔테이션에 이은 저녁식사와 여흥의 마술에 잠시 홀린 순간 배는 이미 일본의 내해로 들어와 있었다. 하늘 높이 치솟은 감문교의 난간과 시모노세키의 야경이 넋을 잃게 한다. 아스라한 길이로 섬과 섬을 이은 아까시바시(明石橋)를 뒤로 하고 한참 만에 도달한 오사카 항. 30일 오전 10시. 부산항을 출발한 지 18시간 만이었다.

오사카 항구 인근 식당에서 점심으로 손수 튀겨 먹은 일본식 꼬지의 맛이 일품이었다. 드디어 중국이나 한반도에서 건너오던 사람들이 가장 먼저 발을 디뎠다는 그 옛날 일본의 국제항구 '나니와(難波)'에 도착한 것이었다. 건축미학을 자랑하는 오사카 역사박물관과 검푸른 물이 넘실대는 해자(垓字)의 오사카성은 인접해 있었으나, 일정에 쫓긴 나머지 오사카성은 고사하고 박물관 내부조차 제대로 돌아볼 수 없었다.

박물관을 나서자 쓰무라 별원의 통신사 숙박지인 니시혼간지(西本願寺)와 1711년 통신사가 상륙했다던 나니와바시(難波橋), 1764년 스즈끼 덴조에게 피살된 최천종의 위패와 김한중의 묘가 있는 치쿠린지(竹林寺), 조선통신사의 비가 세워진 마쓰시마 공원 등이 우리를 기다리고 있었다.

우리가 떠나려 하자 말해줄 것이 많은 듯 치쿠린지의 주지스님은 못내 아쉬운 표정을 감추지 못했다. 갈 길은 멀고 볼 것도 생각할 것도 많은데 시간이 짧았다. 과연 오사카에서 복잡다단했던 역사의 한 자락이라도 부여잡으려 했던 내 꿈이 푸졌던 것일까. 그저 일본답게 깨끗한 거리의 질서정연한 모습이나 까만 기모노 차림의 아가씨가 파라솔을 붙여 세운 자전거의 페달을 참하게 밟는 모습만이 추억으로 남을 뿐이었다.

저녁 무렵 도착한 교토. 말 그대로 '뚜껑 없는 박물관'인 이곳이 에도에서 메이지시대까지의 수도였다지만, 어찌 그리도 옛 모습이 알뜰하게 남았단 말인가. 드넓은 시가지 전체에 시간의 흐름이 멈춘 듯, 고풍이 흘러 넘쳤다. 아쉬운 대로 숙소 근처 이자카야 거리의 선술집에서, 대를 이어내린 일본 서민들의 차분한 낭만을 만날 수 있었다.

다음 날도 그 다음 날도 우리는 숨차게 통신사의 발자취와 일본의 역사를 훑어 나갔다. 세계문화유산인 빨간색조의 키요미즈테라(淸水寺), 일본인들의 악랄함을 생생하게 증언하는 귀무덤(耳塚), 우리의 얼이 숨 쉬고 있는 고려미술관, 쇼코쿠지(相國寺), 하치만 별원으로 통신사가 숙박했던 니시혼간지, 조선인 가도, 히코네(彦根)성과 박물관, 소안지(宗安寺), 아메노모리호슈암(雨森芳洲庵), 오가키시 향토관, 오가키성, 젠쇼지(禪昌寺) 등. 모두 조선 통신사들이 스쳐간 역사 유적들이었다.

그 옛날 통신사들의 자취를 찾아보려 떠나온 장도(壯途)라지만, 내게 보이는 것은 역사의 호수에 비친 오늘날의 모습뿐이었다. 어찌면 그 시절의 통신사들도 그랬으리라. 지엄한 왕명으로 양국의 외교적 현안을 해결하기 위한 공무의 사행 길이었지만, 그들이 진짜로 보고 싶었던 것은 '사람 사는 모습'이 아니었을까. 다 같은 사람의 모습을 하고 있는데, 말이 다르고 문화가 다르니 얼마나 신기하고 놀라웠겠는가.

1763년(영조 39) 계미통신사의 삼방 서기로 따라갔던 김인겸. 그 역시 처음엔 일본을 오랑캐로 생각하여 업신여기는 마음을 갖고 있었다. 그러나 오사카를 보고 묘사하기를 "우리나라 도성 안을/동에서 서에 오기/십리라 하지마는/부귀한 재상들도/백간 집이 금법이오/다 몰속 흙기와를/이었어도 장타는데/장할손 왜놈들은/천간이나 지었으며/그 중에 호부한 놈/구리기와 이어 놓고/황금으로 집을 꾸며/사치키 이상하고/남에서 북에 오기/백리나 거의 하되/여염이 빈 틈 없어/담뿍이 들었으며/한 가운데 낭화강이/남북으로 흘러가니/천하에 이러한 경/또 어디 있단 말고"라 했으며, 나고야(名古屋)를 보고 나서는 "육십 리 명호옥을/초경 말에 들어오니/번화하고 장려하기/대판성과 일반일다/밤빛이 어두워서/비록 자세 못 보아도/생치가 번성하여/전답이 고유하고/가사의 사치하기/일로에 제일일다/중원에도 흔치 않으리/우리나라 삼경을/예 비하여 보게 되면/매몰하기 가이없네"라고 놀라움을 금치 못했다.

그 뿐인가. 숙소인 본원사에 들어가면서는 "삼사상을 뫼시고서/본원사로 들어갈새/길을 낀 여염들이/번화 부려하여/아국 종로에서/만 배나 더하도다/발도 걷고 문도 열고/난간도 의지하며/…/그리 많은 사람들이/한 소리를 아니 하고/어린 아이 혹 울면/손으로 입을 막아/못 울게 하는 거동/법령도 엄하도다"라고 그들의 질서의식에 대해서까지 칭찬했다.

왜인들을 '금수 같은' 오랑캐로 생각한 김인겸도 일본을 지나면서 생각을 바꾸었다. 실제로 그들이 사는 마을의 제도나 형편이 썩 훌륭했던 것이다. 소중화의 자존의식에 충일해 있던 김인겸 스스로 쉽게 할 수 없는 말을 아끼지 않으면서 '오랑캐 일본'을 추켜세웠다. 화이(華夷) 구분의 대일 의식이 관념에 불과하고 현실적으로는 그들을 멸시해야 할 근거가 없음을 그는 비로소 깨달았던 것이다. 아메노모리호슈가 주장한 '성신지교린론(誠信之交隣論)'의 단서를 조선적 버전으로 바꾼 것이라고나 할까.

외교는 나와 남의 상호 소통행위다. 남을 통해 나를 아는 데까지 나가야 비로소 소통은 이루어지는 것. 통신사행에 참여한 조선의 지식인들에게 일본은 남이면서 나를 비춰볼 수 있는 거울이었다. 통신사행이 거쳐 간 지역들과 우리네 도시들 사이엔 같고 다름이 분명했다. 사람들도 모습은 같았으나, 말이 다르고 드러나는 성격 또한 달랐다. 번화한 도시들에는 한 결 같이 깨끗한 시냇물이 흐르고 있었다. 역사의 어느 시기에 그들이 우리를 못 살게 굴었음을 입증하는 증거들은 대체 어디에 숨어 있단 말인가.

그 옛날 일본인들은 통신사들을 만날 때마다 글을 받고자 애썼다. 글을 받으려는 일본인들 때문에 통신사행이 괴로움을 겪었음은 두말할 필요 없는 일. 그럼에도 불구하고 그들은 손이 곱도록 붓을 휘갈기며 글을 써 주었다. 상호 소통의 취지를 몸소 실천한 그들이었다.

***

　5박 6일의 여정을 뒤로 하고 다시 발을 디딘 부산항 부두. 비로소 그 옛날 통신사 일행의 고통을 실감할 수 있었다. 건너갈 땐 현해탄이 잠잠했으나, 돌아오는 뱃길을 위협한 태풍 '우사기'의 횡포는 대단했다. 주로 격군들의 팔 힘에 의존했을 당시의 배들을 떠올리며 그 시절에 태어나지 않았음을, 더욱이 통신사 행렬에 참여하지 않았음을 감사해야 할까. 어쨌든 우리가 돌아본 일본 땅은 통신사 공부를 위한, '살아있는 텍스트'였다. 놀라운 건 그들의 노력으로 그 텍스트의 분량이 자꾸만 불어나고 있다는 점이었다. <2007. 9. 1.>

마왕퇴(馬王堆)의 무덤 속에 잠자고 있는 여인이여!

2008년 1월 21일. 내리는 눈발 속에 인천공항 활주로 는 허둥대는 비행기들로 북적거렸다. 눈발에 얼어붙은 비행기의 날 개를 녹이기 위해선가, 금쪽같은 두 시간을 공항 대합실에서 하릴없 이 기다렸다. 혹시 호남성 박물관 관람의 일정이 날아가는 건 아닌 가 하여 속이 바작바작 타들어왔다.

중국 호남성 장사시 호남사범대학에서 열린다는 고소설학회의 국 제학술회. 그 행렬에 뒤늦게 합류한 까닭이 내겐 있었다. 사실 이곳 엔 보고 싶은 게 많았다. 심히 억울했던 굴원이 몸을 던진 멱라수, 두보가 올라가 <등악양루(登岳陽樓)>를 지었다는 악양루, 천하의 시인들이 찬사를 아끼지 않은 동정호(洞庭湖)와 무릉도원으로 일컬 어지는 상덕, '사람이 세상에 태어나서 그곳엘 가보지 않는다면 100

세가 되어도 늙었다고 할 수 없다'는 장가계 등등.

그러나 무엇보다 내 마음을 끈 것은 호남성 박물관에서 전시되고 있는 마왕퇴의 유물들이었다. 그 유물들과 함께 발굴되었다는 여인 한 사람도 내 호기심을 심히 자극했다. 2,100년 이상의 세월에도 원래의 모습을 그대로 간직한 그녀, 대후부인 신추(辛追)는 1호 묘의 내관(內棺)에서 발굴되었다. 어쩌면 그 주변에서 발굴된 각종 생활 용품을 통해 당시의 생활을 충분히 상상할 수 있으리라는 생각이 들었다.

***

이곳 시각으로 오후 3시가 넘어서야 장사 공항의 밖으로 나올 수 있었다. 밖엔 차가운 겨울비가 흩뿌리고 있었다. 한 겨울에도 영하로 내려가는 일이 없다는 이곳이지만, 올해는 벌써 여러 날 영하의 날씨가 계속되고 있단다. 진짜로 뼛속까지 스며드는 추위였다.

기내식으로 점심을 때운 채 우리는 고픈 배를 안고 호남성 박물관으로 달렸다. 다급하게 관람시간 연장을 요청해놓은 터였다. 간신히 찾아들어간 우리는 드디어 마왕퇴의 유물들과 만났다.

마왕퇴는 지역명, 그곳의 한묘는 서한시대 대후 가족의 묘지다. 마왕퇴의 한묘는 장사시 중심에서 4km 떨어진 곳으로 현재 호남성 박물관 관내다. 1972년에서 74년 사이에 류양하 옆의 마왕퇴에서 1호분, 2호분, 3호분 등 3개의 무덤이 발견되었는데, 모두 장방형의 전형적 서한시대 분묘형식이다. 마왕퇴의 여인은 바로 그 1호분에서 나왔다.

2천 여 년 전의 생활이 어쩌면 그토록 생생하게 내 눈 앞에 다가 선단 말인가. 둘러앉아 담소를 나누는 친구들 사이에 놓여 있었을 아름다운 술동이도, 진수성찬을 담아냈을 반상들도, 적의 가슴에 날려 보냈을 증오의 화살들도, 밤 새워 고뇌하며 써내려갔을 죽간과 목간들도, 여인네의 가발도, 배를 비롯한 각종 과일들도 모두 생생한 모습으로 남아 있었다. 그 한 가운데 그 여인이 있었고, 그녀의 관을 보관했던 거대한 목곽도 원형 그대로 보존되어 있었다.

아직도 피부는 탄력을 잃지 않고 있었으며, 그녀의 머리털 또한 숯처럼 새까맣고 건강했다. 1m 54cm의 신장, 34.3kg의 체중. 위장 속에서 다수의 머스크 멜론 씨앗들이 발견된 점으로 미루어 멜론 하나를 먹은 잠시 후 죽은 것으로 보이는데, 사인(死因)은 갑작스런 심장마비로 추정된다고 한다.

상상들 해보시라. 올해가 2008년이니 그녀는 기원전 100년 전의 인물 아닌가. 누군가의 아름답고 젊은 부인이었거나 '이쁜' 딸이었을 그녀. 가족들은 억울한 그녀의 죽음 앞에서 부활에의 소망을 가졌으리라. 그러나 그로부터 2100년이 지난 지금에도 그녀는 아직 부활하지 못한 채 유리관 안에 갇혀 있는 게 아닌가.

***

이렇게 마왕퇴와 만난 날은 허겁지겁 저물고, 잠시 숨을 고른 후 해가 뜨면 우리는 과거와 현재가 이어지는 삶의 현장을 다시 만나러 가야 하리라. <2008. 1. 22.>

조규익 교수 캠퍼스 단상집

어느 인문학도의 세상 읽기

초판 1쇄 인쇄   2009년 3월 20일
초판 1쇄 발행   2009년 3월 30일
초판 2쇄 인쇄   2009년 7월 20일
초판 2쇄 발행   2009년 7월 30일

지은이 ｜ 조규익
펴낸이 ｜ 김미화
펴낸곳 ｜ 인터북스

주   소 ｜ 서울시 은평구 대조동 221-4 우편번호 122-844
전   화 ｜ (02)356-9903
팩   스 ｜ (02)386-8308
전자우편 ｜ interbooks@chol.com
등록번호 ｜ 제311-2008-000040호

ISBN 978-89-961936-3-0 03040

값 : 15,000원

※파본은 교환해 드립니다.